Desarrollo de la termodinámica

Desarrollo de la termodinámica

Gonzalo J. Morales M.

www.librosenred.com

Dirección General: Marcelo Perazolo
Diseño de cubierta: Daniela Ferrán
Diagramación de interiores: Julieta Lara Mariatti

Primera edición en español - Impresión bajo demanda

© LibrosEnRed, 2012
Una marca registrada de Amertown International S.A.

ISBN: 978-1-59754-803-8

Para encargar más copias de este libro o conocer otros libros de esta colección visite www.librosenred.com

Remembranza

Escribir un libro es el desenlace de una acumulación de conocimientos que se desea trasmitir a otros: se puede convertir en una misión; empero, es una tarea exigente, compleja y comprometedora, puesto que en cada una de sus páginas, de sus parágrafos, está volcada la experiencia de alguien que, en el pasado, fue actor de alguna fase: no es solo la experiencia y conocimientos de quien lo escribe, sino también la de todos aquellos que han contribuido en su formación. Muchos tienen plasmado allí su aporte, por lo cual es justo que cada uno sea recordado. Un libro requiere fidelidad con el pasado y con el presente, y confianza en el futuro.

Uno se debe a todos los que lo han formado, a quienes han contribuido a su educación, a sus maestros y profesores, a todos los que le han enseñado a pensar, a trabajar. En mi caso, me debo a mis padres, quienes me inspiraron al principio mi amor por el estudio, mientras estuvieron conmigo; luego se ausentaron y continúan inspirándome. Después, quienes tomaron su lugar, mi tía, en especial. *Sé como el sándalo, que perfuma el hacha que lo hiere*, era lema que repetía con frecuencia.

Parte de mi formación la debo a mi antiguo jefe en el Ejército, general Alberto Monserratte Pérez, quien me enseñó a ser soldado y ciudadano. También, a quienes me enseñaron a escribir, mi maestro en el Colegio San José de Cúcuta, don León García Herreros, de imperecedera memoria.

A mis profesores en la Universidad de California, Berkeley y Vallejo College, a mis compañeros allí, veteranos de la guerra, con quienes aprendí a discutir asuntos de importancia capital en larguísimas disquisiciones sobre física y sobre ingeniería. Al doctor Owen Chamberlain, al doctor Louis Álvarez, al doctor Wilcox, al profesor McAbeer, que me enseñaron a enfocar problemas.

A mis jefes en la Shell Oil Co., Alan Hadden y D. Sharrat; a mis profesores en el Loughborough College of Technology, en particular a James *Jasper* White y J. A. Fairley, este último con su expresión: *Let's go to first principles.*

Last, but not least, a mi jefe en el Battelle Memorial Institute, Everett Irish, con su *motto: Put yourself in the other's place.*

DEDICATORIA

El hombre es innovador per se, está en su naturaleza, en su
esencia. El hombre siente un impulso permanente hacia la
transformación.

Cuando nos paseamos tanto por la lista de la facultad de la
École Polytechnique de París, desde sus primeros tiempos, así
como también de sus graduados en diversas etapas, uno se ma-
ravilla al encontrar con que allí está reflejada parte considerable de la historia de la física, de la tecnología mundial. Por eso,
no es de sorprender que entre sus muchos graduados estén esos
baluartes de la ciencia, tales como Carnot y Clapeyron, en la
termodinámica, y que entre sus profesores estuvieran entonces
Ampère, Cauchy, Fourier y tantas otras luminarias.

Por tal motivo, siento gran satisfacción al dedicar este
trabajo a la École Polytechnique de París, cuna de tantos
descubrimientos que han beneficiado a la humanidad.

Que el futuro sea siempre brillante para esta institución
educativa y se mantenga como faro que ilumine el conocimiento
mundial.

Deseo estimular, especialmente, a la juventud innovadora,
a quienes quieren transformar constructivamente. En el
relato siguiente están representados los esfuerzos de varias
generaciones de investigadores que con su constancia, empeño
e impulso de superación lograron convertir lo que era un

conocimiento primitivo, lleno de supersticiones, en una ciencia que impulsó a volar al hombre, lo llevó a conquistar el espacio, lo asentó en la Luna y lo está empujando a alcanzar otros planetas, y, tal vez mañana, las estrellas... o más allá.

Que su ejemplo sirva de guía a esa juventud pujante, cuyas ideas pueden lograr la necesaria transformación hacia un mundo mejor.

AGRADECIMIENTOS

Agradezco la excelente colaboración que me prestaron en la lectura de los textos, en su corrección y en los valiosos aportes que enriquecieron este trabajo los ingenieros Raúl Valarino y Moisés Szponka, de imperecedera memoria, y también la ingeniera Belkis Velásquez.

En especial, deseo agradecer a mi hijo político, el doctor médico Amir Minovi, de la Universidad del Ruhr, Alemania, por sus valiosas observaciones al texto. Al profesor doctor Hanns Hatt, director del Laboratorio de Fisiología Celular de la Universidad del Ruhr y presidente de la Academia de Ciencias de Rheinland, Westfalia, por invitarme a visitar ese importante laboratorio.

A mi hijo, licenciado Jorge Morales, por su incansable cooperación en la planificación y en la diagramación. A Karl Roldan, TSU y excelente chef, por su importante ayuda en la corrección de textos.

A la TSU Dilia Pestana por la constancia irrestricta en su colaboración y a la señora Zuleima Fernández, ambas por su gran ayuda en la preparación de los escritos.

A mi esposa Antonieta y a mi hijo Gonzalo, por su comprensión y amplio apoyo.

A mis hijas María Milagros y Carolina, investigadoras en campos importantes de la energía y la medicina, por sus importantes observaciones y entusiasmo. Mi sobrina, Rosana Rivero, me acompañó con su entusiasmo.

En una reunión realizada con ingenieros de mi familia, el capitán de navío Guillermo Rivero, Antonio del Mónaco, Juan Carlos Diez y Juan Vicente Rondón, a la cual se unieron los académicos Manuel Torres y César Quintini, recibí importantes sugerencias.

Introducción

El fenómeno vital es constante: solo sufre transformaciones.

Cuando por curiosidad, o por espíritu investigativo, realizamos el ejercicio mental de comparar la asequibilidad de artefactos y medios técnicos utilizables por el hombre hasta el siglo XIX con los que ha tenido a su disposición durante el siglo XX, uno se sorprende con los impactantes desarrollos ocurridos en el transporte, la iluminación, la potencia y los medios de comunicación, entre tantos otros.

El transporte de larga distancia cambió, primero, largos meses por pocos días, al sustituir la vela por el vapor, para luego pasar a horas al introducir el avión. Luego, al dejar la iluminación mediante teas y velas por la iluminación por gas, a principios del siglo XIX, hasta llegar al uso de la electricidad a fines de la misma centuria. La comunicación a distancia pasó de la carta, que tomaba semanas recibirla, y aún meses, al telégrafo, y al teléfono a mediados del siglo XIX, para llegar a la radio, la televisión y la computadora a fines del siglo XX. Esta última nos trajo el Internet y esta la Wikipedia, de altísima y grata utilidad, que he utilizado ampliamente en el transcurso de esta obra.

Empero, más aún, cuando nos preguntamos de qué medios se valió el hombre para alcanzar, en tan corto tiempo, tan impactantes desarrollos, nunca antes obtenidos en toda su historia, encontramos que el factor más importante es su deseo de mejorar, de innovar, de transformar, de buscar medios diferentes para evolucionar, perfeccionar.

Hace ya varias décadas, meditando sobre la inmensa transformación ocurrida en la física, especialmente en la termodinámica, me pregunté: "¿Cómo es que siempre se asigna la entronización de esta ciencia a los investigadores del siglo XIX? ¿Y los investigadores anteriores, qué aportaron?". Entonces, me dediqué a escribir nombres para incluir a Boyle, a Papin, a Von Guericke, y confeccioné un listado hasta encontrarme con una pléyade de investigadores de varios cientos, quienes fueron, cada uno en su momento, contribuyendo a hacer crecer y progresar tan importante campo y, más aún, consideré justo incorporar a los alquimistas y a los investigadores árabes. Solo traté de reconocer los aportes de quienes también hicieron avanzar esta disciplina.

Esa es la historia que me impulsó a escribir este libro.

En este breve trabajo, he tratado de compendiar el estado de los conocimientos generales sobre termodinámica, en algunos campos relacionados de la ciencia, hasta la segunda mitad del siglo XX, con los aportes de cada uno de sus actores, procurando alcanzar o ratificar correlaciones entre los diferentes fenómenos físicos y biológicos. Esta consolidación, por supuesto superficial, persigue como objetivo poder derivar resultados prácticos de su contenido. Por ejemplo, quien estudia la distribución de temperaturas en una llama puede obtener comparaciones con la forma de distribución de temperaturas en las estrellas, encontradas en la termodinámica estelar por medio de espectrofotómetros.

Quien desea alcanzar un medio casi perfecto, de alta eficiencia, para la producción de energía, puede encontrar un símil muy valioso en el estudio biológico de los seres vivos, especialmente en la mitocondria.

De esta manera, se ratifica la *ley de conservación de la energía y de la materia*, y su cumplimiento en todo el espectro del universo: solo hay transformaciones, y podría concebirse que algunas piedras puedan tomar vida, bajo condiciones ambientales apropiadas.

Se ha tratado de fijar conceptos, partiendo de un resumen histórico, hasta las implicaciones del *segundo principio*. Se ha enfatizado en la clarificación del concepto de entropía y de su derivación para explicar problemas de no disponibilidad de energía o de su agotamiento. También se ha analizado el concepto de irreversibilidad, imperante en la mayor parte de los fenómenos físicos, especialmente en los biológicos.

Irreversibilidad y entropía tienen profundas raíces en la explicación de la vida, lo que la motiva, el deterioro vital y la desaparición del ser físico. El envejecimiento es su resultado. Algunos desajustes biológicos podrían ser, asimismo, secuela de un alto incremento en la entropía, consecuencia de procesos irreversibles y de desorden.

Otro trabajo separado lo he dedicado a la combustión, fenómeno altamente vinculado al rendimiento de motores. Su comprensión completa daría por resultado la disponibilidad de máquinas con un rendimiento mayor, ahorro de combustible y más extensas aplicaciones, cuya reducción en tamaño abriría grandes oportunidades de fabricación. Pero, también, la combustión es un fenómeno biológico vinculado a la célula y a la vida misma. Entenderla mejor abriría compuertas no bien conocidas sobre ciertos mecanismos de los seres vivos.

Considero que este resumen del desarrollo de la termodinámica en los últimos quinientos años, visto en sus autores, será útil a quienes deseen comparar su papel en los varios aspectos de la vida real: en la biología, en la mecánica, en la química.

En el Capítulo I se describen brevemente los avances producidos como efecto de los pensadores sobre el calor en los tiempos antiguos, hasta que los alquimistas los convirtieron en experimentaciones. En el Capítulo II, al comenzar la edad moderna, los alquimistas transforman sus investigaciones en los comienzos de una ciencia nueva. En el Capítulo III, los experimentadores establecen sus dudas sobre sus resultados y las teorías aceptadas, y comienzan a estudiar problemas de fisiología. En el Capítulo IV, habiendo ya un fundamento de física teórica avanzado, profundizan, disponiendo de un basamento matemático suficiente, y comienza la creación de la termodinámica. En el Capítulo V, ya creada esta y consolidada, se profundiza sobre otros campos, nuevos. El Capítulo VI está dedicado a la biología. El Capítulo VII se encuentra enfocado en la astrofísica. El Capítulo VIII ofrece una revisión de la creación de las instituciones educativas que estimularon e hicieron avanzar este campo.

Espero que estas meditaciones estimulen a otros investigadores a producir un texto más completo y más justo.

Prólogo del autor

La historia de la ciencia nos muestra en raros intervalos hombres predestinados que traen progresos súbitos por un simple relacionamiento, por una idea nueva, por un principio fecundo, en los cuales la masa de los observadores encuentran materia a largos desarrollos. Esos hombres se llaman Newton, Lavoisier, Volta, Ampère, Fresnel, Kirchhoff, Bunsen…

JAMIN

La termodinámica, al igual que la metalurgia, es ciencia relacionada con cada uno de los aspectos de la vida diaria: la comida consumida, el calor que ingresa en nuestras viviendas, la forma de disminuirlo o aumentarlo con los hornos productores de metales que facilitan nuestra vida y nos proporcionan trabajo. Sin embargo, es una ciencia nueva; comenzó a conformarse hace apenas doscientos años y ha requerido el aporte de investigadores y/o científicos, en muchos países, para transformarla a esta etapa actual, en la cual se discurre sobre la termodinámica de las estrellas y los cambios de calor que originan y mantienen la existencia de los seres vivos. Sin embargo, esto es resultado de varios siglos de investigaciones y experimentación, comenzando desde el siglo XVI.

Para visualizar de manera más completa el esfuerzo realizado por los científicos a partir del siglo XVI con el fin de estudiar los fenómenos del calor, que después se convertirían en los comienzos de la termodinámica, es necesario revisar, brevemente, el estado de la ciencia y de los conocimientos físicos y matemáticos para esa etapa, en que aquella dependía, fundamentalmente, del trabajo de los alquimistas, algunos de los cuales eran clérigos de profesión: ese fue el inicio de la química. La metalurgia estaba restringida al uso de unos diez metales, la mayoría producida precariamente desde hacía milenios. La pólvora recién comenzaba a usarse. La fabricación del vidrio era conocida también desde hacía varios milenios, al igual que la de cerámicas. Algún tiempo después comenzaría la producción de porcelana en Europa, en Meissen, Alemania.

La termodinámica es una ciencia desarrollada, fundamentalmente, durante el siglo XIX. Sin embargo, los investigadores formales comienzan a dar sus primeros pasos desde principios del siglo XVI, con observaciones sobre características del aire y algunas propiedades del calor, e incluso concibiendo aplicaciones para el uso del vapor de agua.

En este texto se presentará una secuencia cronológica del desarrollo de la termodinámica hasta los tiempos actuales. En esta no se establecerá diferencia entre las investigaciones puras, como las de Boyle, o las aplicadas, tales como las de Causs o Watt.

Es necesario recordar, también, que desde los tiempos de Herón (155 a.C.) no se conoce de otros científicos preocupados por las aplicaciones térmicas de aparato alguno. La *eolípila* de Herón se mantuvo como único aparato impulsado por el vapor de agua durante dieciséis siglos. Es digno de notarse que fue Filón de Bizancio, en el siglo III a.C., quien primero construyó un termómetro.

En la enumeración presentada se incluirá solo a aquellos investigadores que tuvieron alguna relación con el concepto de calor. No se hará referencia al papel que hubieran podido desempeñar en otros campos, tal es el caso de Newton, Leibnitz, Laplace o Lavoisier, ya que el objetivo perseguido no es ofrecer una biografía de cada uno de dichos sabios, sino presentar una relación de cómo unos descubrimientos u observaciones efectuados en el campo del calor, y posteriormente en la génesis de la termodinámica, fueron, lentamente, conduciendo a otros más avanzados y exactos. Esa es la secuencia que encontraremos al estudiar la teoría del flogisto y la del calórico, comparada con la de la energía. Llama la atención que científicos tales como Kepler o Galileo se ocuparan también de los fenómenos del calor. Quien desee profundizar sobre esas biografías puede consultar la *Historia de la física*, de Paul Schurmann, o cualquiera otra de las conocidas, algunas de las cuales aparecen en la Bibliografía anexa. También se mencionarán aquellos científicos que aportaron descubrimientos en otros campos de influencia en el desarrollo de la termodinámica, tales como la espectroscopia o las radiaciones.

Se ha considerado igualmente importante señalar algunos aspectos de la formación de tales científicos: si eran autodidactas o si recibieron cursos formales en alguna institución; asimismo, quién pudo haber influido en su educación. Muchos fueron iniciados por su padre o un familiar cercano, dotados de suficientes medios económicos para sufragar sus gastos; empero, otros no tuvieron esa facilidad: provenían de familias pobres y ejercieron igual importancia en el desarrollo de la ciencia.

Hasta este momento pueden distinguirse claramente tres etapas en la conformación de la termodinámica: la de identificación de gases y termometría, la de características del calor y la de las leyes que rigen procesos, antes de dar paso a la física moderna, con la mecánica de los fluidos, la teoría cinética de los gases y la termoquímica. Durante el siglo XVIII se consolidaron los fundamentos matemáticos que permitieron analizar y comprender mejor muchos fenómenos, lo cual dio origen a la termodinámica química y de los materiales en general. Otros procesos, como la explicación de la combustión y, más recientemente, la transmisión de calor, así como también sus campos asociados, son esencialmente producto del siglo XX, aún cuando sus comienzos sean anteriores.

Quien presencie una tempestad eléctrica durante la noche y observe el rayo surcar el espacio, creando efectos de luz, sonido y velocidad, puede sentirse impulsado a meditar profundamente sobre lo que pensaron los investigadores antiguos ante ese fenómeno y cómo lo enfocaron para buscarle explicación, sobre todo quienes no lo vieron como una creación divina, sobrenatural. Igualmente, podríamos imaginar los pensamientos de algún investigador de esa época que observara los resultados del fuego o los movimientos del agua hirviente dentro de un recipiente, así como la producción de vapor. Ese debió ser el origen de la termodinámica y el estudio de los procesos asociados con la producción del calor.

Es indudable que surge la pregunta de por qué y cómo concibe Boyle las investigaciones que lo llevarían a él y luego a Mariotte a enunciar la primera ley de los gases cuando no había precedente registrado. Posiblemente se deba, por una parte, a que la termometría ya estaba bajo desarrollo, al igual que la tecnología del vidrio, al igual que algunas de sus aplicaciones. Lo mismo ocurría con la cerámica; pero también es lógico suponer que sea la intranquilidad de la mente humana la motivación primordial; por otra parte, condiciones más favorables existentes tanto en Inglaterra como en Francia, donde la defensa del dogma no era limitativa para la investigación científica, y, por último, a que la producción industrial ya demandaba una intensificación de las fuentes de fuerza: desde Herón se pensaba que el vapor podría ser una alternativa válida.

Vamos a tratar de emplazarnos en el pasado para reproducir las condiciones y lo que posiblemente pasó por la mente de ese conjunto de investigadores brillantes, asentados, principalmente, en cuatro países europeos: Francia, Alemania,

Inglaterra e Italia. No es posible adjudicar el desarrollo de la termodinámica a una nación o naciones determinadas; eso no sería exacto ni justo. Algunos pueblos se destacan más que otros. Habría razones. Pero la cuota fue provista por muchos países europeos; otros, tales como Suecia, Holanda o Bélgica, contribuyeron también, pero su aporte fue, en realidad, menor en número de investigadores, aun cuando no en la importancia de sus resultados. Debe notarse que, a principios de la edad moderna, tuvieron predominio los investigadores italianos. En este trabajo no se busca exaltar a un pueblo en particular; solo se desea rendir tributo a todos los que han hecho posible el desarrollo de esta importante ciencia.

Asimismo, es necesario incluir en esta secuencia a los experimentadores e inventores, generadores de aplicaciones que son resultado de esos siglos de progreso. Por eso, hemos añadido a quienes desarrollaron los diversos tipos de motores de combustión interna y los artefactos donde fueron aplicados, tales como el automóvil, el avión y los cohetes. Allí veremos que unos fueron derivados de los anteriores.

Sin embargo, las implicaciones de la termodinámica se extienden mucho más allá de la ingeniería. En este texto se apreciarán sus aportes en el campo de la biología, por las transformaciones de calor en la fisiología de los seres vivos. Se observará su influencia en los estudios sobre astrofísica, en la meteorología y hasta en la economía moderna.

Algún lector podrá considerar extraño que en este trabajo se incluya un capítulo sobre termodinámica biológica. La motivación principal que me impulsó a anexarlo estuvo al verificar el papel fundamental que realiza la mitocondria al convertir alimentos en energía, lo cual me condujo a pensar lo que ocurriría si este proceso se pudiese reproducir en tamaño industrial hasta convertir un modelo ampliado de la mitocondria en un motor productor de potencia. Al estudiar el ciclo de Krebs y después la irreversibilidad, con Prigogine, me convencí de que esto debería profundizarse.

Encontrándome en Alemania, en reunión de profesores de la Universidad del Ruhr, al comentar estos pensamientos al profesor doctor Hanns Hatt, director del Laboratorio de Fisiología Celular de esa casa de altos estudios, este me manifestó su agrado por que un ingeniero hubiese investigado sobre este tema y tuve el placer de ser invitado a visitar su laboratorio.

Considero que una de las conclusiones a las cuales se podría llegar al profundizar sobre este asunto sería preparar un modelo matemático para posteriormente construir un modelo físico de los procesos que ocurren en la mitocondria.

Desde mediados del siglo XX, el ciclo de Krebs ha estado señalando las diferentes etapas y transformaciones que sufre la glucosa para convertirse en energía y generar y expulsar anhídrido carbónico (CO_2). Esto indica que se ha producido un proceso similar al de combustión, a pesar de que, aparentemente, no se ha generado llama alguna. El ciclo de Krebs denomina degradación a este proceso lento, pero constante. También se le podría denominar deflagración, porque el efecto es parecido. Sin embargo, lo importante es señalar que la glucosa se ha convertido en:

$$\text{Energía} + CO_2 + H_2O$$

Los cálculos conocidos en la termodinámica indican que la combustión completa de un combustible permite la producción de 44 000 BTUs de calor y se produce CO_2.

El organismo joven que se encuentra ingiriendo y consumiendo grandes cantidades de azúcar está creciendo, se está desarrollando, está capacitado para realizar actividades físicas fatigosas, lo cual requiere la disponibilidad de altos valores de energía. En un organismo sano, este proceso se efectúa con recuperación constante de la energía consumida, es decir, la energía acumulada en el hígado y en los músculos es reemplazada por nuevas ingestiones de glucosa. Cuando el organismo posee un metabolismo en condiciones normales, el proceso se cumple de esa manera.

En este caso, la energía generada es consumida por el organismo y hay muy poca acumulación de energía en el organismo; solo se dispone de una reserva suficiente para hacer frente a nuevos requerimientos.

Cuando el metabolismo está descompensado, lo cual puede ocurrir a edades tempranas o cuando el proceso de envejecimiento está progresando, el organismo ya no recibe las cantidades de energía que requiere y surge la imposibilidad o la dificultad de efectuar movimientos violentos que el organismo no puede soportar.

Veamos ahora qué es lo que puede ocurrir para que no haya una generación de energía suficiente en órganos que antes tenían una producción completa de esta. Es probable que el déficit energético sea ocasionado por una insuficiencia en el flujo de iones y que la combustión incompleta esté generando monóxido de carbono que fluya hacia las paredes de las mitocondrias, las afecte y las destruya, por lo cual habrá un déficit en la producción de energía. Allí sobreviene el cansancio y la respiración se dificulta. Esto debe producir el envejecimiento, la decadencia y la muerte de los organismos. Puede estar ocurriendo un desgaste similar al que ocurre en cualquier otra máquina: desgaste en las paredes, movimientos más lentos.

Si hasta el momento no se ha detectado la producción de monóxido de carbono en el organismo animal —humano—, podría ser que el monóxido de carbono sea absorbido por las diversas células, produciendo su deterioro, sin efecto ulterior alguno inmediato, como no sea el envejecimiento o desgaste.

Esto ocurre principalmente en los tejidos musculares y ocasiona la tendencia del ser vivo a quedar más afectado por dolencias o enfermedades específicas, de acuerdo con el tipo de deterioro sufrido. Debe ser poco probable que los pulmones o el corazón se deterioren por este efecto. Sin embargo, se podría tratar de comprobar este efecto en los enfermos de cáncer, en quienes es posible detectar una senilidad prematura: en general, ofrecen la característica de aparentar una edad mayor a la cronológica —el cáncer consume energía, lo cual afecta al metabolismo—.

En esta etapa comienza la vejez, la cual se caracteriza por la incapacidad para efectuar movimientos violentos, así como también para ejecutar trabajos fuertes. Su síntoma principal es la tendencia al cansancio.

¿Qué es lo que ha ocurrido? La explicación tiene que estar en la disponibilidad y la conversión de energía. Si antes se presumía la realización de una combustión completa, en esta nueva etapa no se deben estar generando 44 000 BTUs, sino una cantidad mucho menor. De ser así, no se estaría produciendo una combustión completa. Es conocido que en toda combustión incompleta se produce monóxido de carbono (CO), y como resultado solo se producen 19 400 BTUs de energía.

Sin embargo, el organismo, para operar con el máximo de rendimiento de todos sus órganos, requiere de 44 000 BTUs, y ese déficit en la disponibilidad de energía va originando, paulatinamente, el deterioro de órganos, en un orden no precisado todavía. Este es el comienzo de la destrucción de la vida.

Capítulo I
El mundo en el siglo XVI

La segunda parte del siglo XV se caracteriza por la toma de Constantinopla por los turcos, el descubrimiento de América, la derrota y expulsión de los árabes de España, seguida allí por la expulsión de los judíos, y el comienzo de la colonización de América, así como también por la intensificación de viajes a todas las tierras conocidas. Puede afirmarse que se inicia una etapa de mayor movimiento económico en Europa, con grandes expectativas para su incremento.

El siglo XVI se caracteriza, asimismo, en Europa, por el Renacimiento. Además de los aspectos culturales, surgen también modificaciones políticas, sociales y económicas: se intensifica el cuestionamiento. Es particularmente importante el movimiento total que engendra la Reforma y las luchas por el control de la Iglesia, lo cual genera grandes migraciones de personas de una a otra parte de Europa y, eventualmente, hacia América, las tierras recién descubiertas.

Ya desde Marco Polo se habían incrementado las relaciones comerciales con los pueblos del lejano Oriente. Eran frecuentes las caravanas que traían cargamentos de artículos diversos —sedas, especies— para su comercialización en Europa. Probablemente, el acercamiento de los turcos a Occidente intensificó esa relación, aprovechada por venecianos y genoveses, quienes comerciaban a través de los mares. Es decir, se crea la necesidad de poseer artículos diferentes a los conocidos por los pueblos europeos. El lujo, la ostentación

Gonzalo J. Morales M.

y la riqueza orientales no estaban difundidos en el Oeste, y cuando estas costumbres se disfrutaron y extendieron, sobre todo, al principio, en Italia, desde allí se propagó el gusto por artículos exóticos, suntuosos, coloridos.

Es también necesario establecer que hasta fines de la Edad Media el predominio mundial del poder estuvo en manos de los países orientales: el Oeste estaba en condiciones de inferioridad. Las Cruzadas lo demuestran. Pero en el siglo XVI esa situación cambia y Occidente comienza a emerger más poderoso que Oriente. Es lógico suponer que la imitación de algunas usanzas atractivas de Oriente se intensificaría. Entre esas prácticas pueden mencionarse el perfeccionamiento de las cerámicas y la porcelana, el vidrio y las telas. La utilización de la pólvora es un ejemplo importante y trascendental.

Ese incentivo de producir artículos diferentes se manifiesta particularmente en los alquimistas, quienes estudiaban los secretos de la naturaleza, a pesar de que sus investigaciones y conocimientos estuvieran rodeados de un aura de misterio y de magia. Ellos usaban los diez metales conocidos y, a la vez, continuaban investigando, en busca de la piedra filosofal para la transmutación de material vil en oro. Es decir, trabajaron constantemente, durante la Edad Media y la moderna, con fuego, vidrio, cerámicas y metales. Aquellos acumulaban casi toda la sabiduría adquirida en Europa, para ese momento, sobre todas las sustancias investigadas.

Es lógico suponer, pues, que de sus laboratorios privados salieran muchos de los descubrimientos obtenidos a partir de entonces. Además, debe recordarse que no existían estudios formales de química o de ciencias de materiales en universidad alguna. Había escuelas donde se enseñaba la matemática, pero, en general, el único estudio relacionado con las ciencias era la medicina. En la universidad, recién fundada en Europa, se estudiaba teología, filosofía y literatura; la medicina comenzó un poco después. Por lo tanto, los alquimistas eran con frecuencia, también, médicos.

Es comprensible que los primeros estudios de esos investigadores fuesen solo sobre óptica, ya que había disponibilidad de vidrio; también sobre mecánica; y, luego de la revolución de Copérnico, sobre las aplicaciones del vidrio a la astronomía, es decir, a la fabricación de lentes. Por eso, Newton, con su profunda inteligencia y poder de observación, efectúa sus trascendentales hallazgos en el campo de la óptica, investigando particularmente la luz, que es el elemento fundamental relacionado con el uso de las lentes.

Esa necesidad de producir artículos nuevos para crear movimiento comercial en Europa y, posiblemente, también en las tierras recién descubiertas, pudo ser un incentivo que movió a los investigadores del siglo XVII. Los pocos medios disponibles, ya mencionados, obligaron a un perfeccionamiento constante. Había que medir mejor y de manera más confiable las temperaturas; se requería estudiar el aire y el agua; había que extraer sus secretos a los minerales.

La Europa medieval comenzó con muchas ventajas: derivó una rica herencia científica y técnica del mundo antiguo, lo cual estimuló su iniciativa, pues sus recursos naturales de agua, madera, carbón, metales, sales y otros minerales eran extensos y accesibles; sus potencialidades agrícolas eran grandes; y su clima, variado. Sin embargo, la civilización europea no hubiera progresado tan rápidamente si no hubiese poseído una facultad notable para la asimilación de avances de otras civilizaciones: del Islam, de China y de la India.

Debe tenerse en cuenta que entre los antecesores del siglo XVI estuvieron Leonardo da Vinci, Copérnico, Bacon, Schwartz, Lulio y Alberto el Grande, así como también los investigadores árabes Al Khazani —quien advirtió que la densidad del agua no variaba con la temperatura y midió la tensión superficial—, Al Hazen —que había estudiado la reflexión y la refracción, y observado que la densidad atmosférica crece con la altura— y Al-Biruni —quien estudió los pesos específicos—. Se conocía el areómetro desde el tiempo de los griegos.

Es en ese ambiente donde se encuentran los científicos en el siglo XVII y con esos elementos sus sucesores deberían crear esa nueva ciencia: la termodinámica; al mismo tiempo, sentarían las bases de otra mayor: la física, ampliando, de paso, la química, y propiciando la consolidación de la matemática.

Debe recordarse que, para ese momento, tampoco operaban fábricas o talleres especializados en la fabricación de instrumentos: cada investigador tenía que construir los que necesitase, guiado por su experiencia y con sus propios medios.

El sistema de gremios y de aprendices permite la formación y el entrenamiento de jóvenes artesanos, quienes, dirigidos por maestros, fueron los elementos fundamentales en la producción de bienes en la Edad Media y en gran parte de la moderna.

Hasta el siglo XV, los instrumentos de medición astronómica acaparaban el máximum del interés y el esfuerzo de los científicos. El reloj de agua y el de arena eran los únicos disponibles para la medición del tiempo. También eran conocidos la balanza, el horno, el compás y el divisor de dibujo.

Para comienzos del siglo XVI había dos tipos diferentes de artesanos fabricantes de instrumentos. Un grupo lo constituían los científicos —especialmente los astrónomos—, cuyo especial interés estaba en el diseño y la fabricación de instrumentos. Otro grupo era el de las dinastías de artesanos, quienes habían aprendido a producir grandes números de tipos especiales de las variedades más populares de instrumentos. Ambas formas de esta actividad estaban centradas, al principio, en Nuremberg y en su región adyacente, especialmente la cercana Augsburg. Transcurrió un siglo antes de que el interés en la fabricación de instrumentos se propagara al resto de Europa occidental. Para fines del último cuarto del siglo XVI, los había numerosos en Inglaterra, Francia, Italia y los Países Bajos, así como también en Alemania.[1]

La regla de cálculo circular fue inventada por William Oughtred (1575-1660). El microscopio, por Leeuwenhoek, en Holanda (1632-1723); también el telescopio, en el mismo país, aun cuando fue desarrollado posteriormente por Galileo.

Los sopladores de vidrio florentinos, que habían fabricado los primeros termómetros sellados de alcohol para la Academia del Cimento —en 1660—, eran superiores en sus técnicas a cualquier rival europeo de ese entonces. Fue después de los experimentos de Torricelli, en 1643, cuando el uso del barómetro y del termómetro se popularizó.

Para fines del siglo XVI, la tecnología de fabricación de lentes era bien conocida: se disponía de buen vidrio, el pulido de lentes estaba bastante desarrollado por la industria de anteojos y el estudio de la geometría de la óptica se encontraba muy avanzada. En Venecia, era afamado el cristal de Murano.

Durante los siglos XV y XVI surgieron innumerables fábricas de *mayólica* en Italia central, en la cual se usaba una mezcla de plomo y estaño oxidados para obtener el glaseado. El secreto de esta fabricación impulsó la creación de un gran comercio de exportación, el cual, a su vez, generó nuevas invenciones en colores y tratamientos superficiales. Durante largo tiempo, los italianos mantuvieron el monopolio sobre técnicas del vidrio y de la cerámica, hasta que estas pasaron a Francia y a Inglaterra.

La historia de la bomba neumática es interesante, no solo por el papel importante que desempeñó en la ciencia, al llamar la atención sobre las propiedades físicas de los *aires*, sino más bien porque constituyó la primera máquina grande y compleja que entraba a un laboratorio.

1   Ver *History of Technology*, Singer & Holmyard.

Otro aspecto importante de notar es que surgió, en esa época, un gran interés por la precisión. Los nuevos experimentos y las medidas constituyen solo una parte de la actividad científica: utilizar mediciones antiguas y *correr* un espacio más en los decimales, al menos, era igualmente prioritario.

Esto es singularmente esencial en astronomía. Los trabajos de Kepler habían demostrado claramente la ventaja a ganar con el conocimiento preciso de las pequeñas fluctuaciones y de los movimientos seculares. El había dependido de las observaciones obtenidas por Tycho Brahe a finales del siglo XVI y los instrumentos usados habían empujado la exactitud al límite alcanzable por la visión humana. Como resultado, años después se inventaron visores especiales para evitar el paralaje y un micrómetro para adaptarlo al telescopio.

Los relojes mecánicos fueron construidos por primera vez en el siglo XIII, diseñados para controlar la fuerza de un peso que caía y, en el siglo XV, el enderezamiento de un resorte que actuaba de forma lenta y regular sobre un indicador apropiado. En *Los libros del saber* (1276), época de Alfonso el Sabio de Castilla, aparece un reloj mecánico, controlado por la viscosidad del mercurio. Se conoce el reloj de la Catedral de Salisbury (1386), que daba un sonido con las horas, y el reloj de alarma en Nuremberg (1380-1400). En 1561, Baldewin, relojero de Hesse, construyó un reloj astronómico muy complejo, con un tornillo sin fin, cojinetes de rodillos y juntas de Cardán. Este reloj se construyó veinte años antes de la invención de la *junta universal* por Cardán. El reloj de la Catedral de Estrasburgo es una pieza magnífica.

El péndulo, asociado a la relojería, se atribuye a Galileo y a Huyghens.

El desarrollo de las industrias químicas es catalizado, de manera importante, por los alquimistas. El médico alemán Cornelius Agrippa (1586-1635) expresaba un refrán popular en esos días: "Cada alquimista es un médico o un fabricante de jabón". A esos alquimistas o químicos se les atribuía la invención de tinturas, colorantes, pigmentos, algunos bronces y otras aleaciones, métodos de galvanizado y soldadura, refinación y ensayos, la creación del cañón —artillería— y el arte de la fabricación del vidrio.[2]

Para mediados del siglo XVI, Alemania superaba al resto de Europa en la práctica de la metalurgia y la minería; se distinguía especialmente el área de Nuremberg.

Las aplicaciones del carbón como fuente de suministro del negro humo, pez, brea, alquitrán, resina, trementina, potasa y aceite para lámparas creó una importante industria química, con base en la madera. La fabricación del hierro y del acero dependía del carbón de madera y su alto consumo condujo a un agotamiento de los bosques, lo cual, a su vez, originó la búsqueda de un sustituto, y este se halló en el carbón mineral.

Un factor muy importante a considerar es el de la difusión de los hallazgos. Se habían fundado pocas universidades y en estas las posibilidades eran limitadas. No había entonces revistas científicas donde publicar y hasta mediados del siglo XVII no hubo academias a las cuales participar descubrimientos o donde poder discutir con otros investigadores los asuntos de interés común. La primera conocida fue la Academia de los Secretos de la Naturaleza, fundada en 1560 por Porta, en Nápoles, para ocuparse exclusivamente de investigaciones científicas. La sigue la Academia dei Lincei, fundada en Roma, en 1603, para el estudio de las ciencias experimentales y humanas; luego viene la Academia Francesa, fundada en 1635, de la cual surgió posteriormente la Academia de Ciencias. Un poco después nace la Academia del Cimento, fundada en 1657 por los Médicis, en Florencia; esta publicó en 1667 un volumen con los trabajos de sus nueve miembros investigadores, pero duró poco tiempo. La Royal Society se creó en Londres, en 1662, para tratar asuntos científicos. La Royal Institution fue

---

2   Ver Anexo 2, *Los alquimistas*.

creada en 1799. Muy posteriormente se fundaron academias en los distintos países europeos y, luego, en los americanos.

Las publicaciones, o revistas aparecen un poco después. En esa misma época, ocasionalmente, se lograba que un patrón de las ciencias financiase una publicación.

El mejor método de difusión de descubrimientos era en las aulas de clases, especialmente en las universidades, que recién habían aparecido.

Fecha de fundación	Nombre original	Nombre actual
1636	Harvard College	Harvard College
1701	Yale College	Yale College
1746	College of New Jersey	Princeton University
1751	Philadelphia Academy	University of Pennsylvania
1754	King's College	Columbia University
1764	Rhode Island College	Brown University
1769	Dartmouth College	Dartmouth College
1693	College of William and Mary in Virginia	College of William and Mary
1766	Queen's College	Rutgers University
1865	Cornell University	Cornell University

Las universidades aparecen en Europa a fines de la Edad Media. Su origen puede buscarse en las escuelas monásticas y catedralicias. En el siglo XII surge en París una conciencia entre maestros y escolares que da origen a la Universidad de París, aprobada por el Papa en 1215. En Bolonia, desde el siglo XI, florecían escuelas de derecho. En Colonia (1389) y Montpellier (1292), donde existían estudios de medicina; en Oxford (1249) y en Cambridge (1286). Con posterioridad, aparecieron las primeras de fundación pontificia, real o señorial, como las de Nápoles (1224), Salamanca —creada por Alfonso IX de León en 1255—, Lérida (1300), Praga (1348), Viena (1355),

Heidelberg (1368), Alcalá de Henares (1498) y Leyden (1575). Luego vienen las americanas: Santo Domingo (1538), México y Lima (1551), La Laguna. Luego vendrán las de la América inglesa.

Otra herencia trascendental de la Edad Media es la imprenta. Marco Polo, en 1298, había descrito el papel moneda que había hallado en el imperio de Kublai Khan, impreso con un sello sumergido en tinta roja, así como también el intento de introducir papel moneda en Tabriz (1294), lo cual posiblemente dio por resultado que algunas notas impresas en bloques llegaran a las ciudades de Génova y Venecia.

Los precedentes de la imprenta se sitúan en el año 868, del que se conserva un texto chino de Wang Chih, impreso con grabados de madera y letras en alto relieve: después de entintarlo a mano, aplicaban el molde sobre papel de arroz. En el siglo XI, el herrero chino Pi Sheng utilizó los caracteres de cada letra por separado. En Europa, primero el holandés Laurens Coster compuso el primer libro, con letras móviles de madera; luego, Johann de Gutenberg (Genfleish), en Mainz, en 1440, construyó la primera imprenta, completa, imprimiendo la Biblia. De esta manera quedó disponible para la humanidad uno de los medios de difusión de conocimiento más poderosos puestos a su alcance. De allí en adelante, la velocidad de difusión del saber se hizo mucho mayor: se pudieron imprimir textos de aprendizaje, libros y todo aquello que contribuye a que el hombre pueda aprender.

El papel formado de fibras vegetales se debe a los chinos y es conocido desde el año 123 a.C., y desde su cuna dicho invento se propagó a Japón, Corea y Samarkanda. Entre los años 794 y 795 había en Bagdad una fábrica de papel, producido con tejidos viejos. De allí, la implantaron los árabes en Játiva, España, para el año 1154. Luego se extendió a Alemania (siglo XII), Italia (1200) y Francia (1240), y seguidamente al resto de Europa.

En el Museo Gutenberg de Mainz se encuentra una colección numerosa de biblias y publicaciones de esos primeros tiempos; asimismo, ejemplares de las prensas más antiguas. Allí pueden apreciarse los tipos de letras de madera y del papel empleado en esas edades, así como también la historia de la prensa en China.

Debe observarse que no solo los anteriores, sino otros muchos fueron los conocimientos y experiencias transmitidos de Oriente a Europa; empero, es también conveniente analizar el lapso de tiempo que transcurrió desde que esa técnica fue primeramente detectada hasta el momento exacto en que se puede comprobar que comenzó a usarse. Por ejemplo, el fuelle del herrero se conoció en Egipto y en China desde el siglo IV a.C., y se comenzó a usar en Europa desde el siglo XV, comprobándose realmente en el siglo XVI. La fundición de hierro fue igualmente conocida en China desde el siglo IV a.C. y solo se vino a comprobar con exactitud en el siglo XIII. La pólvora se conoce en China desde el año 850 d.C. y solo llega a Europa en el siglo XI. El ventilador era conocido en China desde el año 180 d.C. y arriba a Europa a fines del siglo XV.[3]

En consecuencia, para el período siguiente, los investigadores solo tendrán a su disposición las pocas observaciones prácticas conocidas, pero casi ninguna teórica.

LOS APORTES DEL ORIENTE A OCCIDENTE

LA UNIVERSIDAD BIZANTINA

El mundo griego medieval carecía de instituciones de carácter autónomo y permanente de enseñanza superior, comparable al de las

---

3   Ver Biblio., Ref. 8, *A History of Technology*.

universidades de la Edad Media en Europa occidental, pero la enseñanza superior era impartida por profesores particulares, grupos profesionales y los maestros del Estado designados.

En los primeros tiempos de Roma, eran Atenas y Alejandría los principales centros de aprendizaje, pero fueron superadas en el siglo V por los de la reina de las ciudades, Constantinopla. Tras el cierre de la Academia de Atenas, en 529, debido a sus enseñanzas paganas, y la conquista de Alejandría y Beirut por los árabes a mediados del siglo VII, el foco de todos los estudios superiores se trasladó a Constantinopla.

Después de la fundación de Constantinopla, en el año 330, muchos profesores se sintieron atraídos por la nueva ciudad y se tomaron diversas medidas para recibir apoyo oficial del Estado y la supervisión, empero nada formal duradero ocurrió en el camino de la educación financiada por el Estado. Sin embargo, en 425, Teodosio II fundó la *Pandidakterion*, la primera escuela de la época bizantina, que establece una clara distinción entre los profesores que eran privados y los que eran públicos y pagados con fondos imperiales. Estos profesores oficiales gozaban de privilegios y de prestigio. Hubo un total de 31 profesores: diez para gramática griega y diez para latina, dos para leyes, uno para filosofía y ocho sillas para la retórica, con cinco impartidas en griego y tres en latín. Este sistema se mantuvo, con diversos grados de apoyo oficial, hasta el siglo VII.

La retórica bizantina fue el tema más importante y difícil de estudiar en el sistema educativo bizantino, formando una base para que los ciudadanos pudieran alcanzar un cargo público en el servicio imperial o puestos de autoridad dentro de la Iglesia.

Entre los siglos VII y VIII, la vida bizantina pasó por un período difícil —a veces llamada *época bizantina oscura*—. Continúa la presión árabe proveniente del sur y los eslavos, los ávaros y los búlgaros, desde el norte, llevaron a la decadencia económica y la dramática transformación de la vida bizantina. Sin embargo, durante este período la educación superior siguió recibiendo algún tipo de financiación oficial.

Con el aumento de la estabilidad en el siglo IX se aprobaron medidas para mejorar la calidad de la educación superior. En el año 863, cátedras de gramática, retórica y filosofía —incluidas matemáticas, astronomía y música— fueron fundadas y asignado un lugar permanente en el palacio imperial. Estas cátedras continuaron recibiendo el apoyo oficial del Estado durante el siguiente siglo y medio, después de que el papel principal en la prestación de la educación superior fuera acogido por la Iglesia.

Durante el siglo XII, la Escuela Patriarcal era el centro principal de la educación, que incluyó a hombres de letras como Prodromos Teodoro y Eustacio de Tesalónica.

La toma de Constantinopla, en 1204, durante la Cuarta Cruzada, terminó con todo el apoyo para la educación superior, aunque el gobierno exilado en Nicea dio cierto respaldo a los distintos profesores privados. Después de la restauración, en 1261, se realizaron intentos para restituir el antiguo sistema, pero nunca se recuperó completamente y el mayor esfuerzo de la educación recayó en los profesores de enseñanza privada y las profesiones. Entre algunos de estos profesores particulares se incluyen el diplomático y monje Maximos Planudes (1260-1310), el historiador Nicéforo Gregorás (1291-1360) y el hombre de letras Crisoloras Manuel, que enseñó en Florencia e influenció a los primeros humanistas italianos sobre estudios griegos. En el siglo XV, muchos maestros de Constantinopla seguirían los pasos de Crisoloras.

ESTADO DE LA CIENCIA Y LA TÉCNICA MUSULMANAS EN LA EDAD MEDIA

CIENCIAS APLICADAS

Fielding H. Garrison escribió en la Historia de la medicina:

Los sarracenos mismos fueron los autores no solo del álgebra, la química y la geología, sino de muchas de las llamadas mejoras o refinamientos de la civilización, tales como farolas, cristales, instrumentos de cuerda, fuegos artificiales, frutas cultivadas, perfumes, especias, etcétera.

En las ciencias aplicadas, un número significativo de las invenciones y las tecnologías fueron producidas por científicos e ingenieros musulmanes medievales, tales como Abbas Ibn Firnas, Taqi al-Din y en particular Al-Jazari, quien es considerado un pionero en la ingeniería moderna. Algunas de las invenciones que se cree proceden del mundo islámico medieval incluyen el autómata programable, el café, la barra de jabón, el champú, la destilación pura, la licuefacción, la cristalización, la purificación, la oxidación, la evaporación, la filtración, el alcohol destilado, el ácido úrico, el ácido nítrico, el alambique, el cigüeñal, la válvula, el acolchado, el bisturí, la segueta para huesos, las pinzas, el catgut quirúrgico, el molino de viento, la inoculación, la pluma-fuente, el criptoanálisis, el análisis de frecuencia, la comida de tres platos, las vidrieras y cristales de cuarzo, la alfombra persa, el globo celeste, los cohetes explosivos y los artefactos incendiarios, y los jardines artificiales.

Durante la revolución agrícola musulmana, sus científicos lograron avances significativos en la botánica y sentaron las bases de la ciencia agrícola. Sus botánicos y agricultores demostraron avanzados conocimientos agronómicos, agrotécnicos y económicos en áreas tales como la meteorología, la climatología, la hidrología, la ocupación del suelo y la economía y la gestión de las empresas agrícolas. También demostraron conocimientos agrícolas en áreas tales como la edafología, la ecología agrícola, el riego, la preparación del suelo, la siembra, el esparcimiento del estiércol, la destrucción de hierbas, la siembra, la tala de árboles, el injerto, la poda de vid, la profilaxis, la fitoterapia, el cuidado y mejora de los cultivos, y la cosecha y el almacenamiento de esta.[4]

Química

Los químicos y alquimistas musulmanes jugaron un papel importante en la fundación de la química moderna. Estudiosos como Will Durant y Alexander von Humboldt reconocen a los musulmanes como fundadores de la química. El químico del siglo IX, Geber (Jabir ibn Hayyan), es considerado pionero de la materia por introducir un método experimental primigenio en la química, así como por el uso del alambique, la retorta, la destilación pura, la licuefacción, la cristalización, la purificación, la oxidación, la evaporación y la filtración.

Al-Kindi fue el primero en refutar el estudio de la alquimia tradicional y la teoría de la transmutación de los metales, seguido por Abu Al-Rayhan Biruni, Avicena e Ibn Khaldun. Avicena también inventó la destilación al vapor y produjo los primeros aceites esenciales, que condujeron al desarrollo de la aromaterapia. Razi destiló primero el petróleo, descubrió el querosén e inventó las lámparas de querosén, las barras de jabón y recetas modernas para este, y antisépticos. En sus *Dudas acerca de Galeno*, al-Razi también fue el primero en probar la teoría de Aristóteles, sobre elementos clásicos y la teoría de Galeno *de humorismo*. En el siglo XIII, Nasir al-Din al-Tusi presentó una de las primeras versiones de la *ley de*

---

4   Ver Anexo 2.

conservación de la masa y señaló que *un organismo de la materia es capaz de cambiar, pero no es capaz de desaparecer.*

Will Durant escribió en *The Story of Civilization IV: The Age of Faith*:

La química como ciencia fue casi creada por los musulmanes, porque en este campo, donde los griegos —por lo que sabemos— se limitaban a la experiencia industrial y las hipótesis vagas, los sarracenos presentaron observaciones precisas, controladas experimentalmente, y cuidadosos registros. Ellos inventaron y bautizaron el alambique (al-anbiq), el análisis químico de innumerables sustancias, distinguieron álcalis y ácidos, investigaron sus afinidades, estudiaron y fabricaron cientos de medicamentos. La alquimia, que los musulmanes heredaron de Egipto, contribuyó a la química con miles de descubrimientos fortuitos, y por su método, que fue la más científica de todas las operaciones de la Edad Media.

George Sarton dice, respecto de Jabir, Geber, en la *Introducción a la historia de la ciencia*:

Nos encontramos escritos en sus métodos muy sólidos sobre la investigación química, una teoría sobre la formación geológica de los metales —los seis metales difieren esencialmente a causa de las diferentes proporciones de azufre y mercurio en ellos—, la preparación de diversas sustancias —por ejemplo, el plomo carbonatado básico, arsénico y antimonio de sus sulfuros—.

INSTITUCIONES CIENTÍFICAS

Un importante número de instituciones desconocidas en el mundo antiguo tienen su origen en el mundo islámico medieval, cuyos ejemplos más notables son: el hospital público —que sustituye a los templos de curación y los templos del sueño— y el hospital psiquiátrico; la biblioteca pública y la biblioteca para préstamos; el grado académico que otorga la universidad; y el observatorio astronómico como un instituto de investigación —en contraposición a un sitio de observación privado, como es el caso en la antigüedad—.

Las primeras universidades que expidieron diplomas universitarios fueron las Bimaristan médico-hospitalarias del mundo islámico medieval, donde se emitieron títulos de medicina a estudiantes de medicina islámica, que estaban calificados para ser médicos practicantes de medicina en el siglo IX. Sir John Bagot Glubb escribió:

> *En la época de Mamun, las escuelas de medicina fueron extremadamente activas en Bagdad. El primer hospital público gratuito fue abierto en Bagdad durante el califato de Haroon-ar-Rashid. A medida que el sistema se desarrolló, los médicos y cirujanos fueron nombrados para dar charlas a estudiantes de medicina y otorgar títulos a los que se considerara calificados para la práctica. El primer hospital en Egipto fue abierto en el año 872 y, posteriormente, hospitales públicos se levantaron en todo el imperio, desde España y el Magreb a Persia.*

La Universidad de Al Karaouine, en Fez, Marruecos, es reconocida por el *Libro Guinness de los récords* como la más antigua del mundo: su fundación data del año 859. Al-Azhar, fundada en El Cairo, Egipto, en el siglo X, ofrece una gran variedad de grados académicos, incluidos títulos de posgrado, y es a menudo considerada como la primera universidad de pleno derecho.

Una serie de características de la biblioteca moderna fueron introducidas en el mundo islámico, donde no solo consistían en una colección de manuscritos, como fue el caso de las antiguas bibliotecas, sino también como una biblioteca pública y biblioteca para préstamos; un centro para la instrucción y difusión de las ciencias y las ideas; un lugar de encuentros y debates; y a veces hacía las veces de alojamiento para estudiosos o un internado para los alumnos. El concepto de catálogo de biblioteca también se introdujo en las bibliotecas islámicas medievales, donde los libros fueron organizados en categorías y géneros específicos.

Otra característica común durante la Edad de Oro islámica fue el gran número de eruditos musulmanes o *genios universales*, los estudiosos que han contribuido en muchos campos diferentes del conocimiento; estos sabios eran conocidos como *Hakeems* y tenían una gran amplitud de conocimientos en distintos campos del saber religioso y secular, comparable al posterior *hombre del Renacimiento*, como Leonardo da Vinci. Aquellos eran llamados *Polymath*.

Los académicos Polymath eran tan comunes durante la Edad de Oro islámica que era raro encontrar a un estudioso especializado en un único ámbito. Destacados eruditos musulmanes fueron Al-Biruni, al-Jahiz, al-Kindi, Abu Bakr Muhammad Al-Razi, Ibn Sina, Al-Idrisi, Avempace, Ibn Zuhr, Ibn Tufayl, Averroes, Al-Suyuti, Geber, Al-Khwarizmi, los Banu Musa, Abbas Ibn Firnas, Al-Farabi, al-Masudi, al-Muqaddasi, Alhazen, Omar Khayyam, al-Ghazali, al-Khazini, Avempace, Al-Jazari, Ibn al-Nafis, Nasir al-Din al-Tusi, Ibn al-Shatir, Ibn Khaldun y Taqi al-Din, entre muchos otros.[5]

Los alquimistas

Tal como se ha expresado anteriormente, los alquimistas desempeñan una función importante en los primeros tiempos. A continuación se presenta un listado de algunos alquimistas, tomado de Internet, Wikipedia, que incluye, entre los alquimistas europeos, a investigadores conocidos por sus hallazgos científicos, pero también están otros conocidos por su superchería.[6]

---

5   Tomado de Wikipedia.
6   Ver Anexo 2.

Gonzalo J. Morales M.

Alquimistas islámicos

- Khalid ibn Yazid, *Calid* (d. 704)
- Jābir ibn Hayyān, *Geber* (ca. 721-815)
- Al-Farabi, *Alfarabi* (870-950/951)
- Al-Kindi, *Alkindus* (801-873). Crítico de la alquimia.
- Ibn Umail (ca. 900 a.C.)
- Al-Tughrai (1061-1121, Persia)
- Abu' l-Qasim al-Iraqi (ca. 1300 a.C.)

Alquimistas europeos

- Artephius (siglo XII)
- Alain de Lille (nació entre 1115 a 1128-murió en 1202 o 1203)
- Albertus Magnus (1193-1280)
- Roger Bacon (1214-1294)
- Ramon Llull (Raymond Lulli) (1235-1315)
- Papa John XXII (1249-1334)
- Arnold of Villanova (1245?-antes de 1311)
- Pietro d'Apone (1250-?)
- Jean de Meung (ca. 1250-ca. 1305)
- Pseudo-Geber (España, siglo XIV)
- Gilles de Rais (1401-1440)
- Bernard Trevisan (Bernard of Treves) (1406-1490)
- Tomasso Masini da Peretola (siglo XV)
- George Ripley (Inglaterra, siglo XV)
- Thomas Norton (siglo XVI)
- Johannes Trithemius (1462-1516)
- Heinrich Cornelius Agrippa (1486-1535)
- Paracelsus (Paracelso) (1493-1541)
- Basilius Valentinus (Basil Valentine) (siglo XV)
- Jacob Boehme (1575-1624)
- Nicolas Flamel (siglo XV)
- John Dee (1527-1609)

- Edward Kelley (1555-1597)
- Johann Georg Faust (ca. 1480-1540)
- Marco Bragadino (ca. 1545-1591)
- François Hotman (1524-1590)
- Richard Stanihurst (1547-1618). Poeta e historiador irlandés. En su *Tratado de alquimia*, dedicado al rey Felipe II de España, afirma haber presenciado quince transmutaciones: de cobre en plata, catorce veces; y de mercurio en oro, una vez.
- Tycho Brahe (1546-1601)
- Heinrich Khunrath (ca. 1560-1605)
- Melchior Cibinensis (siglo XVI)
- Michael Maier (1568-1622)
- Michał Sędziwój (1566-1636)
- Jan Baptist van Helmont (1577-1644)
- Arthur Dee (1579-1651)
- Edward Dyer (d. 1607)
- Elias Ashmole (1617-1692)
- Johann Friedrich Schweitzer (1625-1709)
- George Starkey (1628-1665). Alquimista. También llamado Eirenaeus Philalethes
- Claude Duval (1643-1670)
- Henning Brand (ca. 1630-1710)
- Robert Boyle (1627-1691)
- Isaac Newton (1642-1727)
- Edmund Dickinson (1624-1707)
- Theodorus Mundanus (seudónimo; siglo XVII)
- Johann Kunckel (1630-1703). Químico interesado en asuntos de la alquimia. Alegaba haber efectuado varias transmutaciones.
- Johann Seger von Weidenfeld (fines del siglo XVII y principios del XVIII)
- Anton Josef Kirchweger (1746-?)

- Johann Heinrich Pott (1692-1777). Químico interesado en la alquimia.
- Francisco Antonio de Texeda (usó el seudónimo *Theophilo*; siglo XVIII)
- Conde Alessandro Cagliostro (1743-1795)
- Conde de St. Germain (1712-1784)
- Dr. Gaspar Pons (siglo XVIII). Anatomista, médico, interesado en la alquimia.
- Christoph Bergner (1793). Químico, alquimista. Alegó haber obtenido algunas transmutaciones.
- Johann Christoph von Wöllner (1732-1800)

Capítulo II
Etapa de los gases y de la termometría
El calor y la máquina de vapor

Tal cual quedó establecido en el Capítulo I, para esta etapa que sigue había pocos conocimientos teóricos previos en los cuales sustentarse y las experiencias acumuladas por los alquimistas no eran suficientes; solo se disponía de una base general tanto teórica como práctica muy endeble, peligrosa y muy propensa a ser calificada como herejía. Veremos, entonces, que unos desarrollos condujeron a otros más avanzados.

Esta etapa abarca el espacio de tiempo comprendido por la fase en que comienzan las primeras investigaciones conocidas hasta que, avanzadas estas, ya se podía estructurar un concepto —o teoría— más aceptable sobre el calor, sus efectos y aplicaciones apreciados. Comprende a los científicos e investigadores cuyos trabajos se extienden entre 1528 y 1790.

1. Girolamo CARDAN o Cardano (1501-1576). Pavía (Italia)

Médico, filósofo, matemático y astrólogo.

Formado por su padre. Educado en las universidades de Pavía y Padua, Cardano recibe su título de médico en 1526.

En Milán, es profesor de Matemáticas. Ingresa como docente en la Escuela de Medicina en 1539 y pronto llega a ser rector.

Se hace famoso como médico y en 1543 acepta una posición como profesor de Medicina en Pavía. En 1562, pasa a ser profesor en Bologna.

Consideró la resistencia del aire sobre los proyectiles y determinó la densidad de varios cuerpos por medio de esta resistencia; midió la velocidad del viento; discurrió sobre la necesidad de la presencia del aire para que un cuerpo entre en combustión; observó la potencia del vapor, y emitió la idea de que podría aprovecharse como fuerza y que su condensación produjera el vacío.

2. GIANBATTISTA DELLA PORTA (1538-1616). NÁPOLES (ITALIA)

De familia distinguida, fue educado por su tío.

Se le atribuye el invento del termómetro y de la máquina de vapor. Imaginó un aparato muy parecido al de Herón, o sea, un dispositivo donde el vapor ejerce una presión sobre la superficie del agua encerrada en un recipiente y hace que esta salga por un tubo. Este experimento tenía el fin de determinar *en cuántas partes de aire una parte de agua puede transformarse.*

3. BLASCO DE GARAY (ESPAÑA)

Mecánico y marino.

A principios del siglo XVI, según documentos españoles no claros, se le atribuye haber construido y experimentado en Barcelona un barco donde reemplazó los remos y velas por una enorme caldera. Esto no ha sido comprobado.

Las fechas conocidas están entre 1539 y 1541.

4. Simon STEVIN (1548-1620). Brujas (Bélgica)

Matemático, físico e ingeniero.

Estudió en Amberes.

Se presume que fue el primero que tuvo seguridad de la pesantez del aire.

Descubrió la paradoja hidrostática, definida así: la presión hacia abajo en un líquido es independiente de la forma del recipiente, y depende solo de su altura y base. También dio la medida de la presión en cualquier punto de las paredes del recipiente.

5. Francis BACON (1561-1626). Londres (Inglaterra)

Filósofo y físico.

Estudió en el Trinity College, en la Universidad de Cambridge.

Efectuó observaciones sobre la pesantez y la elasticidad del aire, y la dilatación por el calor como *un movimiento de expansión y ondulación de las partículas de los cuerpos.*

6. GALILEO GALILEI (1564-1642). Pisa (Italia)

Físico y matemático.

De noble familia, tuvo por maestro a su padre.

Estudió Medicina en Pisa.

Se le atribuye la invención del termómetro —aun cuando Filón de Bizancio ya había inventado un termómetro de aire, que Herón perfeccionó—.

Es fundador del método experimental.

7. Cornelius DREBBEL (1572-1634). Alkmaer (Holanda)

Físico y químico. Mecánico ingenioso.

Construyó, en 1619, el primer microscopio con lentes convexas. También inventó una incubadora de pollos con un termostato de mercurio que permitía mantener la temperatura constante. Se trata del primer sistema con controlador del que se tiene constancia.

Intentó sin éxito aplicar el mismo principio para crear un sistema de aire acondicionado. También se le concede a Drebbel el mérito de la invención del primer termómetro.

8. Johann KEPPLER (1571-1630). Weil (Alemania)

Matemático y astrónomo.

De familia muy pobre.

En el Seminario, estudió matemáticas y astronomía.

Tras estudiar en los seminarios de Adelberg y Mailbronn, Kepler ingresó en la Universidad de Tubingen (1588), donde cursó los estudios de Teología y fue también discípulo del copernicano Michael Mästlin.

En 1594, sin embargo, interrumpió su carrera teológica al aceptar una plaza como profesor de Matemáticas en el seminario protestante de Graz.

Intuyó el concepto de *trabajo*, pues consideró necesario medir la *potencia* en su relación con el movimiento. Empleaba el término *energía*.

9. Salomón CAUSS (1576-1630). Normandía (Francia)

También se le atribuye la nacionalidad alemana.

Arquitecto e ingeniero.

En 1615, publicó en Frankfurt su obra *Las razones de las fuerzas motrices*, donde describe un invento que consiste en un recipiente metálico cerrado, en el cual un tubo penetra hasta el fondo. Se introducía agua en su interior y se calentaba: el vapor generado allí ejercía presión sobre la superficie del agua que se formaba con fuerza por el tubo. Tenía por objeto la realización de un trabajo.

También se le atribuye la invención de un termómetro.

No creía en la pesantez del aire.

10. Jan Baptist VAN HELMONT (1577-1644). Bruselas (Bélgica)

Médico, físico y químico.

Noble. Educado en Lovaina.

Identificó los compuestos químicos dióxido de carbono y óxido de nitrógeno.

Fue el primero en reconocer la existencia de los gases como estado físico de sustancias químicamente distintas. El mismo nombre de *gas* fue usado por él.

Diferenció el gas del aire.

Probablemente, haya sido también inventor del termómetro, y quien pensara establecer como puntos fijos la temperatura del hielo fundente y la del vapor de agua.

Inventó un termómetro diferencial.

11. Jean Rey (1583-1645). (Bélgica o Francia)

Farmacéutico, químico, físico y doctor en Medicina.

Publicó, en 1630, *Ensayos*, que describe experimentos para comprobar la pesantez del aire, donde explica que el estaño y el plomo aumentan de peso cuando se calcinan, porque el aire les cede sus moléculas pesantes.

En 1639, perfecciona la construcción de los termómetros.

12. Johann C. STURM (1653-1703). (Alemania)

Matemático y físico.

Fabricó un termómetro diferencial y lo empleó para medir la radiación calorífica.

13. Marino MERSENNE (1588-1648). Maine (Francia)

Filósofo, teólogo y matemático.

Estudió en el Colegio de Jesuitas de La Fléche. Ingresó en la Orden de los Padres Mínimos. Fue amigo y condiscípulo de Descartes.

Describió experimentos sobre la dilatación del aire. Se supone que concibió la comprobación de la existencia de la presión atmosférica (1647).

14. Renato DESCARTES (1596-1650). La Haye (Francia)

Filósofo y matemático.

Era noble, Señor del Perrón.

Estudió en el Colegio de Jesuitas de La Fléche y en Poitiers se licenció en Derecho.

En 1631, rechaza el concepto de vacío y acepta el de presión del aire atmosférico. Concibió el calor como movimiento de las partes pequeñas de los cuerpos.

En 1637, introduce el concepto de *éter*.

15. Otto von GUERICKE (1602-1686).
Magdeburg (Alemania)

Físico. Hijo de un magistrado.

Estudió Derecho, Matemáticas y Mecánica en las Universidades de Leipzig, Helmstadt, Jena y Leyden.

Alcalde de Magdeburg.

Interesado por la discusión del vacío y del peso del aire, inventó el principio de la máquina neumática entre 1633 y 1650.

En 1654, efectuó públicamente el famoso experimento: en un globo de metal compuesto por dos hemisferios, donde había hecho el vacío, estos no pudieron ser separados por ocho caballos que halaban de cada lado, sino después de grandes esfuerzos. A este experimento se le denomina *de los hemisferios de Magdeburgo*.

Construyó un barómetro de agua.

16. Gian Alfonso BORELLI (1608-1679).
Nápoles (Italia)

Médico y físico.

Hijo de un soldado. Estudió con Castelli.

Doctor en Medicina en Roma.

Perfeccionó la construcción del barómetro.

17. Evangelista TORRICELLI (1608-1647). Faenza (Italia)

Físico.

Estudió en el Colegio de Jesuitas de la Sapienza y en Roma aprendió matemáticas con Castelli. Fue, junto con Viviani, discípulo preferido de Galileo.

Profesor de Matemáticas en Florencia desde 1642.

Inventó el barómetro de mercurio (1644) y el areómetro de volumen constante.

Demostró la existencia de la presión atmosférica.

18. Edme MARIOTTE (1620-1684). Dijon (Francia)

Físico.

Eclesiástico.

Miembro de la Academia de Ciencias de París.

Es autor de la ley de la proporcionalidad entre la presión y el volumen de los gases, llamada *ley de Mariotte*, publicada en su ensayo de 1676, acerca de la naturaleza del aire, también conocida como *ley de Boyle-Mariotte*.

Estudió la dilatación —y contracción— del agua de 4°C a 0°C, así como también las variaciones barométricas.

19. Blaise PASCAL (1623-1662). Clermont (Francia)

Físico y matemático.

Su padre, Esteban Pascal, matemático, era parte del grupo de sabios que constituyó, posteriormente, la Academia de Ciencias.

Fue un estudiante muy precoz: a los dieciséis años escribió el *Tratado de las Cónicas.*

A partir de 1646, realizó diversos experimentos para demostrar la presión atmosférica. En 1653, terminó sus dos obras: *El equilibrio de los licores* y *Pesantez de la masa del aire,* donde enuncia el *principio de Pascal.*

Pascal trabajó en los campos de estudio de líquidos —hidrodinámica e hidrostática—, centrándose en los principios de fluidos hidráulicos. Entre sus invenciones se incluye la prensa hidráulica —que usa la presión hidráulica para multiplicar la fuerza— y la jeringuilla. En el año 1646, Pascal ya conocía los experimentos de Evangelista Torricelli con barómetros. Tras replicar la creación de un barómetro de mercurio, para lo cual se coloca un tubo de mercurio boca abajo en un recipiente lleno de ese metal, Pascal comenzó a cuestionarse qué fuerza era la que hacía que parte del mercurio se quedase dentro del tubo y qué era lo que llenaba el espacio por encima del mercurio hasta el final del tubo.

Tras una serie de trabajos experimentales en esta línea, en 1647, Pascal publicó *Experiences nouvelles touchant le vide (Nuevos experimentos sobre el vacío),* en donde detallaba una serie de reglas básicas que describían hasta qué punto varios líquidos podían estar soportados por la presión del aire. También ofrecía razones, demostrando que por encima de la columna de líquido había realmente un vacío.

El 19 de septiembre de 1648, realizó el experimento esencial para la teoría de Pascal. El relato, escrito por Périer, dice así:

(...) a las ocho, llegamos a los jardines de la Orden de los Mínimos, que tiene la menor elevación en la ciudad (...). Primero, vertí dieciséis libras de mercurio (...) en un recipiente (...); luego tomé diversos tubos de cristal (...), cada uno de cuatro pies de largo y herméticamente sellados en un extremo y abiertos en el otro (...); luego los coloqué en el recipiente [de

Gonzalo J. Morales M.

mercurio] (…) y observé que el mercurio ascendía hasta 26" y 3½ líneas por encima del mercurio del recipiente (…). Repetí el experimento dos veces más, estando sobre el mismo lugar (…), con el mismo resultado en cada ocasión (…).

Adherí uno de los tubos al recipiente y marqué la altura del mercurio y (…) solicité al padre Chastin, de la Orden de los Mínimos (…), que vigilase si ocurría algún cambio a lo largo del día (…). Tomando el otro tubo y una parte del mercurio (…), anduve hasta la cima del Puy-de-Dôme, unas 500 brazas más alta que el monasterio, en donde el experimento (…) mostró que el mercurio alcanzaba una altura de solo 23" y 2 líneas (…). Repetí el experimento cinco veces con cuidado (…), cada uno en diferentes puntos de la cima (…), y resultó la misma altura del mercurio (…) en cada caso (…).

Pascal repitió el experimento en París, transportando el barómetro hasta lo alto del campanario de la iglesia de Saint-Jacques-de-la-Boucherie, a una altura de unos cincuenta metros. El mercurio cayó unas dos líneas. Estos y otros experimentos de Pascal fueron aclamados por Europa por establecer el principio y el valor del barómetro. El insistir en la existencia del vacío lo llevó a un conflicto con otros científicos prominentes, incluyendo, entre ellos, a Descartes.[7]

20. Paolo BUONO (1625-1662). Florencia (Italia)

Matemático y físico.
  Fue discípulo de Galileo.
  Estudió la incompresibilidad de los líquidos.

---

7   Tomado de Wikipedia.

Hizo una importante observación sobre el calor radiante, al notar que *este no se propaga a una lente de hielo que lo condensa.*

21. EDWARD SOMERSET (1601-1667). LONDRES (INGLATERRA)

Conde de Glamorgan, Marqués de Worcester.
Estudioso, erudito e ingenioso. Era poseedor de una inmensa fortuna.
En 1663, publicó una interesante descripción de sus inventos, llamada *Los cien inventos de Worcester.*
Se le considera el verdadero inventor de la máquina de vapor moderna. Consistía en una caldera cerrada con un tubo que llega al fondo y sale a cierta altura al exterior, y otro tubo que comunica la parte superior de esta caldera con la parte superior de un segundo recipiente, también provisto de un tubo de salida de agua que penetra hasta su fondo; además, los dos recipientes tienen, cada uno, un tubo con llave para hacer entrar el agua en el aparato.

22. ROBERT BOYLE (1627-1691). LISMORE (IRLANDA)

Físico y químico.
Hijo del Conde Richard Boyle, heredó una inmensa fortuna.
Estudió en el Eton College. Pasó un tiempo con Galileo.
Realizó numerosas observaciones sobre el vacío. Construyó el manómetro de mercurio.
En 1660, enunció la ley de proporcionalidad

Bomba de aire de Boyle

entre el volumen y la presión de los gases. Observó, por primera vez, la influencia de la presión sobre el punto de ebullición del agua.

Fue el iniciador del movimiento científico en Inglaterra y defensor del método experimental.

A pesar de todo el importante trabajo que realizó en física —el enunciado de la *ley de Boyle*, el descubrimiento de la participación del aire en la propagación del sonido y las investigaciones sobre la fuerza expansiva del agua congelada, sobre gravedades específicas y los poderes refractivos, sobre los cristales, sobre la electricidad, sobre el color, sobre hidrostática, etcétera—, la química fue su estudio favorito. Comprendió la diferencia entre mezclas y compuestos; realizó un considerable progreso en la técnica de detectar sus ingredientes, un proceso que designó con el término de *análisis*. Más aún, supuso que los elementos estaban finalmente compuestos de partículas de varias clases y tamaños, dentro de los cuales no se podía penetrar. La química aplicada le debe la introducción de métodos refinados y un conocimiento ampliado de sustancias individuales. *También estudió la química de la combustión y de la respiración*, y condujo experimentos en fisiología.[8]

23. John MAYOW (1641-1679). Cornwall (Inglaterra)

Médico.

Estudió en el Wadham College, Oxford.

Siendo Fellow del All Souls College, Oxford, se interesó en la respiración y observó el proceso en un ratón. Calculó la cantidad de aire que requiere un objeto en combustión, dentro de un espacio pequeño.

Sostuvo que el aumento de peso experimentado por un cuerpo en la combustión debía resultar de su combinación con alguna *más activa y sutil parte del aire*, a la cual llamó *spiritus igneo-aereus*, lo cual era oxígeno, pero no lo pudo estudiar en detalle.

8   Tomado de Wikipedia.

24. Christian HUYGHENS (1629-1695). La Haya (Holanda)

Matemático, astrónomo y físico.

Su primera educación le fue impartida por su padre, Señor de Zuylichem.

Ingresó en la Universidad de Leyden, a estudiar Derecho, carrera que terminó en Breda.

Su primer trabajo, a los diecisiete años, comunicado a Mersenne, interesó a Descartes. Intervino en el perfeccionamiento de la máquina neumática, a la cual agregó la campana móvil.

Otro invento es la *máquina de pólvora*, que puede ser considerada como el primer *motor de explosión*.

25. Robert HOOKE (1635-1702). Isla de Wight (Inglaterra)

Físico.

Hijo de un pastor protestante, pobre.

Ingresó en la Universidad de Oxford. Fue ayudante de Boyle.

Miembro de la Sociedad Real de Londres.

En 1664, observó que el punto de fusión del hielo es fijo y podría servir de base para una mezcla termométrica. En 1684, hizo idéntica observación con el punto de ebullición del agua. Perfeccionó el barómetro de cuadrante. Inventó el nivel de alcohol y construyó un anemómetro.

26. Isaac NEWTON (1642-1727). Woolsthorpe (Inglaterra)

Físico y matemático.

Era hijo de un terrateniente.

Estudió en la Universidad de Cambridge.

Consideraba al éter indispensable para la propagación del calor radiante en el vacío. Postulaba que el calor era resultado de un movimiento que se podía reproducir mecánicamente en un cuerpo; aceptaba que podía ser un movimiento vibratorio del éter. Usaba un termómetro de aceite de lino que tenía por puntos fijos la temperatura de fusión del hielo y la temperatura del cuerpo humano.

Inventó el primer pirómetro. Quiso establecer una relación entre el tiempo y la temperatura que pierde el hierro para poder conocer su grado de calor en cualquier momento.

Estableció la *ley de enfriamiento*, que lleva su nombre.

27. Olaf ROEMER (1644-1710). Aarhus (Dinamarca)

Astrónomo.

Construyó termómetros de precisión en 1703.

También desarrolló una de las primeras escalas de temperatura. Fahrenheit lo visitó en 1708 y mejoró la escala de Roemer.

28. Rudolf Wilhelm LEIBNITZ (1646-1716). Leipzig (Alemania)

Matemático, filósofo, historiador y diplomático.

Comenzó a estudiar en la biblioteca de su padre, profesor en la Universidad de Leipzig.

Estudió en Jena, Leipzig y Altdorf.

En 1683, corrigió la *Física*, de Descartes, dando la fórmula de la conservación de la fuerza viva —que Kelvin bautizó *energía cinética*—. Esto marca una fecha importante en la historia de los orígenes de la conservación de la energía y, por consiguiente, de la termodinámica y de la energética.

Introduce, además, lo que llama *acción motriz* y la *acción latente*: *si la acción motriz se pierde en ciertos casos, es que los movimientos sensibles son transformados en movimientos moleculares.* De esta manera, enunció la teoría mecánica del calor. Concibió el barómetro aneroide.

29. DENYS PAPIN (1647-1714). BLOIS (FRANCIA)

Médico y físico.

Su padre, médico protestante, lo envió a la Universidad de Angers, donde se doctoró.

Colaboró en París con Huyghens en sus experimentos sobre la fuerza explosiva de la pólvora (1672). En 1675, publicó su primera obra, *Nuevos experimentos para hacer el vacío*, donde describe innovaciones para la máquina neumática.

En Inglaterra, trabajó con Boyle.

En 1681, publicó en Londres un trabajo donde describe la *marmita* provista de una *válvula de seguridad* de palanca, con resistencia graduable por medio de una pesa. Así, comenzaba un elemento importante en el desarrollo de la máquina de vapor.

Entre 1687 y 1690, en Marburgo, trabaja en un proyecto para construir una máquina motriz, primero con pólvora y luego con vapor.

En 1690, publica su obra *Nueva manera de producir fuerzas motrices considerables con poco gasto*, donde describe una primera máquina de vapor con pistón.

Se le adjudica la construcción, en 1707, de un bote de vapor, accionado por una turbina.

30. Jean HAUTEFEUILLE (1647-1724). Orleans (Francia)

De padres muy pobres, fue educado por los duques de Bouillon.

Posteriormente, tomó los hábitos y se convirtió en abate.

Propuso una máquina en la que se aprovechaba alternativamente la evaporación y la condensación del alcohol: construyó un primitivo motor de combustión interna. Empleó casi todo su tiempo en investigaciones mecánicas. Publicó trabajos sobre acústica, óptica, fenómenos de las mareas y mecanismos de relojes.

También inventó el microscopio de micrómetro para medir el tamaño de objetos diminutos. Su motor de combustión interna debía operar una bomba. El pistón era accionado por la ignición de una pequeña carga de pólvora y luego retornaba a su posición inicial cuando los gases calientes de la combustión, enfriados, dejaban un vacío parcial.

31. Thomas SAVERY (1650-1715). Shilston (Inglaterra)

Ingeniero militar.

Perteneciente a familia distinguida. Recibió buena educación.

En 1698, construyó una máquina de vapor para la elevación del agua, a la que dio el nombre de *Bomba de fuego*. Se puede describir así: un recipiente cerrado, en comunicación con el exterior por tres tubos, donde por uno entra el vapor proveniente de la caldera, por otro se aspira agua de un depósito y el último es para la salida del agua repelida. Cuando el vapor entra, su fuerza expansiva ejerce presión sobre el agua contenida por el recipiente y esta se escapa por el tubo de salida. Luego, el vapor condensa y se forma un vacío relativo; la presión atmosférica cierra la válvula del tubo de salida del agua y hace subir el agua del depósito por el tubo de aspiración. Después se repite la operación. Así, se inicia la primera máquina de vapor.

Puede apreciarse que Savery continuó la obra de Worcester. Además, fue contemporáneo de Papin.

32. JEAN DESAGULIERS (1683-1744). LA ROCHELLE (FRANCIA)

Físico y matemático.

Se educó en Inglaterra y se graduó en la Universidad de Oxford, donde fue profesor.

Miembro de la Real Sociedad de Londres.

En 1718, siguiendo indicaciones de Gravesande, construyó una máquina de vapor de Savery, perfeccionada, donde disminuyó el volumen del recipiente, agregó la válvula de seguridad de Papin y reemplazó el enfriamiento exterior del recipiente. Con esta máquina, llegaba a elevar diez toneladas de agua a una altura de veintisiete metros en una hora.

33. GEORG ERNST STAHL (1660-1734). ANSPACH (ALEMANIA)

Médico y químico.

Profesor de la Universidad de Halle.

Miembro de la Academia de Ciencias de Berlín.

Autor de la *teoría del flogisto* o principio combustible contenido por los cuerpos ya en combinación, ya en libertad, en los fenómenos de combustión.

Gonzalo J. Morales M.

34. Guillaume AMONTONS (1663-1705). París (Francia)

Era hijo de un abogado.
Miembro de la Academia de Ciencias de París.
En 1687, inventó un higroscopio de absorción y luego efectuó numerosos perfeccionamientos a termómetros, barómetros y otros instrumentos.
En 1702, observó que la *ley de Boyle-Mariotte* solo es exacta cuando la temperatura es constante. En 1703, construyó un pirómetro.

35. Thomas NEWCOMEN (1663-1729). Dartmouth (Inglaterra)

Era un simple hojalatero y cerrajero.
En 1705, solicitó patente para una nueva máquina de vapor, en sociedad con Savery y con Cawley. Ambos habían comunicado a Hooke tal idea, basada en las máquinas de Papin. Sumó la caldera y el pistón de la máquina de Papin al sistema de condensación de la de Savery, teniendo como elementos nuevos una palanca que comunicaba el movimiento alternativo del vástago del pistón al vástago de una bomba y una canilla colocada arriba del pistón, a fin de mantenerlo cubierto por una capa de agua que impedía los escapes de vapor en el movimiento ascensional o las entradas de aire en el momento de la condensación. Este último perfeccionamiento condujo, en 1712, a la introducción de un chorro de agua fría, directamente en el interior del cilindro.
Inventó otros dispositivos, tales como uno para cerrar y abrir automáticamente la llave del tubo de comunicación.

36. Christian WOLFF (1679-1754). Breslau (Alemania)

Filósofo y matemático.
Barón de Wolf. Fue amigo y discípulo de Leibnitz.
Profesor de Matemáticas en la Universidad de Halle.
En 1709, construyó el primer anemómetro de aletas. En 1713, hizo conocer la obra de Fahrenheit.
En 1720, explicó la materialidad del calor: *admite la existencia de dos clases de poros en la materia, unos más grandes que los otros, y los mayores, llenos de aire.* Las diferencias de calor específico en los cuerpos se deben a las diferencias entre sus poros. El calor está latente en los cuerpos; el movimiento lo manifiesta. La materia de calor es distinta de la materia luminosa o del fuego, pues hay *calor sin luz y sin fuego.*

37. René-Antoine Ferchault de REAUMUR (1683-1757). La Rochelle (Francia)

Matemático, físico y naturalista.
Hijo de un magistrado.
A los veinticinco años, ingresó a la Academia de Ciencias de París.
Inventó, en 1730, uno de los primeros termómetros de graduación práctica, de alcohol; dividió su escala en ochenta partes.

38. Guillermo Jacobo S'GRAVESANDE (1688-1742). Bois-le-Duc, Brabante (Holanda)

Matemático y filósofo.
Profesor en la Universidad de Leyden.

Quiso demostrar la existencia del *calórico*, fluido material y ponderable al que se atribuían todos los fenómenos del calor.

Investigó la compresibilidad de los gases y realizó un perfeccionamiento de la máquina neumática.

39. Daniel Gabriel FAHRENHEIT (1690-1740). Danzig (Alemania)

Físico.

Enviado por sus padres a Holanda para dedicarlo al comercio, prefirió el estudio de la Física y viajó por Francia e Inglaterra para ampliar sus conocimientos.

Al principio, construyó termómetros de alcohol, pero hacia 1720 los reemplazó esa substancia por el mercurio. Empleó varias escalas termométricas distintas; al final, eligió la que tenía por puntos fijos la temperatura de una mezcla de hielo y sal amoniaco, la temperatura de fusión del hielo y la del cuerpo humano, que correspondían a los puntos 0, 32 y 96 de su graduación. Estableció 212 como temperatura superior.

Hizo numerosas observaciones sobre el calor y particularmente sobre los puntos de ebullición de varios líquidos y las causas de su variación.

También inventó un areómetro de volumen constante.

40. Peter van MUSSCHENBROEK (1692-1761). Leyden (Holanda)

Médico y físico.

Profesor de Matemática y Física en Leyden, Duisburg y Utrecht.

Se ocupó del calórico y la dilatación. Inventó un pirómetro.

41. Henri PITOT (1695-1771). Aramon, Languedoc (Francia)

Científico, ingeniero y militar.

En 1723, fue nombrado asistente del gran físico Réaumur y en 1724 entró en la Academia de Ciencias.

Se le nombró ingeniero jefe de los estados del Languedoc y bajo ese cargo construyó el acueducto de Saint-Climent. También acometió la desecación de pantanos, la construcción de puentes y saneamientos en las ciudades del Languedoc.

Inventó el tubo que lleva su nombre —tubo de Pitot— en 1732, que permite calcular la velocidad de un caudal, anunciándolo como instrumento de medida de la velocidad de un flujo, algo que demostró al medir la velocidad del Sena.

42. Daniel BERNOULLI (1700-1782). Basilea (Suiza)

Físico y matemático.

Hijo de Juan Bernoulli, matemático y físico, miembro de esa ilustre familia de sabios, que dio ocho matemáticos, físicos y astrónomos.

Profesor de Matemáticas en la Academia de San Petersburgo. Condiscípulo de Euler.

En 1738, publicó su obra *Hidrodinámica*, base de la hidrodinámica moderna.

Aplicó el principio de conservación de las fuerzas vivas, es decir, que la energía total de un fluido en movimiento permanece constante, conocida como *ecuación de Bernoulli*.

Afirmó que las moléculas gaseosas se mueven continuamente en línea recta y chocan entre sí como pelotas elásticas. De allí nació la idea de la *teoría cinética de los gases*, expuesta posteriormente por Kroenig y Clausius.

43. Anders CELSIUS (1701-1744). Uppsala (Suecia)

Astrónomo y físico.

Estudió en la Universidad de Uppsala, donde su padre era profesor.

En 1730, Celsius fue también profesor en la misma casa de estudios superiores. Fue el primero en experimentar para definir una escala internacional de temperatura con base científica. En su trabajo publicado en Suecia, Observations of Two Persistent Degrees on a Thermometer, reportó experimentos que indicaban que el punto de congelación es independiente de la latitud —y de la presión atmosférica—. Determinó la dependencia del agua hirviente de la presión atmosférica, que era exacta aun para las mediciones modernas. También propuso una regla para determinar el punto de evaporación si la presión barométrica se desvía de cierta presión estándar.

Propuso la escala Celsius de temperatura en un trabajo presentado a la Royal Society of Sciences, en Uppsala.

Su termómetro definía 100 para el punto de congelación del agua y 0 para el punto de evaporación.

Es el inventor de la escala termométrica centígrada, adoptada en Suecia desde 1742 y de uso internacional hoy en día.

44. Leonard EULER (1707-1783). Basilea (Suiza)

Matemático y físico.

Su padre dirigió su educación para que fuera eclesiástico, pero su maestro Juan Bernoulli lo formó en las matemáticas.

Profesor en la Academia de Ciencias de San Petersburgo y en la Academia de Ciencias de Berlín.

Entre 1751 y 1753, llamó *esfuerzo* a la fuerza multiplicada por el espacio recorrido, y *trabajo* al peso multiplicado por el espacio recorrido.

Euler precedió a Lagrange en la noción de potencial, fundamental en la mecánica.

45. Miguel LOMONOSOV (1711-1765). Kuróstrov (Rusia)

Físico y químico.

Hijo de un modesto comerciante de recursos.

Estudió en la Universidad de San Petersburgo y luego fue enviado a la de Marburgo, a estudiar con Wolf.

Profesor de Química en la Academia de Ciencias de San Petersburgo.

En 1745, presentó el trabajo *Sobre las causas del calor y del frío.*

En 1760, escribe para refutar la existencia del *calórico*. Considera que el calor es producido por el movimiento: es un movimiento interior de la materia. Demuestra que el calor depende del movimiento rotatorio de las partículas.

En su *Ensayo sobre la teoría de la fuerza elástica del aire*, de 1748, dice que *es evidente que los átomos del aire, aproximándose mutuamente, chocan con los más cercanos.*

En 1756, Lomonosov trató de reproducir los experimentos de Robert Boyle de 1673. Llegó a la conclusión de que la teoría del flogisto comúnmente aceptada era falsa. Anticipándose a los descubrimientos de Antoine Lavoisier, escribió en su diario: "Hoy he hecho un experimento en recipientes de vidrio hermético, con el fin de determinar si la masa de los metales aumenta por la acción del calor puro. Los experimentos [a los que anexó el registro en trece páginas] demostraron que el *famoso Robert Boyle fue engañado, ya que sin el acceso de aire desde el exterior, la masa del metal quemado sigue siendo la misma".*

Él considera el calor como una forma de movimiento, sugirió la teoría ondulatoria de la luz, contribuyó a la formulación de la teoría cinética de los gases y afirmó la idea de conservación de la materia en las siguientes palabras: "Todos los cambios en la naturaleza son tales que lo que se tome de un objeto de igual manera se añade a otro. Así que, si disminuye la cantidad de materia en un lugar, esta aumenta en otra parte. Esta ley universal de la naturaleza abarca las leyes del movimiento; así, para un objeto que mueve a otros por su propia fuerza, de hecho imparte a otro objeto la fuerza que pierde" — primeramente presentado en una carta a Leonhard Euler, de fecha 5 de julio de 1748, reformulada y publicada en la disertación de Lomonosov *Reflexión sobre la solidez y la fluidez de los cuerpos*, de 1760—.

Lomonosov fue la primera persona que registró la congelación del mercurio. Creyendo que la naturaleza está sujeta a la evolución regular y continua, demostró el origen orgánico del suelo, la turba, el carbón, el petróleo y el ámbar.

En 1745, publicó un catálogo de más de tres mil minerales y en 1760 explicó la formación de los icebergs.

46. Nicol CUGNOT (1725-1804). Void, Meuse, Lorena (Francia)

Ingeniero militar.

Recibió instrucción como ingeniero militar.

Construyó el primer coche de vapor para el mariscal de Sajonia.

El gobierno francés le atribuye la invención del primer vehículo autopropulsado o automóvil. Esta reclamación está disputada por varias fuentes que sugieren, en cambio, que

Ferdinand Verbiest, miembro de las misiones jesuitas en China, fue el primero en construir un coche a vapor, alrededor de 1672.

Realizó pruebas de modelos de vehículos impulsados por motores de vapor para el Ejército francés, a utilizar para arrastrar cañones pesados, tarea que empezó en 1765.

Carruaje de vapor de Cugnot. Grabado del siglo XIX.

Cugnot parece haber sido el primero en transformar el movimiento adelante-atrás de un pistón a vapor en movimiento rotativo. En 1769, consiguió que funcionase una versión de su *fardier à vapeur* —coche de vapor—. Al año siguiente, construyó una versión mejorada. Se dijo que su vehículo era capaz de tirar cuatro toneladas y viajar a velocidades de hasta 4 kilómetros por hora. El vehículo, muy pesado, tenía dos ruedas traseras y una delantera, que soportaban la caldera de vapor y se manipulaba mediante un timón. En 1771, su vehículo chocó contra una pared de ladrillo, lo que puso fin a los experimentos del Ejército francés con vehículos mecánicos.

La máquina de Cugnot de 1770 se conserva en el Conservatoire National des Arts et Métiers de París.

47. Johann Henrik LAMBERT (1728-1777). Mulhausen (francés o alemán)

Matemático, físico, astrónomo, metafísico y filósofo.
De familia modesta, supo educarse.
Miembro de las Academias de Ciencias de Berlín y de Baviera.
En 1777, extendió al calor radiante las leyes de propagación de la luz. La *ley de Lambert* dio origen a importantes estudios de Fourier, Poisson, Ångstrom.
Realizó numerosas experiencias sobre compresión y dilatación de los gases, haciendo importantes observaciones sobre la *ley de Boyle-Mariotte* y sobre los cambios de temperatura provocados por la expansión o la compresión de un gas.
En el calor, se le debe la calibración de los tubos de termómetros.

48. Joseph BLACK (1728-1799). (Escocia)

Médico y químico.
Profesor de Química en la Universidad de Edimburgo.
Estudió el *aire fijo* —ácido carbónico— y abrió paso a los grandes descubrimientos de Cavendish, Priestley, Scheele y Lavoisier.
En 1762, contribuyó con un paso de gigante al estudio del calor, con *el descubrimiento del calor específico, en 1763.*

49. Antoine BAUMÉ (1728-1804). Senlis (Francia)

Boticario.
Hijo de un posadero pobre.

Profesor de la Escuela de Farmacia.

Miembro de la Academia de Ciencias en 1773.

Escribió numerosos trabajos sobre congelación, cristalización, fermentación y otros.

Inventor del areómetro que lleva su nombre, así como de la escala para expresar la gravedad específica.

Fue gran defensor de la teoría del flogisto de Stahl.

50. Joseph PRIESTLEY (1733-1804). York (Inglaterra)

Químico, filósofo y teólogo.

Hijo de un modesto fabricante de paños, se educó para teólogo, pero se dedicó a la enseñanza de las ciencias en Leeds.

Laboratorio donde Priestley descubrió el oxígeno, en Bowood House.

En 1772, publicó sus *Observaciones sobre las distintas clases de aire*, que dieron nuevo impulso al estudio químico de los gases.

Descubrió el oxígeno en 1774. Logró aislar y separar algunos gases, tales como hidrógeno, ácido carbónico, bióxido de nitrógeno y otros, estudiando sus características y propiedades.

Fue defensor de la teoría del flogisto. Su obra ha sido escrita en más de cien volúmenes.

Los años de Priestley en Calne fueron los únicos en su vida dominados por las investigaciones científicas y también los más científicamente fructíferos. Sus experimentos fueron casi exclusivamente dedicados a los *aires*, y de este trabajo surgieron sus textos científicos más importantes: los seis volúmenes de *Experimentos y observaciones sobre los diferentes tipos de aire* (1774-1786). Estos experimentos lo ayudaron a rechazar los últimos vestigios de la teoría de los cuatro elementos, que Priestley intentó sustituir con su propia variante de la teoría del flogisto. Según esa teoría del siglo XVIII, la combustión u oxidación de una sustancia correspondía a la liberación de una sustancia material: el flogisto.

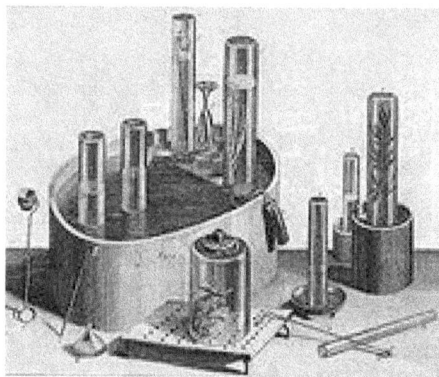

Equipamiento usado por Priestley en sus experimentos con gases.[9]

El primer volumen de su citada obra describía varios descubrimientos: *aire nitroso* —óxido nítrico, NO—; *vapor del espíritu de la sal*, más tarde llamado *aire ácido* o *aire de ácido marino* —ácido clorhídrico anhidro, HCl—; *aire alcalino* —amonía-

___

9   Tomado de Wikipedia.

co, NH3—; *aire nitroso desflogisticado* o *disminuido* —óxido nitroso, N_2O—; y el más famoso, *aire desflogisticado* —oxígeno, O_2—, así como los resultados experimentales que eventualmente llevarían al descubrimiento de la fotosíntesis.

Priestley también desarrolló una *prueba de aire nitroso* para determinar la *bondad del aire*. Usando un canal neumático, mezclaba aire nitroso con una muestra de prueba, sobre agua o mercurio, y medía la disminución en el volumen —el principio de eudiometría—. Frente a los resultados experimentales incompatibles, Priestley empleaba la teoría del flogisto. Esto, sin embargo, lo llevó a la conclusión de que *solo había tres tipos de aire*: *fijo*, *alcalino* y *ácido*.

Priestley desestimó la química floreciente de la época. En cambio, se centró en los gases y los *cambios en sus propiedades sensibles*, tal cual lo habían expresado los filósofos naturales antes que él. Aisló el monóxido de carbono (CO), pero al parecer no se dio cuenta de que era un *aire* separado.

En agosto de 1774, aisló un *aire* que parecía ser completamente nuevo, pero no tuvo la oportunidad de profundizar en ese conocimiento. Estando en París, logró replicar el experimento para otros, entre ellos, el químico francés Antoine Lavoisier. Al regresar a Gran Bretaña, en enero de 1775, continuó sus experimentos y descubrió el *aire de ácido vitriólico* —dióxido de azufre, SO_2—.

En marzo, comunicó sobre el nuevo *aire* que había descubierto en agosto, entre otros, a la Royal Society, junto con un documento sobre el descubrimiento, titulado *Un relato sobre nuevos descubrimientos en el aire*, que fue publicado en la revista de la mencionada institución, *Philosophical Transactions*. Priestley llama a la nueva sustancia *aire desflogisticado*, que obtuvo en el famoso experimento enfocando los rayos del Sol en una muestra de óxido de mercurio. Se probó en ratones, lo que le sorprendió, pues sobrevivieron bastante tiempo encerrados en el aire, y luego lo ensayó en sí mismo, escribiendo que es *cinco o seis veces mejor que el aire común para el propósito de la respiración, inflamación, y creo que para todo otro uso del aire atmosférico común.* Se había descubierto el gas oxígeno.

Priestley recogió su trabajo sobre oxígeno y otros varios en un segundo volumen de experimentos y observaciones del aire, publicado en 1776. No hizo hincapié en el descubrimiento del *aire desflogisticado* —dejando eso a la parte III del libro—, sino que sostuvo en el prefacio la importancia de esos descubrimientos.

Su papel narra el descubrimiento, por orden cronológico, sobre el tiempo transcurrido entre los experimentos y sus perplejidades iniciales; por lo tanto, es difícil determinar cuándo exactamente Priestley *descubrió* el oxígeno. Tal fecha es significativa, ya que ambos, Lavoisier y el farmacéutico sueco Carl Wilhelm Scheele, han presentado reclamaciones fuertes para la primacía del descubrimiento del oxígeno; así, Scheele, por haber sido el primero en aislar el gas —aunque publicado después de Priestley— y Lavoisier por haber sido el primero en describir como purificado *todo el aire en sí, sin alteración* —es decir, la primera vez para explicar el oxígeno sin la teoría del flogisto—.

En su documento *Observaciones sobre la respiración y el uso de la sangre*, Priestley fue el primero en sugerir una conexión entre la sangre y el aire, aunque lo hizo utilizando la teoría del flogisto. De una manera típica de Priestley, introdujo el papel con una historia del estudio de la respiración.

Un año más tarde, claramente influenciado por Priestley, Lavoisier también estaba examinando la respiración en la Académie des Sciences. El trabajo de Lavoisier comenzó la larga serie de descubrimientos expuestos en los documentos producidos sobre la respiración y el oxígeno, que culminó con el abandono de la teoría del flogisto y el establecimiento de la química moderna.

51. Henry CAVENDISH (1731-1810). (Inglaterra)

Químico.
Descendiente de duques, era muy rico.
Descubrió la composición del agua.
Cavendish perfeccionó la técnica de recoger gases sobre el agua, publicado en 1766. Investigó el aire fijo, *fixed air*, y aisló el aire inflamable, *inflammable air* —hidrógeno—, en 1766, e investigó sus propiedades. Demostró que produce un rocío, que se parece al agua, al ser quemado. Este experimento fue repetido por Lavoisier, quien denominó *hidrógeno* al gas. Lo halló menos denso que el aire.
Investigó el aire y encontró un pequeño volumen que no pudo combinar con nitrógeno usando chispas eléctricas.

52. Karl SCHEELE (1742-1786). Stralsund (Suecia)

Químico y farmacéutico.
Descubrió el oxígeno entre 1770 y 1773, pero solo lo dio a conocer en 1777, en su obra *Tratado sobre el aire y el fuego*, en la cual probaba que el aire consiste en una mezcla de dos gases, basando sus explicaciones en el *flogisto*.
Amplió el estudio de la química neumática.
Fue uno de los primeros en creer que el calor podía propagarse sin necesidad del aire.
Scheele realizó trabajos farmacéuticos en Estocolmo desde 1770 hasta 1775, en Uppsala y posteriormente en Köping.
Sus estudios dejaron como fruto el descubrimiento del oxígeno y el nitrógeno, en 1772-1773, lo que fue completamente descrito en su único libro, *Chemische Abhandlung von der Luft und dem Feuer* (*Tratado químico del aire y del fuego*), publicado

en 1777, cediendo algo de su fama a Joseph Priestley, quien lo descubrió independientemente en 1774.

Descubrió otros elementos químicos como el bario (1774), el cloro (1774), el magnesio (1774), el molibdeno (1778) y el tungsteno (1781), así como algunos componentes químicos como el ácido cítrico, el glicerol, el cianuro de hidrógeno —también conocido como ácido prúsico—, el fluoruro de hidrógeno y el sulfuro de hidrógeno.

Además, descubrió un proceso similar a la pasteurización.

53. Louis JOSEPH, Conde de Lagrange (1736-1813). (Francia)

Matemático y físico.
Miembro de la Academia de Ciencias de París.
En 1788, escribió su *Mecánica analítica*.
Desarrolló el *principio de la conservación de la fuerza viva*, recogió la diferenciación de Leibnitz entre fuerzas muertas y vivas, distinguió las fuerzas activas —con cambio de lugar— de las fuerzas pasivas —resistencias— y amplió el principio, tomándolo como primer punto de apoyo de toda la mecánica.

En este desarrollo, el principio se vuelve también *principio de la conservación del trabajo* y permite entrever los importantes trabajos sobre energía y termodinámica del siglo XIX.

54. James WATT (1736-1819). (Escocia)

Mecánico e inventor.
Su padre era magistrado y se ocupaba de la construcción de navíos y de comercio.
A los dieciocho años, aprendió el oficio de constructor de instrumentos de matemática y astronómicos.

Ingresó como mecánico en la Universidad de Glasgow, donde, en 1763, tuvo que reparar una máquina de Newcomen. La estudió y después de un minucioso y metódico trabajo de investigación la perfeccionó, haciéndola más eficiente.

Watt midió el calor de vaporización y enunció la *ley de Watt*.

Fue el introductor del concepto de *trabajo*, con el *pie-libra* y la *fuerza-caballo —Horsepower* o HP—.

Entre algunos de sus inventos están: en la máquina de vapor, el condensador aislado, con la bomba de aire (1765); la máquina rotativa, la máquina de simple efecto, la de doble efecto, el martillo de vapor, el paralelogramo articulado, el regulador de fuerza centrífuga, el manómetro de mercurio y el indicador.

55. William HERSCHEL (1738-1822). (ALEMÁN-INGLÉS)

Astrónomo y físico.

Hijo de un músico, de pocos recursos.

Completó su educación con gran esfuerzo.

En 1800, descubrió los rayos caloríficos del espectro. En 1822, estudió los espectros de *gases incandescentes*. Fue precursor del análisis espectral.

Profundizó en la física y analizó la naturaleza del calor, descubriendo los rayos infrarrojos, haciendo pasar la luz solar por un prisma y midiendo la temperatura registrada por un termómetro más allá de la región rojiza del espectro visible. El termómetro demostró la existencia de una forma de luz invisible más allá del color rojo.

56. Jacques CHARLES (1746-1823). Beaugency (Francia)

Físico.
Atraído al estudio por los experimentos de Franklin.
Miembro de la Academia de Ciencias de París.
Enunció la *ley Charles* para los gases y efectuó numerosos experimentos sobre su dilatación.
Perfeccionó el areómetro de Fahrenheit.
Hizo diversas experiencias de aeronáutica, volando un globo de tela engomada, inflado con hidrógeno.

57. Hermanos MONTGOLFIER. Joseph (1740-1810) y Jacques (1745-1799). Vidalón (Francia)

Aeronautas.
Ambos fueron nombrados miembros supernumerarios de la Academia de Ciencias de París.
Tenían una fábrica de papel. Jacques había estudiado en la Escuela de Arquitectura de París.
Hicieron diversos experimentos hasta construir, en 1783, el primer globo de papel con aire caliente, cuyo primer vuelo se efectuó el 14 de julio.

Conclusiones

Este período incluye los trabajos de cincuenta y siete investigadores pioneros, mayormente ingleses, italianos, franceses y alemanes; también hubo algunos de otros países. Entre ellos, hay inventores prolíficos, tales como Worcester, Watt, Cugnot y Montgolfier; grandes pensadores, como el caso de Newton y Descartes; grandes experimentadores, como Von Guericke,

Boyle, Cavendish y Pascal; y grandes matemáticos, tales como Leibnitz y Newton.

Durante este lapso se construyen los primeros termómetros, por Porta, Galilei, Rey, Sturm, Roemer, Reamur y Celsius.

También se emplean los términos *trabajo* —Euler— y *energía* —Keppler—, además de *gas* —Van Helmont—; se investiga la combustión —Cardano—, la respiración —Boyle, Mayow y Priestley— y la sangre —Priestley—; se realizan trabajos sobre el espectro —Herschell—.

Capítulo III
Etapa del calor, matemáticas y leyes

Con base en las investigaciones y experimentaciones realizadas en las fases anteriores, dadas a conocer y disponiendo de los nuevos instrumentos desarrollados para ser utilizados por investigadores en este período, se produce esta nueva etapa. Comprende el espacio de tiempo en que se consolida el concepto de calor, se conciben aplicaciones y se sientan los basamentos para crear, posteriormente, la termodinámica.

Incluye a los científicos e investigadores cuyo lapso de vida se extiende entre 1733 y 1870.

58. Jean-Charles, Chevalier de BORDA (1733-1799). Landas (Francia)

Físico, matemático y oficial de ingenieros, de caballería y de marina.

En 1756, Borda escribió *Mémoire sur le mouvement des projectiles*, producto de su trabajo como ingeniero militar.

Fue electo para ser parte de la Academia de Ciencias francesa en 1764.

Inventó numerosos aparatos. El *método de Borda*, por el péndulo, se usa para la determinación de *g*.

Ideó el prisma empleado por Arago y Dulong para determinar el índice de refracción de los gases.

59. Alexis Marie ROCHON (1741-1817). (Francia)

Físico práctico y experimental. Instrumentalista.

Astrónomo de la Marina. Director del gabinete de física del Rey.

Tuvo el título de abate hasta la Revolución. Escribió una serie de memorias sobre instrumentos ópticos, presentados a la Academia en 1766.

En 1771, fue electo miembro de la Academia de Ciencias francesa.

El rey Luis XV había reunido una colección de instrumentos en el castillo de La Muette, en Passy, y Rochon fue nombrado a cargo de los instrumentos ópticos en 1775.

También fue astrónomo-óptico de la Armada francesa y director del observatorio de Brest.

Se le menciona como el primero en utilizar un prisma objetivo para observar el espectro de un campo de estrellas, alrededor de 1776, y escribió sobre los espectros estelares, en contradicción con las ideas de Newton. No se detectaron algunos detalles del espectro y se equivocó en gran parte de su trabajo espectral.

Un telescopio de su fabricación se utilizó durante el tránsito de Venus, en 1769, en California.

60. Antoine Laurent LAVOISIER (1743-1794). París (Francia)

Químico y físico.

Hijo de un rico comerciante, recibió una buena educación, completada con lecciones de varios científicos.

Miembro de la Academia de Ciencias de París.

Es el *padre de la química moderna*, y desde 1772 atacó hasta destruir la teoría del flogisto, reemplazándola por el *calórico*.

Estudia el calor, conjuntamente con Laplace, con quien escribió su célebre *Memoria sobre el calor*, presentada a la Academia de Ciencias en 1780. En ella establecen que *el calor es la fuerza viva que resulta de los movimientos insensibles de las moléculas de un cuerpo y es la suma de los productos de la masa de cada molécula por el cuadrado de la velocidad.*

Más tarde, Laplace adoptó definitivamente el *calórico*, cuerpo simple, imponderable, que ocupa los espacios entre las moléculas de los cuerpos y al dilatarse los cambian de sólido a líquido y a gas. Lavoisier, en su *Tratado de química* (1789), ya no habla del calor como movimiento e incluye en su cuadro de las *sustancias simples que pertenecen a los tres reinos y que se pueden considerar como elementos de los cuerpos: la luz, el calórico, el oxígeno, el ázoe y el hidrógeno.*

En la misma obra se encuentran también los estudios sobre dilatación lineal y calorimetría.

Las dos leyes que rigieron las investigaciones de Laplace y Lavoisier son: *la cantidad de calor libre* —calor que se propaga de un cuerpo a otro— *permanece siempre igual en las mezclas simples de los cuerpos y cuando, en una combinación o en un cambio de estado, desaparece calor libre, este vuelve a aparecer sin merma cuando se restablece el estado primitivo y, del mismo modo, si hubiera aparecido un aumento de calor libre, este vuelve a desaparecer al restablecerse el estado primitivo.*

Es creador de la ley de la conservación de la materia.

Estudió el calor en las reacciones químicas, dando así comienzo a la termoquímica.

Laboratorio de Lavoisier, en el Musée des Arts et Métiers de París.

61. ALESSANDRO VOLTA (1745-1827). COMO (ITALIA)

Físico.

De origen noble, su primera educación fue adquirida bajo la dirección de su padre.

A los dieciocho años, expone al abate Nollet su teoría propia sobre la electricidad.

En el año 1774, es nombrado profesor de Física de la Escuela Real de Como.

En 1793, efectuó experiencias sobre la dilatación del aire.

En 1790, estudió la difusión de los gases.

En honor a su trabajo en el campo de la electricidad, Volta fue nombrado miembro de la Royal Society de Londres y de la Academia de París.

En el año 1815, el Emperador de Austria lo nombró director de la Facultad de Filosofía, en la Universidad de Padua.

62. Giovanni Battista VENTURI (1746-1822). (Italia)

Ingeniero, científico y diplomático.

Descubrió el *efecto Venturi*, del cual toma su epónimo. Fue el epónimo también de la bomba Venturi —aspiradora— y el tubo Venturi.

Realizó investigación y construcción hidráulica en Italia y Francia.

En su honor, el ingeniero norteamericano Clemens Herschel dio su nombre al instrumento de medición —tubo Venturi—, muy utilizado en aeronáutica.

63. Charles BLAGDEN (1748-1820). (Inglaterra)

Médico militar.

Miembro de la Sociedad Real de Londres.

Se especializó en el estudio del calor (1788) y especialmente de la sobrefusión.

Fue uno de los primeros en asegurar que todos los cuerpos tienen tres estados: sólido, líquido y gaseoso.

En junio de 1783, Blagden, entonces ayudante de Henry Cavendish, visitó a Antoine Lavoisier en París y le describe cómo Cavendish había obtenido agua, quemando *aire inflamable*. La insatisfacción de Lavoisier con la teoría de *deflogistinización* de Cavendish lo llevó a proponer el concepto de una reacción química, que informó a la Real Academia de Ciencias el 24 de junio de 1783, fundando así, en efecto, la química moderna.

Blagden experimentó sobre la capacidad humana de soportar altas temperaturas. En su informe a la Real Sociedad, en 1775, fue el primero en reconocer el *papel de la transpiración* en la termorregulación.

Los experimentos de Blagden sobre cómo sustancias disueltas, tales como la sal, afectan el punto de congelación del agua, condujeron al descubrimiento de que *el punto de congelación de una solución disminuye en proporción directa a la concentración de la solución*, denominada ahora *ley de Blagden*.

64. Pierre SIMÓN, Marqués de Laplace (1749-1827). Beaumont (Francia)

Matemático, físico y astrónomo.

Hijo de pobres cultivadores de la baja Normandía.

Estudió en un colegio de benedictinos; luego, en la Universidad de Caen.

En 1767, D'Alembert lo hizo nombrar profesor de Matemáticas en la Escuela Militar, donde tuvo a Napoleón entre sus discípulos.

Miembro de la Academia Francesa y de la Academia de Ciencias en 1785.

En 1795, fue nombrado miembro de la cátedra de Matemáticas del Nuevo Instituto de las Ciencias y las Artes, que preside en 1812.

Conjuntamente con Lavoisier, publicó, en 1780, la *Memoria acerca del calor*, por lo cual era partidario del *calórico*.

Estudio la capilaridad, la elasticidad y la conducción del calor.

Publicó numerosos trabajos sobre calorimetría, determinación del calor específico de los gases, inventor del calorímetro de hielo, dilatación de los sólidos y los gases.

Este sabio es uno de los grandes genios de la ciencia.

65. Benjamin THOMPSON, Conde de Rumford (1753-1814). Woburn (Estados Unidos)

Militar y físico.
Maestro de escuela, se dedicó al estudio de las ciencias.
Miembro de la Sociedad Real de Londres.
Es precursor de la termodinámica, ya que consideraba el calor como movimiento transformable en fuerza mecánica y, en 1798, realizó el célebre experimento de Munich, que consistía en taladrar, bajo agua, un cilindro de metal, logrando así elevar el punto de ebullición de 26 libras de agua, en dos horas y media.
Este experimento le hizo pensar que se podría establecer una relación entre el trabajo producido por el caballo que hacía funcionar el taladro y el calor correspondiente a ese trabajo; le hizo emitir, pues, la primera idea del *equivalente mecánico del calor*, punto de partida de la termodinámica.
En 1804, publicó su *Memoria sobre el calor*, y en 1812, su *Memoria sobre la combustión*. Estudió la dilatación irregular del agua. Comprobó que el calor no es sustancia; demostró que el calor radiante se propaga en el vacío y no necesita del aire; inventó un termómetro o termoscopio.
Estudió la conductibilidad calorífica de los líquidos y también la calefacción.

66. Augusto BETANCOURT (1760-1824). Tenerife (España)

Oficial de ingenieros. Jefe del Cuerpo de Ingenieros en Rusia.
Miembro de la Academia de Ciencias de París.
En 1790, escribió una importante memoria sobre la fuerza expansiva del vapor.

En 1792, comenzó el estudio de la tensión de vapores de varios líquidos.

67. Luigi Gaspare BRUGNATELLI (1761-1818). Pavía (Italia)

Químico.
Estudió en la Escuela de Farmacia.
Autor de una teoría de la combustión, complementaria de la de Lavoisier.

68. Robert FULTON (1765-1815). Pennsylvania (Estados Unidos)

Inventor y mecánico.
Hijo de pobres emigrados irlandeses.
Investigó la construcción de una máquina de vapor de Watt, con Symington, entre 1800 y 1803.

69. John DALTON (1766-1844). Cumberland (Inglaterra)

Físico y químico.
Hijo de un pobre tejedor, se forjó una buena educación como autodidacta.
Educado en una escuela de cuákeros de su aldea, donde se distinguió, a la edad de doce años lo nombraron maestro. En 1781, fue designado asistente en Kendal y cuatro años después fue su director. Allí recibió la influencia del científico ciego John Gough, quien le enseñó matemáticas.
Fue profesor de Matemática y Ciencias en Manchester.

Miembro de la Sociedad Real de Londres.

Estudió la dilatación de los gases, su calor específico, las tensiones máximas del vapor de agua y la velocidad de evaporación.

En 1801, elaboró su trabajo sobre gases, argumentando que la afinidad química no influía en el comportamiento de los gases; es decir, que la atmósfera era una mezcla mecánica de gases y que las reacciones químicas entre los gases constituyentes no actuaban en su composición.

Dalton condujo experimentos sobre la solubilidad de los gases en agua.

70. Jean Baptiste JOSEPH, Barón de Fourier (1768-1830). Auxerre (Francia)

Físico y matemático.

Era hijo de un sastre. Primeramente, fue benedictino.

Profesor de Matemática de la Escuela Militar de Auxerre.

Fue alumno y luego profesor de la Escuela Normal Superior, donde tuvo como profesores y luego como colegas a Laplace, Lagrange y Monge.

Profesor de Geometría Analítica en la Escuela Politécnica.

Miembro de la Academia de Ciencias en 1817.

En 1789, leyó en la Academia de Ciencias una memoria sobre la resolución de las ecuaciones numéricas de todos los grados.

Fue en Grenoble donde condujo sus experimentos sobre la propagación del calor que le permiten modelar la evolución de la temperatura a través de series trigonométricas. Estos trabajos mejoraron el modelado matemático de fenómenos físicos y contribuyeron a los fundamentos de la termodinámica.

Presentó, en 1807, su primera *Memoria sobre el calor*, la modificó más tarde por sugestión de Laplace y Lagrange, y la amplió en 1811, hasta convertirla en su *Teoría analítica del calor*. Allí establece la ecuación general de la propagación del calor en los cuerpos sólidos, la variación de la temperatura en todas las partes del cuerpo conductor y su equilibrio o estado final y permanente.

Seguidor de la teoría matemática de la conducción del calor. Estableció la ecuación diferencial parcial que gobierna la difusión del calor, solucionándolo por el uso de series infinitas de funciones trigonométricas. En esto, introduce la representación de una función como una serie de senos y cosenos, ahora conocidas como las series de Fourier.

71. Francis ARAGO (1768-1853). Pirineos (Francia)

Físico, astrónomo y meteorólogo.

Su padre era licenciado en Derecho.

Estudió en la Escuela Politécnica, donde trabó amistad con Poisson y Laplace.

Profesor de Geometría en la Escuela Politécnica.

Miembro de la Academia de Ciencias.

Trabajó con Biot para determinar el índice de refracción de los gases por el método de Borda. Luego, determinó la densidad del mercurio en función de la densidad del aire.

72. Phillip LEBON (1769-1804). Alto Marne (Francia)

Ingeniero.

Hijo de un oficial de Luis XV.

Estudió en la Escuela Politécnica.

Profesor de Mecánica.

En 1799, explicó a la Academia de Ciencias su invento sobre *nuevos medios para emplear más útilmente los combustibles, sea para el calor, sea para la luz, y de recoger sus distintos productos*. Así, inventó el alumbrado de gas.

73. Thomas YOUNG (1773-1829). Somerset (Inglaterra)

Médico, físico, matemático, químico y botánico.

De una familia de comerciantes.

Estudió con Black en Edimburgo y recibió su título de Doctor en la Universidad de Göttingen.

Profesor en el Instituto Real.

Secretario de la Sociedad Real de Londres.

En 1804, Young desarrolló la teoría de fenómenos capilares con base en el principio de tensión superficial. También observó la constancia del ángulo de contacto de una superficie del líquido con un sólido y mostró cómo de estos dos principios se deducen los fenómenos de capilaridad.

En 1807, publicó *Conferencias sobre filosofía natural y las artes mecánicas*. Estudió la tensión de los vapores saturantes, dando una fórmula en función de la temperatura. Apoyó la teoría del calor como movimiento molecular y concibió la teoría ondulatoria de la luz.

Fue el primero en aplicar los conceptos mecánicos al calor, al establecer la relación entre el calor y la fuerza viva. También colaboró con el desarrollo del concepto de trabajo.

Introdujo el concepto de trabajo en la física teórica y fue precursor del desarrollo del estudio de la energía que tuvo lugar en el siglo XIX. Utilizó la palabra *energía*.

74. Robert BROWN (1773-1858). Montrose (Escocia)

Botánico.
  Su padre, James, era un ministro episcopal escocés.
  Fue educado en el Marischal College, Aberdeen.
  Estudió Medicina en la Universidad de Edimburgo.
  En 1827, observó el movimiento molecular ocasionado por los choques en las partículas materiales en suspensión, el cual fue bautizado *movimiento browniano*, en su honor.

75. Jean Baptiste BIOT (1774-1862). París (Francia)

Físico, matemático, astrónomo y químico.
  Estudió en la Escuela Politécnica.
  Profesor de Astronomía Física en la Facultad de Ciencias de París.
  Miembro de la Academia de Ciencias. Miembro de la Academia Francesa
  Estudió con Aragó el poder refringente de los gases, así como la dilatación y la capacidad calorífica, y se ocupó de la tensión de los vapores saturantes, corrigiendo la fórmula de Dalton. Estableció que la tensión del vapor de soluciones salinas es más débil que la del vapor de agua pura a igual temperatura.
  Hizo interesantes comprobaciones de la fórmula de Fourier de conductibilidad calorífica en varas metálicas, usando un pirómetro que innovó.
  En 1836, publicó una recopilación de lo que había descubierto acerca de la emisión y la absorción del calor radiante; observó la polarización rotatoria de los rayos caloríficos invisibles, descubriendo ese poder rotatorio en el vapor de trementina.

76. William HENRY (1774-1836). Manchester (Inglaterra)

Químico.

Comenzó, en 1795, sus estudios de Medicina en Edimburgo, doctorándose en 1807.

Se dedicó a la investigación química, fundamentalmente sobre gases. En uno de sus principales trabajos, describió experimentos sobre la cantidad de gases absorbidos por el agua a diferente temperatura y presión. Sus resultados se conocen como la *ley de Henry*. También investigó sobre el grisú, el gas de alumbrado y el poder desinfectante del calor.

En 1803, enunció la ley de absorción de los gases en los líquidos, en función del *coeficiente de absorción*: *la cantidad de gas que puede ser disuelta a una temperatura dada, en la unidad de volumen de un líquido, es proporcional a la presión del gas que queda sin disolver.*

Estudió los gases inflamables y la acción del platino dividido sobre las mezclas gaseosas.

77. André Marie AMPÈRE (1775-1836). Lyon (Francia)

Físico, matemático, químico y filósofo.

Hijo de un comerciante empobrecido, se formó en su hogar.

Profesor en la Escuela Politécnica.

Miembro de la Academia de Ciencias.

En 1802, escribió la memoria *Consideraciones acerca de la teoría matemática del juego*.

Compartió, en 1821, la idea de Rumford y Young de que *el calor es movimiento*.

Amplió la hipótesis de Avogadro, que se llama *de Avogadro y Ampère*.

Gonzalo J. Morales M.

78. Amadeo AVOGADRO, Conde de Quaregna y Cerreto (1776- 1856). Torino (Italia)

Químico, físico y abogado.
Profesor de Física y Matemática en Torino.
En 1811, propuso como explicación de la *ley de Gay-Lussac* (1808) lo que llamó primero *hipótesis* y luego *ley de Avogadro*, o sea que *volúmenes iguales de cualquier gas, en iguales condiciones de temperatura y presión, contienen un número igual de moléculas.* Luego, agregó que las moléculas físicas están a su vez constituidas por los átomos químicos. Así, introducía una relación con los descubrimientos de Dalton y Gay-Lussac.
El *número de Avogadro* es una constante física.

79. Hans Christian Oersted (1777-1851). Langeland (Dinamarca)

Farmacéutico, químico, físico y médico.
Hijo de un farmacéutico. Trabajó con Fourier.
Estudió Química en Alemania; luego, en Francia, se doctoró en Medicina.
Profesor en la Universidad de Copenhague y en la Escuela Militar danesa.
Fundador y director de la Escuela Politécnica Sueca de Ciencias.
En 1822, fue electo miembro de la Real Academia.
Estudió la compresión de los líquidos, en especial la del agua. Inventó un *piezómetro*. Estudió también la compresión de los gases.
Animó a Colding para que buscara la confirmación de la ley de conservación de las fuerzas vivas, que este enunció en forma simultánea, aunque independientemente de Mayer, en 1843.

Demostró que el par eléctrico es el mejor termómetro para medir la temperatura del calor radiante

80. Charles CAGNIARD DE LA TOUR, Barón (1777-1859). (Francia)

Físico e inventor.

Estudió en la Escuela Politécnica y luego en la de Ingenieros Geógrafos.

Miembro de la Academia de Ciencias de París.

En 1822, investigó la vaporización total y descubrió el estado crítico de líquidos tales como el éter, el sulfuro de carbono, el anhídrido carbónico y el agua.

Publicó su *Exposición de algunos resultados obtenidos por la acción combinada del calor y de la presión sobre ciertos líquidos.*

81. Humphry DAVY, Baronet, Sir (1778-1829). Penzance (Inglaterra)

Químico y físico.

Hijo de un escultor, concurrió a la escuela de su pueblo, Penzance Grammar School, y el año siguiente fue a la Truro Grammar School.

Presidente de la Sociedad Real de Londres. Asociado del Instituto de Francia.

En 1799, había querido demostrar la relación entre el calor y el movimiento, frotando uno contra otro dos trozos de hielo en el vacío y en una temperatura inferior a cero, provocando así su fusión. Este experimento ya había sido realizado por Boyle.

En 1820, propuso que se construyera una máquina cuya fuerza motriz fuese por la expansión de un gas, con lo cual se convierte en precursor de Lenoir (1860) en la invención de los motores de gas.

82. Joseph Louis GAY-LUSSAC (1778-1850). Limóges (Francia)

Físico y químico.

Su abuelo era médico; su padre, magistrado, quien guió su educación.

Estudió en la Escuela Politécnica. Fue ayudante de Berthollet.

Profesor de Química en la Escuela Politécnica y de Física en La Sorbona.

Par de Francia. Miembro de la Academia de Ciencias.

En 1807, en las Memorias de la Sociedad de Arceuil, Gay-Lussac publicó su *Memoria acerca de la combinación de sustancias gaseosas entre sí*, que contiene las *leyes de Gay-Lussac*.

Estudió la dilatación de los gases y expresó que *todos los gases permanentes expuestos a temperaturas iguales bajo la misma presión se dilatan de la misma cantidad*. De allí dedujo también el cero absoluto.

También determinó la densidad de los gases y de los vapores, indicando que los gases y los vapores no tienen propiedades distintas.

En 1802, señaló también la identidad entre la expansión de los gases y la difusión de los líquidos. En 1807, realizó el experimento del cual deriva la *ley de Joule*: poniendo en comunicación dos globos, uno lleno de aire y otro vacío, se observa que un barómetro colocado en el globo vacío tiene un ascenso idéntico al descenso de otro barómetro en el globo lleno.

También observó el fenómeno de la sobrefusión.

En 1817, descubrió la influencia que un recipiente de cristal tiene sobre el punto de ebullición de un líquido, en comparación a otro metálico.

Se ocupó de la tensión del vapor por debajo de 0°C.

Efectuó dos viajes aerostáticos, en 1804, uno con Biot.

83. George STEPHENSON (1781-1843).
Newcastle (Inglaterra)

Robert STEPHENSON (1803-1859).
(Inglaterra)

George, fogonero en una mina, estudió solo hasta convertirse en mecánico. Asistiendo a clases nocturnas, se inició en el estudio de las máquinas de vapor. Fue ascendido luego a ingeniero.

En 1814, construyó su primera locomotora, que solo alcanzaba una velocidad de 8 kilómetros por hora.

En 1829, construyó la locomotora *Rocket*, en la fábrica de su hijo Robert, quien había estudiado en la Universidad de Edimburgo. Era para instalar la línea Manchester-Liverpool.

84. Simeon-Denis POISSON (1781-1840). Loiret (Francia)

Matemático y físico.

Su padre, juez, se ocupó de su educación.

Estudió en la Escuela Politécnica, donde fue profesor de Análisis. Pupilo de Lagrange. Profesor de Mecánica en la Facultad de Ciencias. Par de Francia.

Publicó la *Teoría del calor*, enfocada desde un punto de vista matemático.

En 1831, efectuó el estudio matemático de la viscosidad.

85. Pierre Louis DULONG (1785-1838). Ruan (Francia)

Físico, químico y médico.

Muy pobre, hizo un gran esfuerzo para lograr su educación. Ingresó en la Escuela Politécnica. Luego, estudió Medicina.

Profesor de Física en la Escuela Politécnica y de Química en la Facultad de Ciencias.

Miembro de la Academia de Ciencias.

Conjuntamente con Petit, estudió la dilatación de los sólidos, demostrando que esta no es absolutamente proporcional a la temperatura, pues su coeficiente de dilatación se modifica a altas temperaturas. En 1816, observaron diferencias entre el termómetro de aire y el de mercurio por sobre los 100°C. En 1819, experimentaron acerca del enfriamiento de los cuerpos.

Como consecuencia, establecieron la *ley de enfriamiento de Dulong y Petit*, por medio de tres fórmulas, resumidas así: *las velocidades de enfriamiento crecen en progresión geométrica cuando las temperaturas del ambiente crecen en progresión aritmética. Debe considerarse la radiación del cuerpo sobre el ambiente y también la radiación del ambiente sobre el cuerpo.* Influyen también: la forma, la masa, la naturaleza del cuerpo y la magnitud y la naturaleza de su superficie.

Estudió la refracción de los gases y su calor específico. En 1838, se ocupó del calor de combustión que estudió con el calorímetro de agua. Luego, estudió la variación de la tensión del vapor por la temperatura.

En 1830, comprobó con Aragó la *ley de Boyle-Mariotte*. En 1838, estableció la unidad del calor así: *es el calor que eleva un gramo de agua en 1°C*, pero no le dio nombre — Favre y Silbermann, en 1852, usaron la expresión *caloría*—.

86. Jean PELTIER (1785-1845). Somme (Francia)

Físico.

Hijo de un obrero. Aprendiz de relojero. Trabajó en la casa de Breguet, quien lo puso en contacto con la ciencia.

En 1836, inventó un electrómetro y un termómetro.

En 1834, descubrió el *efecto Peltier*: *cuando se hace pasar una corriente por un circuito formado por dos conductores, se produce en la superficie de unión de estos una emisión o una absorción de calor, según el sentido de la corriente*. Este aumento o disminución de temperatura, debido al *calor Peltier*, puede ser determinado por su termómetro eléctrico.

Sus experimentos se ampliaron: Lenz (1838) llegó a provocar la congelación del agua con el enfriamiento de la corriente: B Sb.

87. Marc SEGUIN (1786-1875). Annonay (Francia)

Físico e ingeniero.

De una familia de industriales; sobrino y discípulo de J. Montgolfier.

En 1845, fue electo para ingresar a la Academia de Ciencias.

En 1827, inventó la caldera tubular, aunque es posterior a las calderas Perkins.

En 1829, inventó un ventilador de fuerza centrífuga para aumentar el tiraje en los tubos de las calderas.

En 1855, presentó a la Academia de Ciencias un proyecto de *máquina de vapor pulmonar*.

Dumas considera a Seguin como el verdadero iniciador de la teoría mecánica del calor.

88. Jean PONCELET (1788-1867). Metz (Francia)

Matemático.

Alumno de la Escuela Politécnica y de la Escuela de Artillería.

Profesor de la Academia de Ciencias y de Mecánica en la Facultad de Ciencias de París. General del Ejército.

Siendo prisionero en Rusia, se dedicó al estudio de la Matemática y creó la geometría proyectiva.

En 1825, inventó el dinamómetro y una rueda hidráulica.

En su *Introducción a la mecánica industrial*, estableció claramente el concepto de *trabajo* y lo relacionó con la fuerza viva.

89. Claude POUILLET (1790-1868). Doubs (Francia)

Físico.

Alumno de la Escuela Normal.

Director del Conservatorio de Artes.

Profesor de la Escuela Politécnica y en La Sorbona.

Miembro de la Academia de Ciencias.

Inventó el pirheliómetro para determinar el poder calorífico de los rayos solares. Construyó un calorímetro para medir la capacidad calorífica del platino por el método de las mezclas y el pirómetro de aire para medir la temperatura de un ambiente, usado para estudiar la dilatación de los gases y comprobar las leyes de Boyle-Mariotte y de Gay-Lussac.

90. John Frederich DANIELL (1790-1845). Londres (Inglaterra)

Físico, químico y meteorologista.
Profesor del King's College.
Miembro de la Sociedad Real de Londres.
Inventó el higrómetro de condensación y un pirómetro.

91. John HERAPATH (1790-1868). Bristol (Inglaterra)

Físico teórico y periodista.
Derivó la ecuación $PV = 1/3 \ Nmv^2$.
Es uno de los precursores en el desarrollo de la teoría cinética de los gases.
A continuación, se transcribe un escrito sobre sus opiniones:[10]

Una investigación matemática en las causas, las leyes y los princi-pales fenómenos de calor, gases, la gravitación, etcétera; extracto de los anales de la filosofía 1, 1821, pp. 278, 280-1 [de Maurice Crosland, ed., La ciencia de la materia: análisis histórico *(Har-mondsworth: Penguin, 1971)].*

"Así, entre la esperanza y la desesperación, entre los incesantes intentos y mortificantes fracasos, continué hasta mayo de 1814, cuando mis ideas sobre calor recibieron una revolución completa. Antes de ese tiempo, yo había concebido el calor como el efecto de un fluido elástico, y bajo este supuesto, en varias ocasiones había tratado de reducir sus leyes a los cálculos matemáticos, pero una decepción uniforme en el tiempo me indujo a dar a esta hipótesis una minuciosa investigación, al compararla con los fenómenos generales y particulares. Los resultados de esta investigación me

---

10   Tomado de Wikipedia.

convencieron de que el calor no podía ser la consecuencia de un fluido elástico.

"En el momento en que yo estaba haciendo la comparación, aproveché todas las oportunidades para examinar en qué medida las hipótesis de otro tipo —que hasta ahora me había olvidado habían sido sancionadas por los nombres de Newton y Davy— estaban de acuerdo con los fenómenos y tan contento con su sencillez y lo fácil, de forma natural en el que los diferentes fenómenos parecía fluir de él, que me arrepentía de haber descuidado durante tanto tiempo, y decidido a considerar más atentamente. Una dificultad, sin embargo, pronto apareció en la aplicación de esta teoría del calor a los cuerpos gaseosos, pues tuve algunos problemas por conquistar, ya que todavía me adhería a la hipótesis de que los gases se componen de partículas dotadas de la facultad de rechazarse mutuamente uno al otro, yo de ninguna manera podía imaginar cómo un movimiento interno puede aumentar o disminuir este poder. He aquí, pues, yo estaba involucrado en otro dilema, pero después de haber rotado el tema un par de veces en mi mente se me ocurrió que si los gases, en vez de tener partículas dotadas de fuerzas de repulsión, sujetas a una limitación tan curiosa como lo propuso Newton, se componía de partículas, o átomos, que chocan mutuamente el uno en el otro, y con los lados del recipiente que los contenga, tal constitución de cuerpos aeriformes no solo sería más simple que los poderes repulsivos, pero, por lo que pude percibir, podrían ser coherentes con los fenómenos en otros aspectos, y admitirían una aplicación fácil de la teoría del calor por movimientos internos.

"Estos organismos que vi fácilmente poseían varias de las propiedades de los gases, por ejemplo, se expandían, y, si las partículas eran muy pequeñas, se contraían casi ilimitadamente, su fuerza elástica se incrementaría con un aumento del movimiento o de temperatura, y disminuirían con una disminución; ellas producirían calor rápidamente y

lo conducirían lentamente; generarían calor por compresión súbita y lo destruirían por expansión repentina, y cualquiera de los dos, aun teniendo siempre una pequeña comunicación, se entremezclarían de manera rápida."

POSTULADOS

1. Quede asentado que la materia está compuesta de átomos iner-tes, macizos, perfectamente duros, indestructibles, incapaces de recibir cualquier cambio o impresión en su figura y naturaleza original.

2. Quede asentado que todos los cuerpos sólidos y fluidos tienen sus partes más pequeñas compuestas de estos átomos, que pueden ser de diferentes tamaños y figuras, y asociados diversamente, de acuerdo con la forma que la constitución y naturaleza de los cuerpos necesitan.

3. Quede asentado que los cuerpos gaseosos o aeriformes constan de átomos o partículas en movimiento, y entre otros, con libertad perfecta.

4. Quede asentado que lo que llamamos calor proviene de un movimiento de interno de los átomos, o partículas, que es proporcional a su cantidad de movimiento individual.

5. Quede asentado que un cuerpo gaseoso de gran rareza en sus partes llena todo el espacio y se extiende hasta sus últimos límites.

Filósofos, desde la época de Newton, nos han enseñado que la elasticidad de los gases es debido a la repulsión mutua entre sus partículas, por la que se esfuerzan por huir unos de otros; pero de acuerdo con nuestro tercer postulado, lo hemos despojado de esta propiedad repulsiva, y, sin embargo, como se verá, la ley de cuer-pos gaseosos, investigada bajo este punto de vista, está de acuerdo matemáticamente con el fenómeno.[11]

---

11   Tomado de Wikipedia.

92. Alexis Therese PETIT (1791-1820). Vesoul, Alto Saona (Francia)

Físico. Cuñado de Aragó.

A los dieciséis años, ingresó en la Escuela Politécnica. En 1811, se doctoró con una tesis sobre los fenómenos capilares.

Profesor en la Escuela Politécnica.

Por sus trabajos sobre la ley de enfriamiento de los cuerpos, obtuvo el premio de la Academia de Ciencias francesa en 1818, y ese mismo año publicó *Los principios generales teóricos de las máquinas*.

En los dos años siguientes, publicó diferentes trabajos sobre el calor.

En 1814, publicó con Aragó *Investigaciones sobre el poder refringente de los cuerpos* y, en 1818, con Dulong, *Investigaciones sobre la teoría del calor*. En colaboración con Pierre Louis Dulong, midió los calores específicos de los cuerpos simples sólidos. Ambos observaron que, en una serie de metales, los calores específicos decrecían al crecer las masas atómicas; concluyeron que esta propiedad debería ser general y enunciaron, en 1819, la ley que lleva sus nombres: *los productos de los calores específicos por las masas atómicas son iguales para todos los elementos químicos*.

La *ley de Dulong y Petit* permitió separar los conceptos de molécula y átomo, y contribuyó al nacimiento de la teoría atómica de la materia.

93. Michael FARADAY (1791-1867). Newing Butts (Inglaterra)

Físico.

Hijo de un herrador de caballos, muy pobre.

Aprendió solo.

Miembro de la Sociedad Real.

Comenzó un profundo estudio sobre la licuefacción de los gases. Esta es una de las primeras observaciones de la inexactitud de la *ley de Boyle-Mariotte.*

El primer trabajo de Faraday sobre química fue como asistente de Humphry Davy. Efectuó un estudio especial licuando el cloro, en 1823, y descubrió dos nuevos cloruros de carbón. También efectuó los primeros experimentos sobre la difusión de gases, un fenómeno ya señalado por John Dalton, cuya importancia física fue más exactamente estudiada por Thomas Graham y por Joseph Loschmidt.

Tuvo éxito al licuar varios gases.

94. John HERSCHEL (1792-1871). Windsor (Inglaterra)

Matemático, astrónomo y físico.

Hijo de William Herschel.

Presidente de la Sociedad Real de Londres.

Miembro de la Academia de Ciencias de París.

En 1822, realizó observaciones sobre el espectro de distintas sales para distinguir en este rayas claras u oscuras características. Es *precursor del análisis espectral.*

En 1840, observó que la absorción en la zona infrarroja del espectro no es uniforme.

En 1847, perfeccionó el calorímetro de hielo de Lavoisier y Laplace.

95. CHARLES DESPRETZ (1792-1863). LESSINES (BÉLGICA)

Físico y químico.
  Dirigido por Gay-Lussac.
  Profesor en La Sorbona.
  Miembro de la Academia de Ciencias.
  En 1818, estudió la vaporización. Enunció la tesis de que *el calor de vaporización es inversamente proporcional a la densidad del vapor en la temperatura de ebullición.*
  En 1827, dio una demostración experimental de las irregularidades de la *ley de Boyle-Mariotte.*
  Estudió la conductibilidad calorífica en los sólidos y en los líquidos. En 1837 y en 1839, estudió el problema de la dilatación del agua y la sobrefusión.

96. GOLDSWORTHY GURNEY (1793-1875). CORNWALL (INGLATERRA)

Médico, físico, químico y mecánico.
  Fue un inventor prolífico.
  Construyó un coche de vapor en 1829.
  En el período 1825-1829, Gurney diseñó y construyó una serie de vehículos de vapor terrestres que fueron los primeros diseñados, con frecuentes excursiones a Hampstead, Highgate, Edgware, Barnet y Stanmore, a velocidades de hasta 20 millas por hora (32 km/h). Gurney no es el único inventor, pionero en la historia de los vehículos de vapor.
  Uno de sus vehículos hizo un viaje, en julio de 1829, de Londres a Bath y de retorno, a una velocidad media para el viaje de regreso de 14 millas por hora, incluyendo el tiempo para agregar combustible y llenarlo de agua.

Los carruajes de vapor no fueron un éxito comercial. Gurney diseñó un vehículo articulado, denominado *arrastre de vapor Gurney*, en el que un carruaje fue atado y arrastrado por un motor. Al menos dos de ellos fueron construidos y enviados a Glasgow alrededor de 1830. De acuerdo con el Club de Vapor de Gran Bretaña:

Una clave para el desarrollo de su tiempo en el Instituto de Surrey fue el uso del soplete oxi-hidrógeno, normalmente atribuido a Robert Hare, en el que una llama de intenso calor fue creado por la quema de un chorro de oxígeno e hidrógeno juntos; la tobera era el sostén de primer plano; Gurney, su primer exponente. De acuerdo con una historia del crecimiento de la máquina de vapor por Robert H. Thurston, Gurney era un defensor de la máquina de amoníaco.

- El chorro de vapor o *blastpipe*, que servía para aumentar la inducción de aire a través de tuberías, y que se aplicó para mejorar la ventilación de minas y alcantarillado, para aumentar la eficiencia de vapor y motores estacionarios, altos hornos y vehículos de carretera o ferrocarril.

- Se amplió el uso de la máquina de vapor de reacción a la limpieza de alcantarillas, puestos sus conocimientos mecánicos y médicos al servicio de la erradicación del cólera en la metrópolis y para hacer frente a incendios en las minas; en particular, poner bajo control un incendio conocido como la quema de residuos de Clackmannan.

- Se mejoró aún más la problemática de iluminación de los teatros, con su invención del *bude-light*. Uso de un productor de llama estándar, como una lámpara de aceite, añadiendo el oxígeno directamente en la llama, que produjo un espectacular aumento de la luz blanca brillante.

- Se extendió su trabajo con las luces de faro, innovar en la elección de la fuente, el uso de lentes y la introducción de la identificación de encendido-apagado de los patrones que permitan identificar a la gente de mar que vieron parpadear el faro.

• La estufa Gurney, otro invento que patentó en 1856, fue ampliamente utilizada para calentar una gran variedad de edificios. Lo más interesante de la estufa es el uso de las costillas externas para aumentar la superficie de la estufa para la transferencia de calor. Un número de estas estufas se encuentran todavía en uso en las catedrales de Ely, Durham y Peterborough.

• Tuvo éxito con la ventilación de minas. Fue comisionado en 1852 para mejorar la iluminación de gas, calefacción y en especial los sistemas de ventilación de las nuevas Cámaras del Parlamento.[12]

97. Jacques BABINET (1794-1872). Lusignan (Francia)

Físico, matemático y astrónomo.

Estudió en la Escuela Politécnica, graduándose de oficial de Artillería.

Profesor en el Colegio de Francia y en La Sorbona.

Miembro de la Academia de Ciencias en 1840.

Expuso una teoría del calor. Estudió el espectro.

En 1862, defendió a las *naves más pesadas que el aire* contra los globos, ya que *estos distraían el espíritu de los sabios de la verdadera solución de la conquista del aire.*

Sus invenciones incluyen mejoras en las válvulas para las bombas de aire y un higrómetro.

---

12   Tomado de Wikipedia.

98. Gabriel LAMÉ (1795-1870). Tours (Francia)

Físico, matemático e ingeniero de minas.

Egresado de la Escuela Politécnica y de la Escuela de Minas.

Profesor de Física en la Escuela Politécnica y de Cálculo de Probabilidades en La Sorbona.

Miembro de la Academia de Ciencias en 1843.

Se ocupó de la teoría analítica del calor; explicó el experimento de Rumford.

En 1820, Lamé, junto con su colega, Emile Clapeyron, fue a Rusia.

Lamé fue nombrado profesor e ingeniero en el Institut et du Génie, Cuerpo de las Vías de Comunicación en San Petersburgo. Al principio, las cosas fueron más bien difíciles para Lamé, pero más tarde su visita resultó altamente productiva. Dio conferencias sobre análisis, física, mecánica, química y temas de ingeniería.

Publicó artículos en dos revistas rusas y francesas durante doce años, algunos junto con Clapeyron.

99. Jean-Louis-Marie POISEUILLE (1799-1869). (Francia)

Doctor en Medicina. Fisiólogo y anatomista.

En relación a sus estudios a través de venas y arterias, efectuó experimentos, sobre los cuales basó sus leyes de la fricción en tubos capilares.

El *poise*, unidad de viscosidad, fue denominado así en su honor.

De 1815 a 1816, estudió en la *École Polytechnique*, en París, donde aprendió y se especializó en física y matemática. En 1828, se graduó con título de doctor en Ciencias.

Su disertación doctoral se tituló *Recherches sur la force du coeur aortique*.

Sus contribuciones científicas iniciales más importantes versaron sobre mecánica de fluidos en el flujo de la sangre humana al pasar por tubos capilares.

En 1838, demostró de forma experimental y formuló subsiguientemente, en 1840 y 1846, el modelo matemático más conocido atribuido a él. La *ley de Poiseuille*, posteriormente llevaría el nombre de otro científico —Gotthilf Heinrich Ludwig Hagen—, que paralelamente a él, también enunció la misma ecuación:

$$\Delta P = \frac{8\mu L Q}{\pi r^4} \text{,}$$

donde:
ΔP es la caída de presión.
L es la longitud del tubo.
μ es la viscosidad dinámica.
Q es la tasa volumétrica de flujo.
r es el radio.
π es pi.

La ecuación que ambos encontraron logró establecer el caudal o gasto de un fluido de flujo laminar incompresible y de viscosidad uniforme —llamado también fluido newtoniano—, a través de un tubo cilíndrico en base al análisis de una sección axial del tubo. La ecuación de Poiseuille se puede aplicar en el flujo sanguíneo —vasos capilares y venas—; también es posible aplicar la ecuación en el flujo de aire que pasa por los alvéolos pulmonares o el flujo de una medicina que es inyectada a un paciente, a través de una aguja hipodérmica.

Poiseuille pasó sus últimos días en París, ciudad donde murió en 1869.

100. ROBERT STIRLING (1790-1878). (INGLATERRA)

Sacerdote protestante.

En 1817, inventó un motor de usos prácticos, que usaba aire en ciclo cerrado, como fluido de trabajo, cuyo rendimiento podría ser tan alto como el de Carnot.

El ciclo de Stirling se puede representar en los diagramas p-v, y t-s:

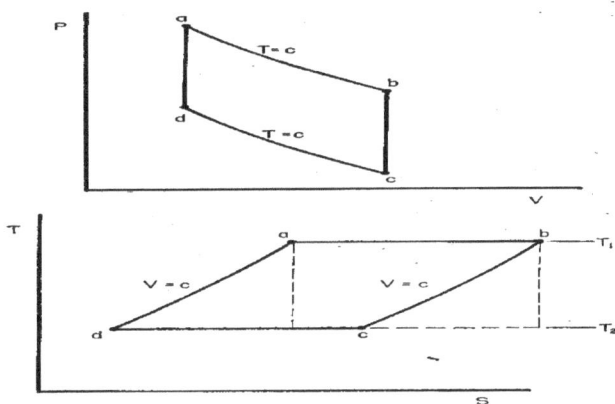

101. GERMAIN HENRY HESS (1802-1850). (RUSIA)

Químico y médico.

Profesor de Química en San Petersburgo.

Efectuó investigaciones en termoquímica.

Enunció la *ley de Hess*: *el calor desprendido en una reacción química no depende de las etapas en que se haya realizado el proceso.*

Martinete, siglo XVIII. Musée des Arts et Métiers de París.

CONCLUSIONES

Este período incluye los trabajos e investigaciones de cuarenta y tres investigadores, esencialmente franceses, ingleses e italianos. Entre estos se encuentran gigantes de la ciencia, tales como Lavoisier y Laplace, y los sabios Volta, Faraday y Gay-Lussac.

Durante este lapso, además de las investigaciones y avances obtenidos sobre el calor, se estudian los espectros de las estrellas —Rochon, 59—; comienzan a utilizarse los términos *energía* —Young, 73—, *caloría* —Dulong, 85— y *máquina pulmonar* —Seguin, 87—; se introduce el concepto de *trabajo* —Poncelet, 88— y el análisis espectral —Herschel, 94—; y se investiga el flujo a través de venas y arterias —Poiseuille, 99—.

Capítulo IV
Etapa de los ciclos y la entropía

En este período, los investigadores reciben conocimientos mucho más avanzados, tanto teóricos como experimentales, desarrollados, comprobados y aceptados en etapas anteriores sobre física, matemáticas y química, que permiten el avance continuo hacia la termodinámica y su consolidación como ciencia.

Abarca a los investigadores y científicos directamente vinculados con el desarrollo de la termodinámica.

Cubre, esencialmente, el siglo XIX, e incluye a los científicos e investigadores cuya obra se extiende entre 1820 y 1900.

102. Nicolas Léonard Sadi CARNOT (1796-1832). París (Francia)

Hijo del célebre hombre de Estado y sabio Lázaro Carnot, quien se ocupó de su formación.

Estudió en la École Polytechnique y en la Escuela de Aplicación de Meziéres. Siguió la carrera militar.

Es el principal fundador de la termodinámica.

Su obra trascendental es *Réflexions sur la Puissance Motrice du Feu et sur les Machines propres a développer cette puissance* o *Reflexiones sobre la fuerza motriz del fuego*, publicada en 1824. Allí reunió las ideas científicas acerca de la máquina de vapor y enunció el principio que debía ser la base de la

Gonzalo J. Morales M.

termodinámica y, más tarde, de la energética. Este principio, llamado *segundo principio*, consiste en reconocer que no se puede producir trabajo con calor si no existen dos fuentes, una fría y otra caliente, o sea, un diferencial, y que una máquina, por perfecta que sea, no puede sobrepasar un cierto máximum de rendimiento, que depende exclusivamente de la diferencia de temperatura entre esas dos fuentes.

Estableció el teorema de Carnot: *la potencia motriz del calor es independiente de los agentes empleados para producirla; su cantidad es fijada únicamente por las temperaturas de los cuerpos entre los cuales se hace en último resultado el transporte del calórico.*

Está demostrado que ya conocía el principio de la conservación de la energía mucho antes de que fuese enunciado por Mayer-Joule (1842). A continuación se transcribe un párrafo de su trabajo:

"*El calor no es otra cosa sino la potencia motriz o más bien el movimiento que ha cambiado de forma. Es un movimiento en las partículas del cuerpo. Siempre que haya destrucción de potencia motriz habrá, al mismo tiempo, producción de calor en cantidad exactamente proporcional a la cantidad de potencia motriz destruida. Recíprocamente, siempre que haya destrucción de calor habrá producción de potencia motriz.*

"*Se puede, pues, considerar en tesis general que la potencia motriz se conserva en cantidad invariable en la naturaleza, que no puede ser nunca verdaderamente producida ni destruida. En verdad, cambia de forma..., pero no es jamás aniquilada.*"

El ciclo de Carnot se representa a continuación en diagramas p-v y t-s:

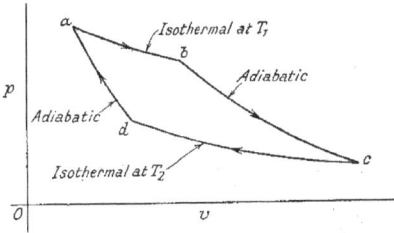

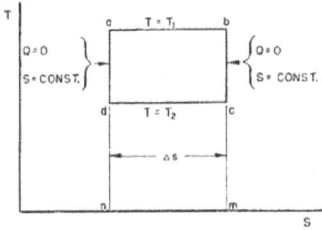

Concibió el principio en su aspecto cuantitativo y dio un valor del equivalente mecánico del calor: "Según algunas ideas que me he formado acerca de la teoría del calor, la producción de una fuerza motriz —la tonelada-metro— necesita la destrucción de 2.70 unidades de calor".

Considerando que tomaba 1000 kilogramos como unidad de potencia motriz, al dividir 1000 por 2.70 = 370.3704 para el equivalente mecánico del calor. Mediciones más modernas dan un resultado de 426,935.

Carnot investigó el ciclo de una máquina térmica, por lo cual se dio su nombre a ese ciclo.

103. Hans Christian POGGENDORFF (1796-1877). Hamburgo (Alemania)

Físico, químico y farmacéutico.
Muy pobre, se formó solo.
Estudió en la Universidad de Leipzig.

En 1848, comprobó la *ley de Joule* sobre la relación entre el calor y la intensidad de la corriente.

Insigne historiador, autor de *Historia de la física*.

104. Jean Marie Constantin DUHAMEL (1797-1872). Saint Maló (Francia)

Físico.

Estudió en la École Polytechnique y luego cursó Derecho.

Profesor en la Escuela Politécnica, la Escuela Normal y La Sorbona.

Amigo de Poinsot, Biot, Ampere, Fourier y Savart.

Miembro de la Academia de Ciencias.

Estudió la conductibilidad del calor en los sólidos, especialmente en los cristales.

105. Macedonio Melloni (1798-1854). Parma (Italia)

Físico.

Profesor de Física en las universidades de Parma y de Nápoles.

Llamado *el Faraday del calor*.

Inventó el *termo-multiplicador*, aparato sensible que le permitió hacer determinaciones cuantitativas muy exactas sobre el calor radiante y los poderes reflector, absorbente, emisivo y diatérmico.

Demostró que la radiación calorífica proviene no solo de la superficie, sino también de las capas profundas del cuerpo emisor, y probó que el poder absorbente varía según la fuente que emite los rayos y según la inclinación de estos.

Usó los términos *diatérmicos* y *térmanos*.

Observó, en 1832, que las causas de variación del poder diatérmano son la naturaleza de las pantallas atravesadas por el calor, su pulido, espesor, número y la naturaleza de la fuente de calor. Demostró con prismas y lentes que el calor radiante sigue las mismas leyes de refracción.

En 1850, dedujo su teoría nueva, expuesta en *La thermocrose au la coloration calorifique* (Vol. I, Naples, 1850), *Termocromos o coloración calorífica*, según la cual hay una identidad entre todas las radiaciones luminosas, caloríficas y químicas, y considera que el calor está formado, como la luz, por distintas especies de rayos, verdaderos colores distintos del calor, más o menos absorbibles por las sustancias.

106. Benoit Emile CLAPEYRON (1799-1864). París (Francia)

Ingeniero de minas y matemático. Graduado en la École Polytechnique, en 1818, luego asistió a la École des Mines.

En 1820, con Gabriel Lamé viajaron a Rusia, donde enseñaron Ciencias Puras y Aplicadas en la École des Travaux Publics, en San Petersburgo. Allá publicaron varios artículos en el *Journal des Voies de Communication de Saint-Pétersbourg*, el *Journal du Génie Civil* y el boletín *Ferussac*.

En Francia, Clapeyron trabajó en el diseño y construcción de locomotoras de vapor.

En Londres, sus máquinas fueron construidas según diseños de Clapeyron. Extendió sus actividades para incluir el diseño de puentes metálicos, haciendo contribuciones notables en este ámbito.

Desde 1844, Clapeyron fue profesor en la École des Ponts et Chaussess, donde enseñó el curso sobre la máquina de vapor.

Elegido para ser parte de la Academia de Ciencias en 1848, sirvió en numerosos comités de esa institución, incluyendo el premio a la mecánica y a los que investigaron el proyecto para perforar el istmo de Suez, y la aplicación de vapor para usos navales. Clapeyron mantuvo un interés constante en el diseño de la máquina de vapor y su teoría.

Su papel más importante trata de la regulación de las válvulas de un motor de vapor.

Trabajó en perfeccionar la máquina de vapor, para la que inventó un avance de ignición.

En 1834, efectuó el estudio matemático de la obra de Carnot y su ecuación de los gases perfectos. Introduce las curvas *adiabáticas* e *isotérmicas*.

Su *ecuación de estado* P V / T = constante es aplicable solo a los gases perfectos.

Clapeyron es conocido por la relación entre el coeficiente de temperatura de la presión de vapor de equilibrio sobre un líquido o sólido, y el calor de vaporización. Se trata de una aplicación del principio de Sadi Carnot, desarrollado en su libro *Réflexions sur la Puissance Motrice du Feu* (1824). El trabajo de Carnot encontró apenas un eco entre sus contemporáneos hasta 1834, cuando Clapeyron publicó un trabajo que es una exposición detallada de las reflexiones. Allí transformó el análisis verbal de Carnot en el simbolismo del cálculo y representó gráficamente el ciclo de Carnot por medio del diagrama indicador de Watt, familiar para los ingenieros. El trabajo de Carnot fue generalmente asociado con el nombre de Clapeyron. Sin embargo, no solo el trabajo original de Clapeyron fue ignorado por los otros ingenieros, sino que él mismo realizó solo una referencia a aquel, hasta que el trabajo de Kelvin y Clausius le dieron su verdadero significado, generalmente conocido como base para la *segunda ley de la termodinámica*.

107. Jean Baptiste DUMAS (1800-1884). Alais (Francia)

Químico.
Hijo de un oficial.
Profesor en la École Polytechnique.
Miembro de la Academia de Ciencias.
Concibió la unidad de la materia.
Descubrió el método para determinar la densidad de los vapores. Estudió la absorción de los gases por los sólidos.
Demostró que los gases contenidos en los metales hacían cometer errores en la determinación de sus pesos específicos.

108. Jules PLUCKER (1801-1868). Elberfeld (Alemania)

Matemático.
Profesor en Bonn y Halle.
Estudió especialmente los fenómenos luminosos de la electricidad en los gases rarefactos. También se dedicó a observar los efectos de la fluorescencia en distintos gases, siendo así precursor del análisis espectral.

109. H. G. MAGNUS (1802-1870). Berlín (Alemania)

Químico y físico.
Ayudante de Berzelius en Estocolmo.
Profesor de Química en Berlín.
Miembro de la Academia de Ciencias de París.
En 1836, se ocupó de la tensión del vapor saturado y de la tensión de vapores de varios líquidos. En 1842, se ocupa

del problema de la dilatación de los líquidos y de los gases a temperaturas mayores a 100°C.

Encontró el error de Gay-Lussac para determinar la dilatación del aire y estableció su valor en 0,003665. En 1843, conjuntamente con Regnault, efectuó determinaciones de la tensión de los vapores saturantes de -20° a +110°.

En 1851, se dedicó a la termoelectricidad. Observó que la fuerza electromotriz termoeléctrica solo depende de las temperaturas respectivas de las soldaduras y no de la repartición del calor en los metales.

En 1853, descubrió el *efecto Magnus*: si se hace girar un cilindro en una corriente de aire se observa una disminución de presión entre la izquierda y la derecha, y si el cilindro tiene un movimiento de traslación será desviado a la izquierda cuando gira hacia la derecha, y viceversa.

Este es el mismo problema planteado por Euler sobre la desviación de los proyectiles. Prandtl usó este efecto en su estudio de aerodinámica.

En 1861, inició el estudio científico de la conductibilidad calorífica de los gases. En el mismo año, estudió el poder diatérmano de los gases y de los líquidos, así como también la polarización del calor.

110. Jean Daniel COLLADON (1802-1893). Ginebra (Suiza)

Físico.

Estudió en la Academia Científica de Ginebra.

Fue ayudante de Ampère y amigo de Fresnel, Aragó y Savart.

Profesor de Mecánica en la Escuela de Artes y Manufacturas.

Profesor en la Universidad de Ginebra.

Miembro de la Academia de Ciencias de París.

En 1825, junto con Sturm, efectuó experimentos sobre la compresibilidad de los líquidos.

111. Emilij Christianovic LENZ (1804-1865). Dorpat (Rusia)

Físico y teólogo.
Profesor de Física en la Universidad de San Petersburgo.
Enunció la *ley de Lenz*, que comprueba la exactitud del principio de conservación de la energía: *el calor de un circuito cerrado es proporcional al cuadrado de la intensidad de la corriente, a la resistencia que opone a su paso y al tiempo.*
Observó que, disminuyendo la temperatura de un conductor, disminuye la resistencia.
Fue continuador de los estudios de Joule, Becquerel, Zollner, Clausius, Davy, Ohm y Fechner.

112. Wilhelm Eduard Weber (1804-1891). Wittenberg (Alemania)

Físico y matemático.
Hijo del teólogo Miguel Weber.
Profesor en la Universidad de Halle y de Física en la Universidad de Göttingen, donde fue amigo de Gauss.
Experimentó sobre la conductibilidad calorífica de los líquidos.
En 1831, por recomendación de Carl Friedrich Gauss, fue contratado por la Universidad de Göttingen como profesor de Física, a la edad de veintisiete años. Weber pensaba que, en orden de entender la física y aplicarla a la vida cotidiana, meras charlas, aunque ilustradas por experimentos, eran insuficientes, y alentó a sus estudiantes a experimentar ellos

mismos, de forma gratuita, en el laboratorio de la casa de estudios.

Como estudiante de veinte años, con su hermano, Ernst Heinrich Weber, profesor de Anatomía en Leipzig, había escrito un libro (1825): *Wave Theory and Fluidity*.

Publicó numerosos artículos sobre acústica, su ciencia favorita, en *Poggendorffs Annalen, Jahrbücher für Chemie und Physik*, de Schweigger, y la revista musical *Carcilia*. Con su hermano menor, Eduardo, escribió sobre biología, *Mecánica de los rodajes de la máquina humana* o *Mecanismo de caminar por el humano*. Estas investigaciones importantes fueron publicadas entre los años 1825 y 1838.

Gauss y Weber construyeron el primer telégrafo electromagnético durante 1833, que conectaba el Observatorio con el Instituto de Física, en Göttingen.

113. Henry BUFF (1805-1878). Giessen (Alemania)

Químico.
Profesor de Física en la Universidad de Giessen.
Coautor del libro *Physics of the Earth*, de 1851.
Estudió la conductibilidad del calor.

114. Thomas GRAHAM (1805-1869). Glasgow (Escocia)

Físico y químico.
Hijo de un comerciante.
Estudió en la Universidad de Edimburgo.
Profesor en la Universidad de Londres.
Miembro de la Academia de Ciencias de Francia.

En 1833, investigó la difusión de los gases y separó los fenómenos de difusión libre de un gas en otro de aquellos de difusión a través de paredes porosas.

En 1850, estudió la difusión de los líquidos. Diferenció la difusión libre de los líquidos de la difusión a través de paredes porosas —ósmosis—.

115. Lucien VIDI (1805-1866). Francia

Mecánico.
Inventor del barómetro aneroide.

116. Antoine MASSON (1806-1858). Auxonne (Francia)

Profesor en la Escuela Central.
Estudió el calor radiante.

117. Karl Friederich MOHR (1806-1879). Coblenz (Alemania)

Químico.
Profesor en Bonn.
Escribe en 1837: *"Fuera de los 54 elementos químicos, no hay más que un solo agente en la naturaleza y este es la energía. Este agente puede, según las circunstancias, aparecer bajo forma de movimiento, de afinidad química, de cohesión, de electricidad, de luz, de calor, de magnetismo, y con cualquiera de estas manifestaciones se puede obtener cualquiera de las otras".*

118. Eugene BOURDON (1808-1884). Francia

Inventor mecánico. Antiguo empleado del comercio.

En 1835, abrió una fábrica de máquinas de vapor y de máquinas herramienta.

Inventó el manómetro metálico y su barómetro aneroide era una simple modificación del de Vidi.

Se ocupó del perfeccionamiento de la máquina de vapor.

119. Anastase DUPRÉ (1808-1869). Auxerre (Francia)

Físico, químico y matemático.

Profesor en Rennes.

Desde 1860, se ocupó de la teoría mecánica del calor. Colaboró con la generalización del *primer principio* de la termodinámica a todos los fenómenos y buscó las consecuencias que pueden resultar del *segundo principio*.

120. James FORBES (1809-1868). Edimburgo (Escocia)

Físico.

De clase noble.

Descubrió la polarización del calor, en 1845, y estudió su refracción, doble refracción y polarización rotatoria.

121. Victor REGNAULT (1810-1876). Aquisgran (Francia), Aachen (Alemania)

Físico y químico.

De familia modesta.

Estudió en la École Polytechnique y, en 1832, en la École des Mines.

Trabajó con Liebig.

Profesor en la Universidad de Lyon, luego en la Polytechnique y en La Sorbona.

Miembro de la Academia de Ciencias y de la Swedish Academy of Sciences.

En 1847, realizó experimentos para verificar la *ley de Boyle-Mariotte*, usando un método distinto al empleado por investigadores anteriores. Estableció así que, a temperatura media y para presiones hasta de 30 atmósferas, todos los gases son más compresibles de lo que expresa la *ley de Boyle-Mariotte*, con excepción del hidrógeno, que es menos compresible.

En 1848, estudió la compresibilidad de los líquidos, usando una corrección de la variación de capacidad del piezómetro.

En 1843, midió la tensión de los vapores saturantes por tres métodos distintos. Para estudiar la dilatación de los gases, empleó el termómetro de gas. Perfeccionó el método para determinar la densidad de un gas —lejos de su punto de licuefacción—. Determinó el calor específico del agua por el método de mezclas y en 1862 empleó un método nuevo para determinar el calor específico de los gases.

Se ocupó del calor latente de vaporización del agua. En 1845, encontró ese valor en 537 calorías y estableció una fórmula de variación del calor de vaporización en función de la temperatura. Luego, se ocupó de la determinación del calor de vaporización de los gases licuados.

En 1866, investigó la propagación del sonido en los gases.

Inventó un manómetro de aire libre, otro diferencial, bombas de compresión en cascada, hipsómetro, higrómetro de condensación y un volumenómetro.

122. Carlo MATTEUCCI (1811-1868). Forli (Italia)

Físico y político. Doctor en Ciencias Matemáticas.
Estudió en la École Polytechnique de París.
Profesor de Física en Bolonia y en la Universidad de Roma.
Estudió la electrólisis. En 1833, estudió la interferencia de los rayos caloríficos.
En 1854, se ocupó del diamagnetismo de las llamas, que descubrió en las llamas de muchos gases.

123. Robert Wilhelm BUNSEN (1811-1899). Göttingen (Alemania)

Químico y físico.
Hijo del bibliotecario de la Universidad de Göttingen.
Estudió en Göttingen, en París, Berlín y Viena.
Profesor en la Universidad de Heidelberg.
Fue miembro de la Chemical Society of London en 1842 y de la Academie des Sciences en 1882.
Electo Fellow de la Royal Society de Londres (1858), recibió la Copley Medal en 1860. Junto con Kirchhoff, fueron los primeros científicos en recibir la Davy Medal de la Royal Society of Great Britain en 1877.
Son sus palabras: *"Al sabio le corresponde el deber del descubrimiento; al inventor, aplicarlo a la vida práctica".*
Realizó el estudio químico y físico de los gases. Estudió la solubilidad de los gases en los líquidos y la absorción de los gases en los sólidos, e inventó el *absorciómetro*. En 1857, se ocupó del derrame de los gases y de la relación con su densidad. Estudió la influencia de la presión sobre la fusión.
Inventó el calorímetro de Bunsen. En 1856, resolvió el problema de la llama incolora para mejorar las condiciones

de las observaciones espectroscópicas, con el invento de su famoso *mechero*.

De 1859 a 1860, los dos sabios prusianos Kirchhoff y Bunsen acopiaron todos los esfuerzos dispersos y crearon el análisis espectral. Bunsen preparó los espectros de los metales conocidos, luchando contra la impureza y demostrando que cantidades mínimas eran sensibles al análisis espectral.

En 1860, Kirchhoff y Bunsen establecieron que ni las variaciones de temperatura, ni las combinaciones químicas se oponen al descubrimiento de la presencia de un metal por el espectro.

Bunsen clarificó el concepto sobre las reacciones químicas que resultan en la fuerza explosiva de la pólvora, lo cual condujo a nuevas mejoras en el campo de la tecnología de explosivos.

124. John James WATERSTON (1811-1883). Edimburgo (Escocia)

Físico, físico-químico y astrónomo.

Hijo de un fabricante de cera.

Estudió de manera privada matemáticas y física.

Desde 1843, publicó sus trabajos pioneros sobre la teoría cinética de los gases.

Estudió la capilaridad y el calor latente, y, en 1858, calculó el diámetro de una molécula de agua, con lo cual se adelantó a Lochschmidt.

Mientras vivió, sus aportes no fueron apreciados por las instituciones científicas.

125. Jacques SARRAU (1813-1904). Perpignan (Francia)

Ingeniero y físico.
Graduado en la École Polytechnique, fue profesor de esta.
Miembro de la Academia de Ciencias.
Trabajó en la compresión de los gases y en varios problemas de termodinámica.

126. Thomas ANDREWS (1813-1885). Dublín (Irlanda)

Físico y químico.
Profesor en el Queen's College de Londres.
Miembro de la Sociedad Real. Presidente de la Asociación Británica.
Sus estudios abarcan la físico-química.
Estudió, en 1869, el *punto crítico* del anhídrido carbónico.
En 1845, propuso un método de determinación de la capacidad calorífica de un cuerpo, empleado por Hirn en sus estudios de termodinámica.
En 1848, estudió los calores de combustión de los gases.

127. Ander Jonas ÅNGSTROM (1814-1874). Lodgo (Suecia)

Físico y astrónomo.
Profesor de Física en la Universidad de Uppsala.
Director del Observatorio de Estocolmo.
Estudió la conductibilidad calorífica en los sólidos: disminuye en los metales cuando aumenta la temperatura.

Su nieto, Knut Jonas Ångstrom (1857-1910), profesor de Física en la Universidad de Estocolmo, se ocupó especialmente del calor radiante y de la radiación solar.

128. Julius Robert MAYER (1814-1878). Heilbronn (Alemania)

Físico y médico.

Su padre era farmacéutico.

Miembro de honor de la Sociedad de Ciencias de Basilea.

En 1840, durante un viaje al Pacífico, anotó en su diario que un marinero le dijo: "El mar está siempre más caliente después de una violenta tormenta", e interpretó esta afirmación como una prueba de la transformación del movimiento en calor. En julio de 1840, en Surabaya, haciendo una sangría a un marinero, observó que la sangre venosa era singularmente clara. Consultó a un médico, quien le aseguró que este fenómeno era general en las regiones tropicales. De aquí dedujo que *el cuerpo necesita en los trópicos menos calor, menos oxidación*. En esas dos observaciones, el calor y el trabajo se unían en sus razonamientos y llegaban hasta confundirse.

A partir de ese momento, Mayer comenzó su investigación: *el esclarecimiento de los lazos secretos que unen en la naturaleza el calor y el trabajo*.

En junio de 1841, envió a Poggendorff un artículo intitulado "Acerca de la determinación cuantitativa y cualitativa de las fuerzas", poco exacto desde el punto de vista matemático y mecánico, al establecer la relación entre el calor y el movimiento, según la cantidad de movimiento (MV), de acuerdo con Descartes, en vez de emplear la fuerza viva (MV^2), según Leibnitz.

A principios de 1842, envió a Liebig un nuevo artículo, "Observaciones acerca de las fuerzas de la naturaleza inanimada", donde había corregido sus errores, y fue publicado en los *Anales de Química*. Sarton escribió sobre este trabajo: *"Era el primer escrito que contuviera una clara expresión de la ley de conservación de la energía y una tentativa de determinación del equivalente mecánico del calor".*

En 1845, publicó "El movimiento orgánico en relación con el cambio de materia", donde se encuentra la exposición de su idea fundamental, considerada desde el punto de vista biológico.

En 1848, publicó su "Contribución a la dinámica del cielo bajo una fórmula popular", donde intentaba dar una teoría del origen del calor solar. A continuación se transcriben algunos párrafos de su memoria de 1842:

"Las fuerzas son causas y, por consiguiente, el principio la causa es igual al efecto *se aplica plenamente a ellas. A estas propiedades de todas las fuerzas, les damos el nombre de indestructibilidad (…). La capacidad de revestir formas diferentes es la segunda propiedad esencial de todas las causas (…). Admitiendo estas dos propiedades, diremos: las causas son objetos cuantitativamente indestructibles y cualitativamente variables (…)."*

Más adelante, dice:

"¿Cuánta es la cantidad de calor que corresponde a una cantidad determinada de movimiento o de fuerza candente? (…). Aplicando los principios establecidos en cuanto a la relación entre la temperatura y el volumen de los gases, encontramos que el descenso de la columna de mercurio que comprime el gas equivale a la cantidad de calor liberado por la compresión. Por consiguiente, la relación entre la capacidad de calor del aire bajo presión constante y su capacidad bajo volumen constante, siendo igual a 1.421, se deduce que la elevación de temperatura de $0°$ a $1°C$ de un peso dado de agua corresponde a la caída de un peso igual de una altura de unos 365 metros (…)."

Este resultado, alejado del valor real, que se calcula en 426,7, era menos exacto que el dado por Carnot, de 370, y por el de Joule, de 424,37; pero si se corrige en Mayer su premisa falsa sobre el calor específico del aire, se llegaría a un resultado de 425.

129. Louis August COLDING (1815-1888). Holback (Dinamarca)

Físico e ingeniero.

De origen pobre, fue obrero carpintero.

Estudió en la Escuela Politécnica de Copenhague. Profesor de Física en esta.

En 1842, presentó a la academia danesa varias notas, que contienen ideas originales sobre el equivalente mecánico del calor.

Realizó experimentos para el estudio del roce, habiéndolo determinado sobre distintas materias.

Obtuvo valores del equivalente mecánico que oscilaban alrededor de 350.

130. Gustav Adolf HIRN (1815-1890). Colmar (Francia)

Físico, mecánico y filósofo.

De familia acomodada.

En 1845, publicó un estudio sobre ventiladores; luego, estudió el frotamiento. Observó que la relación existente entre el calor desarrollado por aquel y el trabajo necesario para vencerlo son proporcionales.

Fue el primero en observar que la cantidad de calor que el vapor devuelve al condensador es inferior al que el fogón ha producido, por más que se agregue el calor perdido por radiación y conductibilidad.

Dio valores del equivalente mecánico de 426.

Comprobó experimentalmente los trabajos analíticos de Rankine sobre la teoría termodinámica de la máquina de vapor y agregó perfeccionamientos a esta máquina, que redujeron su gasto a nueve kilos de carbón por caballo-hora, cuando todas las máquinas gastaban de 12 a 15.

Imaginó varios métodos de determinación del equivalente mecánico del calor.

Indicó que dos cuerpos no elásticos que chocan pierden su movimiento y lo transforman en calor. Este calor corresponde al trabajo que se ha necesitado para poner los cuerpos en movimiento.

En sus trabajos, empleó el término *caloría*, posteriormente introducido por Favre y Silbermann.

Demostró, siguiendo la idea de Mayer, que el hombre puede ser comparado con un motor térmico, en el cual la respiración produce el calor que se transforma en trabajo muscular.

Sus aportes a la termodinámica están expuestos en *Investigaciones sobre la equivalencia mecánica del calor* y *Teoría mecánica del calor*.

131. Jules Celestin JAMIN (1818-1886). Ardenas (Francia)

Físico, naturalista, músico y pintor.

Profesor en la École Polytechnique y en La Sorbona.

Miembro de la Academia de Ciencias.

Estudió la capacidad calorífica. Perfeccionó el método de Favre y Silbermann para el agua, e imaginó otro para los gases, para calcular la relación existente entre su capacidad calorífica a presión constante y a volumen constante.

Estudió la combustión rápida de carbones por el arco voltaico, con el arco en vacío y en gases distintos. Con Maneuvrier, imaginó encerrar el arco en vaso cerrado, de modo que una vez realizada la combustión del oxígeno del aire contenido solo quedara el nitrógeno y se conservaran mejor los carbones.

132. James Prescott JOULE (1818-1889). Salford (Inglaterra)

De familia con recursos medios. Fue discípulo de Dalton.

Inició, a los veinte años, sus trabajos originales.

Empezó sus experimentos de termodinámica en 1840 y tres años más tarde presentó a la Asociación Británica de Cork una memoria intitulada: *Sobre los efectos caloríficos de la electricidad magnética y el valor mecánico del calor.*

En 1841, descubrió experimentalmente que la cantidad de calor desprendida por un circuito cerrado es proporcional al cuadrado de la intensidad de la corriente, al tiempo y a la resistencia del conductor.

Joule midió experimentalmente el equivalente mecánico del calor en un calorímetro de agua, donde giraba un eje vertical provisto de paletas. Su movimiento era causado por la caída de dos pesas. El producto de la suma de las pesas por su altura de caída daba el valor del trabajo, y como este trabajo era destruido —reteniendo el concepto de Carnot— por la resistencia del agua, la cantidad de calor registrada por el calorímetro era su equivalente. Dividiendo el valor del trabajo por el número de calorías, daba el equivalente mecánico de una caloría.

Joule encontró que E = 424,30 kilográmetros / gran caloría.

Reemplazando el agua por mercurio, encontró el valor de 424,37.

En 1844, estableció una ley que dio el valor de la capacidad calorífica molecular de un compuesto en función de sus componentes. La *ley de Joule-Kopp* dice: *la capacidad calorífica molecular de un compuesto sólido es igual a la suma de las capacidades atómicas de los elementos que entran en su composición.*

En 1848, publicó su trabajo "Calor y constitución de los fluidos elásticos", donde estudió el movimiento de las partículas gaseosas dentro de la teoría cinética. Determinó con precisión la velocidad media con que se mueven las moléculas de un gas determinado, hallando que lo hacen a 1,5 km/seg.

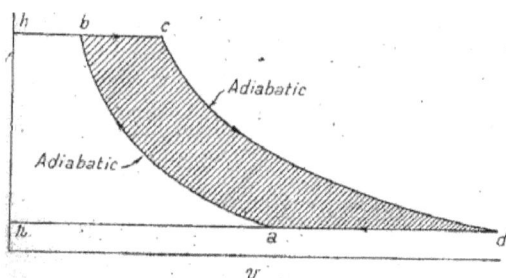

El ciclo de Joule fue dado para honrar su nombre —ver arriba el diagrama p-v—.

133. Leon FOUCAULT (1819-1868). París (Francia)

Físico.

Hijo de un librero.

Físico en el Observatorio de París.

Miembro de la Academia de Ciencias.

En 1847, conjuntamente con Fizeau, estudió las interferencias del calor con espejos de Fresnel, contribuyendo así a demostrar la analogía entre los rayos caloríficos y los luminosos. En 1849, estudiaron el análisis espectral de las interferencias, adaptando un dispositivo especial de los espejos de Fresnel, siendo así precursor en el análisis espectral.

En 1855, publicó "Calor producido por la influencia de un imán sobre los cuerpos en movimiento".

134. William John Macquorn RANKINE (1820-1872). Edimburgo (Escocia)

Físico e ingeniero civil.
Estudió en la Universidad de Edimburgo y luego fue profesor.
Miembro de la Sociedad Real de Londres.
Uno de los principales fundadores de la energética.
En 1849, empezó sus trabajos sobre calor, proponiendo una nueva teoría de la materia, según la cual las moléculas giran formando torbellinos y el calor sensible aumenta la velocidad de estos mientras el calor latente aumenta su órbita.
Introdujo en el lenguaje científico los términos de *energía actual* para la energía activa o *cinética*, como la llamó Kelvin, y de *energía potencial* para la energía latente, usando el término *potencial* de Bernoulli.
Definió la energía como la *capacidad para producir trabajo*, usando de nuevo la palabra *energía*. Expresó el principio de conservación, diciendo que: *la suma de las energías potencial y actual del Universo es constante.*

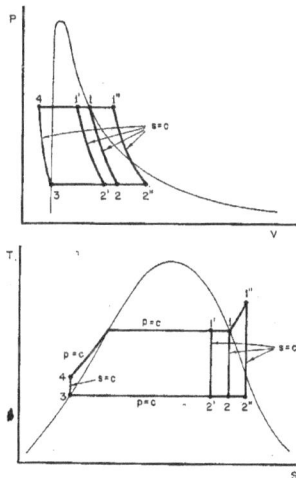

Fig. 14-4. Rankine cycle.

141

En 1855, publicó su memoria *Sobre energética*, en la que explicó las nuevas ideas, aislándose de la teoría mecánica del calor. Allí, ya no se estudia solo la cinemática de la materia, como lo quería hacer Descartes, pero se considera la energía como *materia imponderable*, como lo hacía Mayer, y se estudia en sus transformaciones como algo real, independiente de la materia ponderable, que no es sino su punto de apoyo.

Sus defensores, como Helmholtz, Duhem y Ostwald, consideran la energía como la única entidad real, reduciendo la mecánica a un capítulo particular de la energética, ciencia general de las modificaciones de estado.

A Rankine se debe también la teoría de la reconstrucción de la energía, según la cual el universo estaría rodeado por espacios vacíos de éter y la energía degradada podría reflejarse en la superficie que limita el universo del vacío y concentrarse en ciertos focos, volviendo a dar así energía utilizable.

Esta teoría fue rechazada por Clausius, demostrando que en esos focos el calor no podría nunca ser más intenso que en los puntos de donde proviene.

El ciclo de Rankine para aplicaciones del vapor fue sugerido en 1850 por Rankine y Clausius.[13]

135. Sir George Gabriel STOKES (1819-1903). Sligo (Irlanda)

Físico y matemático.

Profesor en Cambridge (1837-1903).

Estudió la mecánica de los fluidos, especialmente la hidrodinámica, vibraciones sonoras en condiciones especiales, el roce interior. Estudió la viscosidad de los fluidos, que culminó con la *ley de Stokes*, que se aplica a una fuerza que actúa sobre una esfera que cae en un líquido.

13   Tomado de Wikipedia.

El *stoke* es la unidad de la viscosidad cinemática.

Fue predecesor de Kirchhoff y estudió especialmente la aplicación a los gases de la afirmación de Ångstrom de que *los cuerpos incandescentes emiten las radiaciones que absorben cuando su temperatura es más baja.*

Se le considera el verdadero fundador del análisis espectral.

136. Edmund BECQUEREL (1820-1891). París (Francia)

Físico.

Se formó al lado de su padre.

Estudió en la École Polytechnique y allí se doctoró.

Profesor en el Conservatorio de Artes y Medidas, ocupó la cátedra de su padre y se la legó a su nieto, Juan.

Presidente de la Academia de Ciencias.

En 1853, estudió la resistencia de los gases: observó que aún los gases más puros dejan pasar la corriente a presión ordinaria, bajo altas temperaturas.

Continuó los estudios de su padre en termoelectricidad: determinación de la fuerza electromotriz en función de la temperatura.

137. John TYNDALL (1820-1893). Carlow (Irlanda)

De familia muy humilde, su padre lo envió a estudiar a Londres.

Faraday lo empleó como profesor de Física en la Institución Real.

Efectuó numerosos trabajos sobre termodinámica.

Publicó *El calor, modo de movimiento.*

En 1856, estudió el rehielo, en Suiza, y realizó numerosos trabajos sobre el calor radiante.

Es muy conocido el *experimento de Tyndall.*

138. Hermann L. Ferdinand HELMHOLTZ (1821-1894). Potsdam (Alemania)

Médico y físico.

De familia modesta.

Profesor de Fisiología en Bonn y Heidelberg, y de Física en la Universidad de Berlín.

Miembro de la Academia de Ciencias de París y de otras instituciones.

En 1845, publicó un trabajo sobre las distintas teorías de los fenómenos vitales caloríficos, de donde derivó la memoria *Sobre la conservación de la fuerza,* de 1847. Allí defendía la teoría sobre la conservación de la energía, dándole una explicación matemática. Por esto se le puede considerar como uno de los importantes expositores del *primer principio* de la termodinámica.

En 1860, se ocupó del estudio de la viscosidad y luego sobre deformaciones de la vena líquida.

También trabajó sobre el efecto termoquímico.

En 1884, trabajó en la ampliación del *segundo principio* de la termodinámica, tomando como base los sistemas monocíclicos, llegando así a una generalización del principio de la acción mínima.

Inventó un espectrofotómetro, que sirve para mezclar radiaciones.

139. Joseph Loschmidt (1821-1895). Karlovy Vary (Austria)

Físico.

Hijo de una familia de campesinos de Bohemia, en la actual República Checa, entonces perteneciente a Austria.

Estudió en Praga y en Viena.

Profesor de Física en la Universidad de Viena.

Estudió la teoría cinética de los gases.

Efectuó, en 1865, una primera evaluación del número de átomos que existen en un fragmento determinado de materia. Este número, que es una constante llamada *número de Loschmidt*, dice que en un centímetro cúbico de gas medido a 0°C y 760 mm. de presión existen 2,685 x 10^{19} moléculas. Escribió un tratado, *Estudios químicos I*, donde interpretaba correctamente la naturaleza de los compuestos azucarados como compuestos parecidos al éter, y afirmaba que el ozono es O_3, y el benceno, una molécula cíclica. Aceptó la existencia de valencias variables para ciertos átomos como el azufre y valencia fija para otros como el hidrógeno, el carbono y el oxígeno.

140. Rudolf Emmanuel CLAUSIUS (1822-1888). Koeslin (Alemania)

Físico.

Estudió en Berlín.

Profesor de Física en la Escuela Politécnica y en la Universidad de Berlín, Wurzburg y Bonn. Desde 1855, fue profesor en la ETH de Zurich.

Miembro de la Academia de Ciencias de París y de la Sociedad Real de Londres.

Gonzalo J. Morales M.

En 1850, escribió su memoria *Sobre la fuerza motriz del calor y las leyes que pueden deducirse del estudio de esta cuestión, aprovechables para la teoría del calor.*

Fue quien concilió las ideas de Mayer y de Carnot, y, al hacerlo, quedó vinculado al *segundo principio* de la termodinámica, o de Carnot-Clausius, enunciándolo así: *el calor se transporta por sí mismo de un cuerpo caliente a un cuerpo frío, pero el fenómeno inverso es imposible. Si parece existir semejante transporte inverso debe existir otro de caliente a frío que lo anula.*

Clausius enunció el *teorema de Carnot*, estableciendo que *la relación entre el calor gastado inútilmente y el calor gastado total es independiente de la naturaleza del cuerpo y es igual al cociente de la diferencia de las temperaturas extremas por la temperatura absoluta más elevada.*

En 1854, introdujo el concepto de *entropía*. Carnot ya había pensado en que debía haber una relación entre el trabajo producido por el calórico y la temperatura absoluta. Clausius se dio cuenta de la gran importancia de esta relación y la llamó *entropía*.

$$\text{Energía utilizable } E_u = Q\,(T - T') / T$$

Clausius demostró que, en la naturaleza, la entropía crece siempre. La conclusión más importante es: cuando un sistema, aislado bajo el punto de vista térmico, pasa de un estado a otro, la entropía no puede disminuir nunca; si las transformaciones son reversibles, la entropía permanece invariable, pero en toda transformación irreversible la entropía crece. De este aumento perpetuo de la entropía en la naturaleza, Clausius pudo deducir que nuestro mundo tiene un sentido fijo, una evolución determinada, una marcha hacia un fin.

En 1850, demostró que la presión provoca la fusión del hielo a temperaturas inferiores a 0°.

En 1864, estudió el poder emisivo y estableció la ley de Kirchhoff-Clausius: el poder emisivo de los cuerpos absolutamente negros es proporcional al cuadrado del índice de refracción del ambiente.

Clausius fue, junto con Kroenig, el verdadero fundador de la teoría cinética de los gases, dando una interpretación matemática a la teoría, sosteniendo la hipótesis de que las moléculas poseen un movimiento rectilíneo de velocidad constante y que admiten movimientos de rotación y otros intramoleculares.

Entre 1857 y 1862, Clausius escribió tres memorias sobre la teoría cinética de los gases. Allí estudia las fuerzas de atracción y repulsión entre las moléculas.

En 1880, corrigió la ecuación de Van der Waals sobre compresibilidad de un gas a una temperatura dada:

$$(v - a) (p + b / v^2) = RT$$

En 1852, expuso su *teoría termodinámica de los fenómenos termoeléctricos*, con lo cual incluía la electricidad en la noción del trabajo y la comprendía en el principio general de la energía.

El verdadero avance de la teoría cinética se inició en Alemania después de que Karl Kroenig (1822-1879) publicara, en 1856, un artículo sobre esta en los *Annalen der Physik* de Poggendorff. Contrariamente a la creencia generalizada de que las moléculas de gas solo oscilaban alrededor de posiciones definidas de equilibrio, él supuso que se mueven con velocidad constante en línea recta hasta que chocan contra otras moléculas, o contra la superficie del recipiente. Kroenig era, en realidad, un químico, pero tenía una gran reputación por ser editor del *Fortschritte der Physik*, una revisión anual de la física, y tuvo gran influencia en la Sociedad Alemana de Física. Aparentemente, el trabajo de Kroenig motivó a Rudolf Clausius para incluirlo en la teoría cinética.

De hecho, Clausius dice que *ya antes de su primer trabajo sobre el calor, en el año 1850, tenía una concepción muy similar sobre el calor que Kroenig, pero en sus trabajos anteriores evitó intencionalmente mencionar esta concepción, ya que sus conclusiones se deducen de principios generales y no dependen de estos conceptos especiales.* Clausius ya era bien conocido por sus trabajos sobre termodinámica. En 1850, había dado su formulación verbal de la *segunda ley* de que no existe una transformación termodinámica, cuyo único efecto es el de extraer una cantidad de calor de un reservorio frío y entregarlo a un depósito de más calor. Hacia 1854, había elaborado su formulación matemática.

Cuando Clausius comenzó a trabajar en la teoría cinética, comenzó su fama. En 1857, publicó su primer documento sobre la teoría cinética con el título *La naturaleza del movimiento que llamamos calor*, donde citó los trabajos de Kroenig y de Joule. La traducción al inglés de su trabajo apareció en el mismo año en la *Philosophical Magazine*. Dos importantes argumentos en contra de la *teoría cinética del calor* fueron los siguientes: *"¿Cómo puede atravesar el calor un vacío si este es solo el movimiento irregular de partículas de materia? No hay materia en el vacío que pudiese propagar el calor mientras que las partículas de calórico penetrasen a través del vacío".*

C. H. D. Buys-Ballot (1817-1890) argumentó que, dado que las partículas de gas en la teoría cinética se mueven con velocidades de unos pocos cientos de metros por segundo, se espera que los gases se difundan y mezclen mucho más rápido que lo observado.

En 1858, Clausius publicó un artículo en el que podía hacer frente a la segunda de estas objeciones, al introducir la trayectoria media libre de una molécula de gas. Las moléculas de gas se mueven a velocidades de unos pocos cientos de metros por hora, pero están sujetas a colisiones con otras moléculas de gas que cambian de dirección después de un tiempo muy corto. La distancia real que se pueden mover libremente en promedio, en línea recta, en una dirección, es la trayectoria media libre l dada por:

$$l = \frac{3}{4} \frac{1}{n\pi\sigma^2} \qquad n = \frac{N}{V}$$,

donde n es el número de densidad de las moléculas de gas y ÿ es el diámetro de las partículas de materia dura que se aproximan a las moléculas de gas. Para su estimación del camino libre medio, Clausius hizo la drástica aproximación de que solo una partícula se está moviendo y todas las demás se encuentran en reposo. Su resultado difiere menos del 10 por ciento del resultado de la ecuación obtenida por Maxwell un año después, luego de una derivación más refinada. Clausius, quien en 1865 introdujo el concepto de entropía, continuó trabajando en la teoría cinética.

La significación del trabajo de Clausius fue destacada por James Clerk Maxwell, quien años después escribió que Clausius "enunció primeramente el principio de Carnot de manera consistente con la verdadera teoría del calor". La *verdadera teoría* fue la consideración del calor como un proceso mecánico.[14]

141. Joseph BERTRAND (1822-1900). París (Francia)

Físico y matemático.
Profesor de Física Matemática en el Colegio de Francia.

14   Tomado de Wikipedia.

Miembro de la Academia de Ciencias y de la Academia francesa.

Escribió *Termodinámica* en 1887, *Cálculo de probabilidades* en 1889 y *Teoría matemática de la electricidad* en 1890.

142. Gustav Robert KIRCHHOFF (1824-1887). Koenigsberg (Alemania)

Profesor de Física en Breslau, Heidelberg y Berlín.

Miembro de la Academia de Ciencias.

En 1859, con Bunsen, estableció el análisis espectral. Estudió la energía radiante dentro de los nuevos conceptos de la termodinámica y enunció en 1859 la *ley de Kirchhoff*: *la relación común a todos los cuerpos del poder emisivo al poder absorbente es en función de la longitud de onda y de la temperatura.*

Definió el *cuerpo negro.*

En 1880, estudió la capacidad calorífica de los sólidos en cubos metálicos.

143. William THOMSON, Lord Kelvin (1824-1907). Belfast (Escocia)

Físico.

Su padre era profesor de Matemática en la Universidad de Glasgow.

Estudió en la Universidad de Glasgow y en Cambridge.

Miembro de la Sociedad Real de Londres.

Asociado de la Academia de Ciencias de París y de otras.

En 1851 y 1852, aparecieron sus tres memorias que le dan el título de fundador de la termodinámica. Su célebre postulado es: *no se puede obtener trabajo con un cuerpo de temperatura más baja que la de los cuerpos que lo rodean.* En otros trabajos aparecen los términos *disipación de la energía utilizable por el hombre,* que luego fue llamada *degradación de la energía.* La energía se *degrada,* se *disipa*; es decir, que disminuye el total de energía transformable en trabajo, a pesar de que se conserve la energía total. De allí se deduce la imposibilidad del movimiento perpetuo y se llega a la atrevida conclusión de que el mundo marcha hacia su fin.

Estableció la *escala absoluta de temperatura* que lleva su nombre, cuya graduación depende de los cambios de cantidad de calor.

Comprobó que los gases que se comprimen más de lo establecido por la *ley de Boyle-Mariotte*; se enfrían al dilatarse en el vacío.

Kelvin (en 1849), cuando habló sobre la teoría de Carnot, utilizó el término *termodinámica.*

En 1856, se ocupó de la termoelectricidad.

Consideraba la existencia del éter como indiscutible.

144. Fernand CARRE (1824-1894). Moislains (Francia)

Ingeniero.

Se especializó en el estudio de las máquinas eléctricas y frigoríficas.

Fue mejor conocido por su trabajo sobre refrigeración.

Inventó una máquina de hacer hielo en 1859, exhibida en la Exposición Universal de Londres, que produce una potencia de 200 kilos por hora. Su diseño se basa en el sistema gas-vapor, siendo el método utilizado en la actualidad.

También creó un regulador de luz eléctrica en 1877.

145. Gustav WIEDEMANN (1826-1899). Berlín (Alemania)

Físico.
Profesor de Física y de Química en las universidades de Berlín, Basilea y Leipzig.
En 1876, inventó un aparato para determinar la capacidad calorífica de los gases.
Estudió la conducción del calor en los metales.
Su hijo Eilard (1852-1928) fue profesor en Darmstadt y Erlangen; estudió el calor específico de los gases.

146. Charles TELLIER (1828-1913). Amiens (Francia)

Ingeniero.
Desde 1855, se ocupó del estudio de la producción del frío. En 1863, construyó una máquina de absorción, en la cual reemplazaba el éter ordinario por el éter metílico. También inventó una máquina de compresión.
En 1868, comenzó los experimentos sobre refrigeración, lo que resultó finalmente en la planta de refrigeración que se utiliza en los barcos para preservar las carnes y otros alimentos perecederos.
A continuación, el ciclo t-s de refrigeración:
En 1876, interesó a la Academia de Ciencias y armó un pequeño barco, *Le Frigorifique*, que viajó a Buenos Aires. Escribió, en 1884, *Estudios de termodinámica* y *El frigorífico*.
En 1911, Tellier fue galardonado con el Premio Joest por el Instituto de Francia.
En 1912, fue nombrado Caballero de la Legión de Honor.
Escribió *Histoire d'une invention moderne, le frigorifique* (1910).

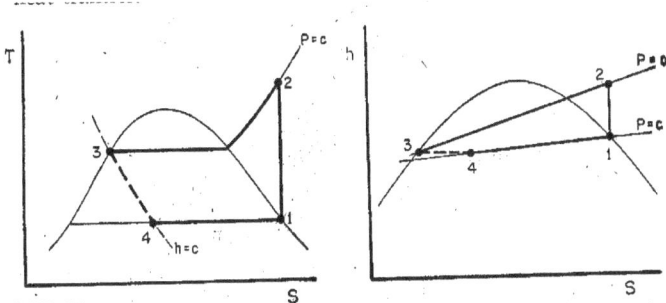

147. Louis SORET (1827-1890). Ginebra (Suiza)

Colaborador de Regnault y de La Rive en Ginebra.

Llegó a la conclusión de que la temperatura del Sol no es más elevada que la de nuestras fuentes de calor terrestres.

148. William SWAN (1828). (Inglaterra)

Físico.

En 1856, describió el espectro de la llama de carbón.

149. Adolph FICK (1829-1901). Kassel (Alemania)

Médico.

Muy temprano, Adolph demostró un talento destacado para las matemáticas y la física. Su hermano Heinrich, profesor de Leyes, lo persuadió de matricularse en Medicina. Estudió en la Universidad de Marburg. Luego, fue profesor de Fisiología en Würzburg.

En 1855, desarrolló un concepto derivado de la teoría matemática de Fourier de equilibrio térmico. La declaración resultante hizo avanzar el punto de vista físico y lógico de que la difusión es proporcional al gradiente de concentración.

La *ley de Fick* trata sobre el flujo de difusión J. La prueba experimental ocurrió después de veinticinco años.

Un año después, Fick publicó una monografía titulada "Física médica". Aquí, por primera vez, introdujo sus ideas sobre ciertos problemas fisiológicos, tales como la mezcla de aire en los pulmones, la medición de la producción de dióxido de carbono en los seres humanos, la economía del calor en el cuerpo y el trabajo del corazón. Aparte de una discusión detallada de la mecánica de la contracción muscular y la física molecular de los gases y el agua, la óptica, la visión del color, el calor animal y la conservación de la energía, trató sobre la hidrodinámica de la circulación.

Fue el primer libro de su clase, y la medicina tuvo que esperar casi un siglo antes de recibir el hito monumental de *Física médica*, de Otto Glasser.

A lo largo de más de tres décadas en Würzburg, Fick contribuyó con un flujo constante y centrado de información, que siempre estuvo a la vanguardia del conocimiento en las tres disciplinas que dominaba.

Aunque su campo principal de investigación era la fisiología de la contracción muscular, utilizó el conocimiento experimental obtenido de esa actividad para dilucidar, en términos cuantitativos, el cálculo del gasto cardíaco. De hecho, Fick se inmortaliza en cardiología, debido a una publicación breve y poco conocida, en el año 1870, en donde él describe cómo el balance de masa puede ser utilizado para medir el gasto cardíaco. Se trataba de un concepto matemático tan puro en su lógica que contenía sui generis intrínseca la prueba de su propia validez. El concepto fue una consecuencia de su aproximación matemática a los eventos fisiológicos.

150. Francis Marie RAOULT (1830-1901). Fournes (Francia)

Químico y físico.

Profesor de Física en la Universidad de Grenoble.

Entre 1878 y 1884, descubrió propiedades ignoradas, leyes nuevas, relacionadas con la crioscopia. Su ley expresa: *el descenso del punto de congelación de una solución es, para una concentración dada, inversamente proporcional a la masa molecular del cuerpo disuelto.* De esta ley se deduce el método de determinación del peso molecular, en el que se puede usar el crioscopio de Raoult.

También fundó las leyes de la tonometría: *el descenso relativo de la presión máxima del vapor de un disolvente por la presencia de un cuerpo disuelto varía con la concentración de la solución, y es inversamente proporcional a la masa molecular del disuelto.*

151. James Clerk MAXWELL (1831-1879). Edimburgo (Escocia)

Físico y matemático.

De familia tradicional.

Estudió en Cambridge.

Profesor de Física y Astronomía en el King's College de Londres y de Física en Cambridge.

En 1859, presentó la teoría analítica completa de la cinética de los gases, partiendo del estudio de la elasticidad de los anillos de Saturno. Estableció la ley general de la distribución de las múltiples velocidades del caos molecular y determinó la segunda magnitud molecular, o sea, la distancia media que una molécula recorre entre dos choques —camino libre medio—.

A la teoría cinética de los gases, Maxwell le dio su ley fundamental y sirvió de base a los nuevos conceptos sobre atomismo y estructura de la materia. De esta se pueden deducir todas las demás leyes que sobre los gases se descubrieran por otros medios tales como las de compresibilidad, difusión,

Gonzalo J. Morales M.

viscosidad, etcétera. Allí se habla del *pequeño demonio de Maxwell.*

También concibió una teoría de la elasticidad, que tenía en cuenta la influencia de la temperatura y su estudio del roce interior de los gases.

Leyó su primer trabajo sobre la teoría cinética en 1859, en una reunión de la Asociación Británica de Aberdeen, con el título Ilustración sobre la teoría dinámica de los gases", que apareció en la prensa en 1860, en la revista filosófica. Mientras que en los tratamientos anteriores el valor absoluto de las velocidades de las moléculas se consideraba bastante uniforme, fue el primero en asumir un movimiento al azar de las moléculas. Para el equilibrio térmico, podría entonces derivar de las consideraciones de simetría su famosa función de distribución de la velocidad, que en notación moderna está dada por:

,

$$f_0(\vec{v}) = n\left(\frac{m}{2\pi kT}\right)^{\frac{3}{2}} \exp \frac{m\vec{v}^2}{2kT}$$

donde Ū es la velocidad y n la densidad de las moléculas, m su masa, k *es la* constante de Boltzmann y T, *la* temperatura absoluta. Para la trayectoria media libre, obtuvo luego:

,

$$l = \frac{1}{\sqrt{2}} \frac{1}{n\pi\sigma^2}$$

y para la viscosidad de un gas diluido:

,

donde $\eta_0(T) = \frac{1}{3}nml\bar{v}$ *with* $\bar{v} = \left(\frac{8kT}{\pi m}\right)^{\frac{1}{2}}$ tando l en l. _____ de la densidad, y debido a que Ū es proporcional a la raíz cuadrada de la temperatura absoluta,

Sorprendió la independencia de la densidad de la viscosidad, ya que para un fluido, la viscosidad, en general, aumenta con el incremento en la densidad. Luego de su verificación expe-

$$\eta_0(T) = \frac{1}{3\sqrt{2}} \frac{m\bar{v}}{\pi\sigma^2}.$$

rimental, este resultado sirvió como argumento fuerte a favor de la teoría cinética.[15]

152. Jan BOSSCHA (1831-1911). Breda (Holanda)

Doctor en Ciencias.
Profesor de Física en la Escuela Politécnica de Delft.
Se ocupó del equivalente mecánico del calor.

153. Louis Paul CAILLETET (1832-1913). Chatillon (Francia)

Ingeniero de minas y físico.
Desde 1870, se ocupó de verificar la *ley de Boyle-Mariotte* bajo altas presiones, efectuando diversos experimentos. Llegó a comprimir gases a 240 atmósferas.
En 1872, experimentó sobre la compresibilidad de los gases, observando el enfriamiento ocasionado por la expansión.
Diseñó un aparato para compresión y enfriamiento.

---

15   Tomado de Wikipedia.

En 1877, obtuvo la liquefacción de gases tales como oxígeno, nitrógeno, metano, bióxido de nitrógeno y óxido de carbono.

Descubrió un método para determinar la densidad de los vapores saturados y sus variaciones con la temperatura, y estudió la dilatación de los líquidos cerca de su punto crítico.

En 1891, estudió las magnitudes críticas de los líquidos, las presiones máximas del vapor de agua y la resistencia del aire en la caída de los cuerpos —conjuntamente con Collardeau—.

154. Karl Frederich ZOLLNER (1834-1883). Berlín (Alemania)

Físico, astrónomo y astrofísico.
Profesor en la Universidad de Leipzig.
Su *espectrómetro de reversión* (1869), con dos prismas de Amici, enviando dos espectros opuestos al objetivo, hizo progresar la espectrometría.

155. Wladimir LOUGUININE (1834-1911). Moscú (Rusia)

Físico y oficial del Ejército.
Profesor de la Universidad de Moscú.
En 1867, estudió la calorimetría y la absorción de sólidos, junto con Khanikoff.

156. Dimitri MENDELEIEFF (1834-1907).

Tobolsk (Rusia)

Químico.
Estudió en la Universidad de San Petersburgo, en Heidelberg y en París.
Profesor de Química en la Universidad de San Petersburgo.
Descubridor de la *tabla periódica de los elementos*.
En 1860, estudió la temperatura crítica de los líquidos.
De 1874 a 1876, investigó para verificar la *ley de Boyle-Mariotte*. Estudió la densidad de los gases.
Inventó un barómetro diferencial de petróleo, una bomba de mercurio, un picnómetro y otros aparatos.

157. Georg Hermann QUINCKE (1834-1920). Frankfurt-Oder (Alemania)

Profesor en la Universidad de Heidelberg.
Estudió el contacto de gases con sólidos y la tensión superficial generalizada a los sólidos.

157. Joseph STEFAN (1835-1893). Klagenfurt (Austria)

Físico.
De familia modesta. Su padre era un asistente de fresado y su madre era una criada.
Se graduó en matemáticas y física en la Universidad de Viena en 1857.
Profesor de Física en la Universidad de Viena. Director del Instituto de Física en 1866. Vicepresidente de la

Gonzalo J. Morales M.

Academia de Ciencias de Viena y miembro de varias instituciones científicas en Europa.

Publicó cerca de ochenta artículos científicos, principalmente en el Boletín de la Academia de Ciencias de Viena. Expuso una ley de potencia física en 1879, que indica que el total de radiación de un cuerpo negro j* es proporcional a la cuarta potencia de su temperatura termodinámica T:

$$j^\star = \sigma T^4$$

Stefan dedujo la ley de medidas experimentales realizadas por el físico irlandés John Tyndall. En 1884, la ley fue derivada teóricamente en el marco de la termodinámica por Ludwig Boltzmann y, por lo tanto, es conocida como la *ley de Stefan-Boltzmann*. Boltzmann considera un motor térmico con la luz como materia de trabajo. Hoy en día se deriva esa ley de la *ley de Planck* de radiación del cuerpo negro:

$$j^\star = \int_0^\infty \left(\frac{dj^\star}{d\lambda} \right) d\lambda$$

Es válida solo para cuerpos ideales negros. Usando la *ley de Stefan* se determinó la temperatura de la superficie del Sol, calculada en 5430°C: este fue el primer valor aceptado para su temperatura.

Stefan expuso las primeras mediciones de la conductividad térmica de los gases, trató la evaporación y, entre otros, estudió la difusión y conducción de calor en los fluidos. Por su tratado sobre óptica, recibió el premio Richard Lieben de la Universidad de Viena. El flujo de una gota o partícula que es inducida por la evaporación o la sublimación en la superficie ahora se denomina *flujo de Stefan* por su labor temprana al calcular tasas de evaporación y difusión.

Muy importantes también son sus ecuaciones electromagnéticas, definidas en la notación de vectores, y sus trabajos en la teoría cinética del calor. En matemáticas, los problemas de Stefan, frontera con entornos movibles, son bien conocidos. El problema fue estudiado por Lamé y Clapeyron en 1831. Stefan resolvió el problema cuando calculaba la rapidez con que crece una capa de hielo sobre el agua.

Trabajó sobre la evaporación y propuso fórmulas sobre la velocidad de evaporación, la conductibilidad de los gases (1872) y la difusión de los líquidos y de los gases.

158. Peter Guthrie TAIT (1837-1901). Dalkeith (Escocia)

Físico y matemático.

Su tío materno lo inició en geología, astronomía y fotografía.

Estudió en las universidades de Edimburgo y Cambridge.

Profesor de Física en Belfast y en Edimburgo.

Colaboró con Andrews para investigar la densidad del ozono y los resultados de la descarga eléctrica a través de gases.

En 1867, estudió en el humo el movimiento en vórtices. Estudió particularmente la termodinámica y las temperaturas en los mares profundos.

En 1868, publicó *Sketch of the History of Thermodynamics*. En 1870, escribió su *Termodinámica*; y en 1885, *Calor y luz* y *Propiedades de la materia*.

Entre 1886 y 1892, publicó varios trabajos sobre la teoría cinética de los gases, incluyendo el teorema de la equipartición.

159. JAN VAN DER WAALS (1837-1923). LEYDEN (HOLANDA)

Físico.

En 1866, fue director de una escuela secundaria en La Haya.

Doctorado en Leiden, en 1873.

En 1876, fue nombrado profesor de Física en la Universidad de Ámsterdam.

Profesor de la Universidad de La Haya.

Premio Nobel de Física (1910).

En 1873, publicó su disertación sobre *la continuidad de los estados líquido y gaseoso*, que contiene su ecuación, donde corrige la de Boyle-Mariotte.

Se ocupó, además, de la teoría molecular, de la electrólisis, del calor y de la capilaridad.

La tesis doctoral de Van der Waals fue titulada *Over de Continuïteit van den gas en Vloeistoftoestand* (*En la continuidad del estado de los gases y líquidos*), donde deriva la ecuación de estado que lleva su nombre. Este trabajo dio un modelo en el que el líquido y la fase gaseosa de una sustancia se mezclan entre sí de manera continua. Esto demuestra la misma naturaleza de las dos fases.

Al deducir su ecuación de estado, Van der Waals supone no solo la existencia de las moléculas —que en física se dudaban entonces—, sino que también son de tamaño finito y se atraen mutuamente. Por ser uno de los primeros en postular una fuerza intermolecular, aún rudimentaria, esa fuerza es ahora a veces denominada *fuerza de Van der Waals*.

En 1880 se conoció un segundo gran descubrimiento de Van der Waals: la *ley de estados correspondientes*. Esta ley indica que, después de llevar a escala la temperatura, presión y volumen, con sus respectivos valores críticos, una forma general de la ecuación de estado se obtiene, aplicable a todas las sustancias. Esta ley sirvió de guía para los experimentos que condujeron a la licuefacción del helio por Heike Kamerlingh Onnes.

160. Ernst MACH (1838-1916). Turas, Moravia (Austria)

Físico.

Estudió en Praga y Viena.

Profesor en las universidades de Graz, Praga y Viena.

Miembro de la Academia de Ciencias de Viena.

Estudió el movimiento de los proyectiles y la resistencia que ofrecen los gases.

Realizó importantes descubrimientos en los campos de la óptica, la acústica y la termodinámica.

Sus trabajos acerca de la mecánica newtoniana tuvieron una gran importancia, ya que con ellos rebatió en parte dicha teoría y en particular el concepto de espacio absoluto.

Mach estudió sobre todo la física de fluidos a velocidades superiores a la del sonido y descubrió la existencia del cono que lleva su nombre. Se trata de una onda de presión de forma cónica que parte de los cuerpos que se mueven a velocidades superiores a la del sonido.

Descubrió que la relación entre la velocidad a la que se desplaza el cuerpo y la velocidad del sonido es un factor físico de gran importancia. Dicho factor se conoce con el nombre de *número de Mach*, en su honor. Una velocidad de Mach 2,7 significa que el cuerpo se mueve a una velocidad 2,7 veces superior a la de propagación del sonido.

El *número de Mach* relaciona la velocidad del sonido en varios medios, tales como el aire y el agua.

Sus tesis desempeñaron un papel muy importante en la formulación de la teoría especial de la relatividad por parte de Albert Einstein en el año 1905. Einstein reformuló en parte las ideas de Mach, acuñando el término de *principio de Mach* —*la masa inercial no es una característica intrínseca de un móvil, sino una medida de su acoplamiento con el resto del universo*—. Este principio implica que la existencia de fuerzas inerciales depende de la existencia de otros cuerpos con los que interactúan.

161. JOSIAH WILLARD GIBBS (1839-1903). NEW HAVEN (ESTADOS UNIDOS)

Físico y matemático.

Su padre era profesor en Yale, donde estudió; luego fue a París, Berlín y Heidelberg, donde estudió con Clausius.

Profesor de Física-Matemática en la Universidad de Yale.

Es responsable de la introducción de la termodinámica en la química. Este gran progreso en la termodinámica lo expuso en su obra *Del equilibrio de los sistemas heterogéneos*, publicada en 1876-1878.

Su método científico consistió en deducir de las hipótesis iniciales de la termodinámica todas las consecuencias aplicables a la ciencia práctica.

En 1876, estudió, entre las aplicaciones del *segundo principio*, la difusión de dos gases y estableció que *la entropía de una mezcla de gases es igual a la suma de las entropías de los dos gases que la forman*. En un sistema cualquiera de cuerpos, estableció que *en los cambios de estado, la entropía crece bajo volumen constante y energía constante*; y que *la energía decrece bajo volumen constante y entropía constante*.

Introdujo en la mecánica-química el concepto de *fases* y estableció la *regla o ley de las fases*, la ley de equilibrio isoquímico de sistemas univariantes y las leyes de estabilidad de equilibrio.

Representó el ciclo de Carnot por medio de un cuadrado.

162. Emil Hilaire AMAGAT (1841-1915). (Francia)

Físico.

Miembro de la Academia de Ciencias.

En 1876, estudió la compresibilidad de los líquidos y de los gases, la dilatación de los fluidos, la influencia de la presión sobre la solidificación y la fórmula termodinámica de Clausius.

Entre 1884 y 1909, estudió la energía interna de los cuerpos, las leyes de los vapores saturantes, la generalización de la teoría de los estados correspondientes de Van der Waals, el calor específico y la elasticidad.

Inventó un barómetro y un manómetro.

163. Jules VIOLLE (1841-1923). Langres (Francia)

Físico y doctor en Ciencias.

Profesor en el Conservatorio de Artes y Medidas.

Su obra es esencialmente experimental. Determinó el equivalente mecánico del calor por el calor producido por un disco que gira en un campo magnético bajo la acción de un cuerpo en caída libre.

164. John William STRUTT, Barón de Rayleigh (1842-1919). (Inglaterra)

Físico y químico.

Estudió matemáticas en el Trinity College, Universidad de Cambridge, en 1861. En 1865, obtuvo su BA, y su MA en 1868.

Profesor en Cambridge; luego, catedrático del Instituto Real de Londres. Lord Rayleigh fue elegido miembro de la Royal Society el 12 de junio de 1873 y sirvió como presidente de la Royal Society desde 1905 hasta 1908.

Premio Nobel de Física en 1904.

Presidente del Comité de Asesores sobre Aeronáutica en 1909.

Se ocupó en la determinación de la densidad de los gases.

Estudió las llamas cantantes, la *ley de Boyle-Mariotte*, la difusión, la solubilidad de los gases y la tensión de los vapores saturantes.

Lord Rayleigh había comenzado sus investigaciones sobre el sonido y publicó, en 1877, el libro *The Theory of Sound*. Para el año 1900, desarrolló el dúplex —combinación de dos— *teoría de la localización de sonidos humanos con dos señales binaurales y el tiempo de retardo.*

165. Jacques DEWAR (1842-1923). (Inglaterra)

Físico, químico y fisiólogo.

Estudió principalmente el calor y las bajas temperaturas.

En 1893, inventó los *vasos Dewar*, que permiten conservar los gases licuados.

Inventó un procedimiento de producción del vacío por el poder de absorción de los gases del carbón a bajas temperaturas.

Estudió la absorción de los gases por los sólidos y la licuefacción del flúor.

Efectuó observaciones sobre la influencia del frío en los imanes.

En 1883, junto con Liveing, hizo estudios sobre la espectroscopía.

166. Valentin Joseph BOUSSINESQ (1842-1929). Saint André, (Francia)

Matemático, físico y filósofo.

Miembro de la Academia de Ciencias.

Trabajó sobre hidrodinámica, propagación del calor, termodinámica y teoría del potencial.

167. Ludwig BOLTZMANN (1844-1906). Viena (Austria)

Físico.

Profesor de Física en Graz, Munich, Viena y Leipzig.

Miembro de la Academia de Ciencias de París.

Desde 1866, estudió el *segundo principio* de la termodinámica: admitía que la irreversibilidad de los fenómenos naturales expresada por el crecimiento continuo de la entropía demuestra la existencia de una tendencia determinada de la naturaleza, pero rechazaba la conclusión del fin del universo, sostenida por Rankine. Buscó un razonamiento y expuso: *se puede suponer que si, en nuestro tiempo y en nuestro mundo, la naturaleza tiene la tendencia de pasar de los estados menos probables a los más probables, puede existir el fenómeno inverso en otros tiempos, en otros mundos.*

Boltzmann trató el *segundo principio* y la entropía por el cálculo de probabilidades; consideraba que la energía calorífica es energía cinética de una agitación desordenada y que si es admisible que un movimiento molecular ordenado —caída de un cuerpo, paso de electrones de la corriente— se transforme en movimiento desordenado —calor—, no puede admitirse el paso inverso.

La degradación de la energía se vuelve así el paso del orden al desorden. Solo si todo ese desorden molecular de la energía calorífica se ordenara podría ser invertida toda esa energía en trabajo, y es el cálculo de probabilidades el que permite establecer en qué proporción puede producirse esa transformación.

Es uno de los creadores de la mecánica estadística.

En 1871, estudió la *ley de Dulong y Petit*.

168. WILLIAM CHRISTIE (1845-1922). (INGLATERRA)

Astrónomo.

Su padre era profesor de Matemática en la Royal Military Academy, Woolwich.

Miembro de la Royal Society.

Perfeccionó el espectroscopio.

169. WILHELM KONRAD ROENTGEN (1845-1923). LENNEP (ALEMANIA)

Físico.

Hijo de un comerciante.

Estudió en el Politécnico de Zurich.

Profesor en Wurzburg, Strassburg y Munich.

Premio Nobel de Física en 1901.

Estudió el calor específico de los gases.

En 1878, se ocupó de capilaridad y tensión superficial.

Estudió con Kundt la rotación del plano de polarización de los gases por el campo magnético.

En 1884, estudió la influencia de la presión sobre la viscosidad de un líquido, así como también su compresibilidad.

En 1892, emitió la idea de que podría haber diferencia entre la molécula de agua y la de hielo.

170. Henry A. ROWLAND (1848-1901). Pennsylvania (Estados Unidos)

Físico e ingeniero.

En Baltimore, en 1879 y 1880, efectuó experimentos para determinar el equivalente mecánico del calor; siguiendo el método de Joule, halló su valor en 428,2.

171. Jacques Van't HOFF (1852-1911). Rotterdam (Holanda)

Químico.

Hijo de un médico.

Estudió en Leyden y Delft.

Profesor en la Universidad de Ámsterdam.

Miembro de la Academia de Ciencias de Berlín y de la de París.

En 1901, recibió el Premio Nobel de Química.

Aplicó la termodinámica al estudio de las transformaciones de los cuerpos. Estudió la presión osmótica.

172. WILHELM OSTWALD (1853-1933). RIGA (ALEMANIA)

Químico.
  Estudió en Dorpat.
  Profesor en la Universidad de Riga y en Leipzig.
  Premio Nobel de Química en 1909.
  En 1888, comenzó sus estudios de termodinámica, profundizando sobre energética.

173. JOHN ERICSSON (VERMLAND, SUECIA, 1803-NUEVA YORK, 1884)

El ciclo de Ericsson es llamado así por su inventor, John Ericsson, quien diseñó y construyó muchos motores térmicos, únicos, basados en varios ciclos termodinámicos. Se le atribuye la invención de dos ciclos térmicos y el desarrollar motores prácticos basados en estos ciclos. Su primer ciclo es muy similar a lo que ahora se llama *ciclo de Brayton*, con la excepción de que utiliza combustión externa. Su segundo ciclo se denomina ahora ciclo de Ericsson.

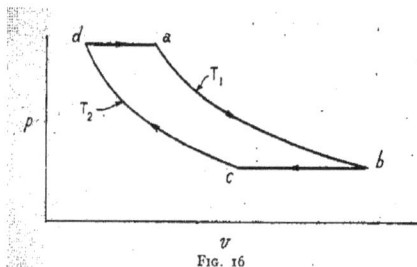

FIG. 16

Ericsson inventó y patentó su primer motor en 1833 —británico 6409/1833—, utilizando una versión del ciclo de Brayton. Esto ocurrió dieciocho años antes que Joule y cuarenta y tres años antes que Brayton. Los motores Brayton eran todos de pistón y, en su mayor parte, versiones de combustión interna del motor de Ericsson. Ericsson finalmente abandonó el ciclo abierto, en favor del tradicional ciclo cerrado de Stirling.

El primer ciclo desarrollado de Ericsson se llama ahora *ciclo de Brayton*, comúnmente aplicado a los motores de jet rotativos para aviones.

El segundo ciclo de Ericsson se denomina simplemente *ciclo de Ericsson*. Este ciclo es también el límite de un ciclo de Brayton de turbina de gas ideal, operando con compresión *intercooled multifase* y expansión multifase con recalentamiento y regeneración. También el uso de la regeneración en el ciclo de Ericsson aumenta la eficiencia mediante la reducción de la aportación de calor requerido.

Un motor de aire caliente, que trabajaba con base a este ciclo, fue instalado en un barco denominado *The Ericsson*, en 1853.

Ciclo de Ericsson

Ciclo/proceso	compresión	adición calor	expansión	expulsión calor
Ericsson (primero, 1833)	adiabático	isobárico	adiabático	isobárico
Ericsson (segundo, 1853)	isotérmico	isobárico	isotérmico	isobárico
Brayton (turbina)	adiabático	isobárico	adiabático	isobárico

174. Svante ARRHENIUS (1859-1927). Wijick (Suecia)

Físico y químico.

Graduado en la Universidad de Uppsala.

Estableció la teoría moderna de la electrólisis, comparando los electrolitos con gases disociados.

Sostuvo que las leyes de Boyle-Mariotte, Gay-Lussac y Avogadro son aplicables a las soluciones, así como también a gases, siempre que se reemplace la presión del gas por la presión osmótica de la solución.

175. Peter DUHEM (1861-1916). París (Francia)

Físico, matemático, filósofo e historiador.
Profesor en la Universidad de Burdeos.
Miembro de la Academia de Ciencias.
Desde 1884, publicó memorias sobre termodinámica. En 1886, escribió *El potencial termodinámico*.
Se ocupó de la historia de la ciencia, y gracias a sus investigaciones se conocieron obras de los precursores de la física, especialmente los del Renacimiento.

176. Angelo BATTELLI (1862-1916). Macerata Feltria (Italia)

Físico, político y diputado.
Estudió en la Universidad de Turín.
Profesor en la Universidad de Padua y en Pisa.
Presidente de la Sociedad Italiana de Física.
En 1893, estudió el punto crítico de las altas presiones; en 1898, la crioscopia; y en 1901, la *ley de Boyle-Mariotte* a bajas temperaturas.

177. Walther Hermann NERNST (1864-1941). Briessen (Alemania)

Físico.
Estudió en Zurich, Berlín, Graz y Wurzburg.
Profesor de Físico-Química en Göttingen y luego en Berlín.

Premio Nobel de Química en 1920.

En 1906, desarrolló una fórmula sobre la tensión en los vapores.

En 1908, realizó estudios sobre el valor de la entropía en el cero absoluto.

Luego, enunció el *tercer principio* de la termodinámica —con Planck—: *en la vecindad inmediata del cero de temperatura, todas las transformaciones que incluyan sólidos cristalinos se efectuarán con valor de entropía cero —sin variación de la entropía— y también sin cambio en el calor específico.*

178. Wilhelm WIEN (1864-1928). Fischhausen (Alemania)

Físico.

Estudió en Göttingen, Heidelberg y Berlín.

Profesor en Aquisgram, Giessen, Wurzburg y Munich.

Premio Nobel de Física en 1911.

Su estudio fundamental es la repartición de la energía en el espectro. En 1893, demostró que la zona infrarroja no contiene todas las longitudes de onda que pueden corresponderle.

En 1894, siguiendo ese estudio, estableció la *ley de desplazamiento de Wien.*

179. Bernhard BRUNHES (1867-1910). Tolosa (Francia)

Meteorólogo y físico.

Profesor en la Facultad de Ciencias de Clermont-Ferrand. Director del Observatorio de Puy de Dome.

Escribió la obra *La degradación de la energía.*

180. Conrad DIETERICI (1858-1929). (Alemania)

Profesor en la Technische Hochschule Hannover, Universidad de Kiel y Universidad de Berlín.

En 1899, pudo modificar la ecuación de estado, obteniendo la relación de 3,65.

La introducción innovadora de un término exponencial fue justificada teóricamente por Dieterici:

$$p \, (V\text{-}b) = RT \exp (-a \, / \, RTV)$$

La ecuación anterior también predice un factor de compresibilidad crítico ($Z = PV / RT$) de 0,27067, que es más realista que el valor de Van der Waals, de 0,375. Sin embargo, la ecuación de Dieterici siempre ha sido mucho menos popular que su contraparte algebraica de Van der Waals.

Conclusiones-adelantos

Este período incluye los trabajos e investigaciones de setenta y siete investigadores, esencialmente alemanes, franceses, ingleses e italianos. Entre estos están Carnot, quien enuncia la *segunda ley* de la termodinámica; Clausius, quien le da forma matemática e introduce el término *entropía*; y Joule y Meyer, quienes enuncian la *primera ley*.

Durante este período, además de mayores avances sobre el calor, se intensifica el análisis espectral —Plucker, Foucault, Stokes, Kichhoff, Swan, Zollner, Dewar, Christie y Wien— y el sonido en los humanos —Rayleigh, 164—; se estudia el mecanismo de caminar en el ser humano —Weber, 112—; se compara al hombre con una máquina térmica —Hirn, 130—; y se realizan adelanto en la física médica —Fick, 149—.[16]

16   Los números que aparecen a continuación de los nombres corresponden a la secuencia en que fueron escritos en este texto.

Capítulo V
Etapa de la termodinámica moderna y sus campos asociados

El período comprendido abarca esencialmente el siglo XX, aun cuando estén incluidos investigadores del siglo XIX y alguno del siglo XVIII, por cuanto su obra se refleja en este siglo. Para esta etapa, la termodinámica está consolidada como sector científico fundamental y sus aspectos, amplísimos, abarcan la metalurgia, la química, la biología y la estelar.

Los físicos y termodinamicistas del siglo XX, tales como Ilya Prigogine, Lars Onsager, Stephen Hawking, el biólogo Stephen Jay Gould y otros, contribuyeron a aclarar conceptos tales como la flecha del tiempo, el reloj biológico, la emisión de partículas de los agujeros negros, la expansión del universo, el desorden y la irreversibilidad, todos derivados de la *segunda ley* de la termodinámica, y una más acertada formulación de la entropía.

Están incluidos los inventores y constructores que contribuyeron al desarrollo de los motores térmicos para la industria, de cuatro y dos tiempos, para los automóviles y para la aviación, tanto de gasolina, gas o aceite, así como también la turbina de gas y los cohetes.

Los descubrimientos del gas de carbón y el hidrógeno impulsaron a los inventores a reconocer la posibilidad de usar una mezcla de gas y aire para desarrollar potencia mecánica y, entre 1794 y 1838, en Inglaterra, Cecil, Brown, Wright y Barnett, y Lebon en Francia, fueron cada uno responsables del desarrollo de motores con características similares a los motores de explosión. A Barnett se debe el descubrimiento del encendedor por medio de llama. El motor de Hugon era similar al de Lenoir.

Priestman, de Hull, Inglaterra, empleó parafina como combustible en 1885, a fin de adaptar el *ciclo de Otto* para los combustibles pesados.

181. Robert STREET (Inglaterra)

Patentó, en 1794, un motor que operaba con una mezcla de trementina y aire: se parecía a la máquina de vapor de Watt, donde luego de la evaporación de la trementina aplicaba una antorcha a una abertura para encender una mezcla explosiva y mover un pistón hacia arriba.

182. Rev. W. CECIL, M.A., Cambridge (Inglaterra)

En 1820, describió un motor de gas que había construido, que utilizaba la presión explosiva de una mezcla de aire e hidrógeno. Rotaba a 60 rpm y consumía 17,8 pies cúbicos de hidrógeno por hora.

183. Samuel BROWN. (Inglaterra)

Entre 1823 y 1826, tomó una patente para un motor de gas. Fue instalado y operó en un carruaje.

184. Jean J. Etienne LENOIR (1822-1900). Luxemburgo (Bélgica- Francia)
Ingeniero y mecánico.

Para 1859, los experimentos de Lenoir con la electricidad lo condujeron a desarrollar el primer motor de combustión interna, de un solo cilindro, de dos tiempos.

Patentó, en 1860, el primer motor práctico de combustión interna, usando combustible líquido.

Para todos los propósitos, consistía en una máquina de vapor, horizontal, de doble acción, adaptada para operar con gas.

Motor de Lenoir en el Musée des Arts et Métiers, París.

185. ALPHONSE EUGENE BEAU DE ROCHAS (1815-1893). (FRANCIA)

Ingeniero.

En 1862, describió un ciclo sobre el cual se fundamentan los motores de ignición por chispa modernos. Lo denominó *ciclo de cuatro tiempos*. Este ciclo fue introducido de manera práctica por Otto, en 1876.

186. NIKOLAUS AUGUST OTTO (1832-1891). (ALEMANIA)

Doctor ingeniero —honorario—.
De humilde origen.

En 1861, construyó un pequeño modelo de motor que operaba en el ciclo de cuatro tiempos.

En 1867, patentó con el ingeniero Eugen Langen un tipo de motor a gas.

En 1877, obtuvo la patente número 532 su famoso motor de cuatro tiempos, que operaba con base al posteriormente denominado *ciclo de Otto*, bautizado así en su honor.

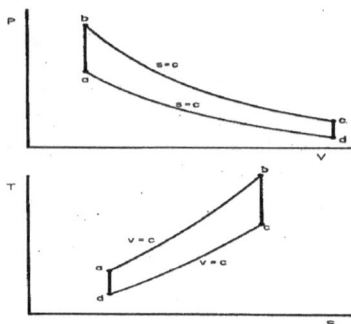

Su motor atmosférico trabajaba entre 80 y 90 rpm; sus motores de cuatro tiempos, entre 150 y 180 rpm.

187. Gottlieb DAIMLER (1834-1900). Schorndorf (Alemania)

Ingeniero mecánico.

Estudió en el Instituto Politécnico de Stuttgart.

Trabajó en la compañía Deutz, con Otto, en el desarrollo de su motor de cuatro tiempos, en compañía del ingeniero W. Maybach. Luego, ambos se instalaron en Cannstatt para desarrollar motores de alta velocidad, hasta 900 rpm.

Más tarde, lentamente, desarrolló motores de 9 a 12 hp y hasta 40 hp.

En 1900, en su fábrica, se construyó el automóvil Mercedes.

188. Wilhelm MAYBACH (1846 -1929). Heilbronn (Alemania)

Ingeniero mecánico y diseñador.

Conjuntamente con Daimler, construyeron varios tipos de motores de combustión.

En 1889, diseñó y construyó el motor doble en V.

Posteriormente, trabajó con el conde Zeppelin en la producción de dirigibles.

189. Sir Dugald CLERK (CLARK) (1854-1932). Glasgow (Escocia)

Estudió en el Andersonian College, anexo a la Universidad de Strathcly.

Investigó el fraccionamiento del petróleo con Sir Thomas Edward Thorpe (1845-1925).

Se asoció con George Marks para fundar la compañía Marks & Clerk.

En 1877, inventó el *ciclo de Clerk* para un motor que operaba en dos tiempos.

En 1881, introdujo la patente 1089, que sería usada en las motocicletas.

Director del Almirantazgo Británico (1916).

Investigó los efectos de la turbulencia en los motores de gas.

Publicó la obra *The Gas, Petrol, and Oil Engine*.

Gonzalo J. Morales M.

190. Karl BENZ (1844-1929). Karlsruhe (Alemania)

Ingeniero mecánico y diseñador.
Estudió en el PolyTechnical y en la Universidad de Karlsruhe.

En 1885, Benz construyó motores de cuatro tiempos, que operaban usando nafta liviana; posteriormente, ese motor fue adaptado a un vehículo de pasajeros.

En 1886, obtuvo la patente 37435 para su motor, que operaba un triciclo.

Se le atribuye y es reconocido como el inventor del automóvil a gasolina.

191. Sir Charles Algernon PARSONS (1854-1931). (Irlanda)

Físico e ingeniero mecánico.
Su padre, el Conde de Rosse, era un famoso astrónomo.
Estudió en las universidades de Dublín y de Cambridge.

En 1881, trabajó en la empresa Clarke, Chapman & Co., de Gateshead, donde construyó su primera turbina de vapor en 1884. Desarrollaba 5 hp a 18 000 rpm, a la cual acopló un dínamo. En 1891, demostró que se podía agregar la condensación.

En 1900, instaló dos turbinas de 1000 KW cada una en la estación de Elberfeld (Alemania).

Para 1897, instaló turbinas en el barco *Turbinia*, que desarrollaban 960 hp a 2400 rpm, obteniendo una velocidad de 34,5 nudos.

Electo Fellow de la Royal Society en junio 1898.

Recibió la Medalla Rumford en 1902 y la Medalla Copley en 1928, y pronunció la Conferencia Bakerian en 1918.

Nombrado Caballero en 1911 y miembro de la *Order of Merit* en 1927.

192. Osborne REYNOLDS (1842-1912). Belfast (Irlanda)

Ingeniero.

Comenzó sus estudios en Dedham, cuando su padre era director de esa escuela. Empezó como aprendiz en la empresa de ingeniería de Edward Hayes, en 1861.

Después de adquirir experiencia práctica en ingeniería, estudió matemáticas en Cambridge, graduándose en 1867.

Reynolds recibió una beca en el Queen's College. Luego, trabajó con la empresa de ingeniería John Lawson, de Londres, para pasar un año como ingeniero civil.

En 1868, Reynolds se convirtió en el primer profesor de Ingeniería en Manchester; ocupó este cargo hasta su jubilación, en 1905.

Miembro de la Royal Society en 1877 y once años más tarde ganó la Medalla Real.

En 1884, la Universidad de Glasgow le concedió un doctorado *Honoris Causa*.

A comienzos la década de 1900, la salud de Reynolds comenzó a fallar y se retiró en 1905. Se deterioró física y también mentalmente.

Realizó estudios sobre la fricción y el empleo de lubricantes. Demostró la diferencia entre el flujo laminar y el turbulento en las tuberías.

Número de Reynolds = $Lv⊠/\mu$

El *número de Reynolds* relaciona la densidad del fluido ⊠ con v, la velocidad de este, L la longitud característica y la viscosidad μ.

Sus primeros trabajos fueron sobre magnetismo y electricidad, pero pronto se centró en la hidráulica y la hidrodinámica. También trabajó sobre las propiedades electromagnéticas del Sol y de los cometas, y consideró las mareas en ríos.

Después de 1873, Reynolds se centró principalmente en la dinámica de fluidos y allí sus contribuciones fueron de importancia mundial.

Estudió los cambios de flujo en una tubería cuando se pasa de flujo laminar a flujo turbulento. En 1886, formuló una teoría de la lubricación. Tres años más tarde, produjo un modelo teórico importante para el flujo turbulento, que se ha convertido en el marco matemático estándar utilizado en el estudio de la turbulencia.

Sus estudios sobre la condensación y la transferencia de calor entre sólidos y líquidos produjeron una revisión radical en la caldera y el condensador, mientras que su trabajo sobre las bombas de la turbina permitió su rápido desarrollo.

Un artículo publicado en 1883, intitulado, "Una investigación experimental de las circunstancias que determinan si el movimiento del agua en canales paralelos será directa o sinuosa, y la ley de la resistencia en canales paralelos", introdujo lo que hoy se conoce como el *número de Reynolds*, una variable de uso común en el modelado de flujo de fluidos.[17]

---

17   Tomado de Wikipedia.

193. Herbert ACKROYD-STUART (1864-1927). Feronny Stratford (Inglaterra)

Ingeniero en la fábrica de su padre, Bletchley, Bucks.

Estudió en el Finsbury Technical College.

Tomó varias patentes entre 1885 y 1890, en conexión con motores de aceite.

Compite con Diesel en la primacía de los motores de aceite.

194. Carl von LINDE (1842-1934). Berndorf (Alemania)

Ingeniero mecánico.

Su padre era ministro protestante.

Estudió en el Politécnico de Zurich, bajo la dirección de Clausius, Zeuner y Reuleaux.

Profesor en la Universidad Técnica de Munich.

Miembro de la Academia de Ciencias de Baviera y de la de Viena.

Director del Verein Deutscher Ingenieure.

Investigó la teoría del calor y, entre 1873 y 1877, investigó la refrigeración y desarrolló el primer refrigerador de compresión con amoníaco.

En 1876, obtuvo el hielo artificial. En 1895, inventó un procedimiento para licuar el aire.

En 1902, obtuvo oxígeno puro; en 1903, nitrógeno puro; y en 1909, hidrógeno puro.

Desarrolló la teoría de las máquinas de refrigeración.

195. GEORGE B. BRAYTON (1830-1892). INGLÉS (AMERICANO)

Ingeniero.

En el año 1873, inventó y patentó un motor de gas, reciprocante que operaba en el ciclo que lleva su nombre. Luego, le inyectó gas. Abajo se representa el diagrama del ciclo en p-v y T-s.

Sin embargo, hay gran similitud con el de Ericsson, quien inventó y patentó su primer motor en 1833 —británico 6409/1833—, utilizando una versión previa del ciclo de Brayton. Esto ocurrió dieciocho años antes que Joule y cuarenta y tres años antes de Brayton. Los motores Brayton eran todos motores de pistón y, en su mayor parte, versiones de combustión interna del motor de Ericsson.

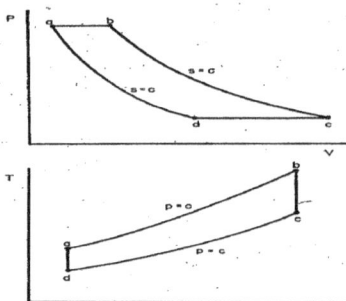

Se le reconoce haber introducido el proceso continuo de combustión, que es la base para la turbina de gas, y al cual se le conoce —en los Estados Unidos— como *ciclo de Brayton*.

También se reconoce que la turbina de gas opera con el *ciclo de Joule*.

196. Gustav Anton ZEUNER (1828-1907). Chemnitz (Alemania)

Ingeniero mecánico.
Fue aprendiz en el taller de carpintería de su padre.
Se graduó en la Universidad de Freiberg. Doctorado en Leipzig.
Director del Politécnico de Zurich y director de la Escuela de Minas de Freiberg.
Investigó diversos aspectos de la hidráulica, especialmente las turbinas.
Efectuó trabajos muy valiosos sobre la máquina de vapor.
La ecuación de Zeuner da un valor aproximado para el contenido de humedad inicial en vapor.
Escribió *Termodinámica técnica* en 1866.

197. K. F. BRAUN (1850-1918). (Alemania)

Físico.
Profesor en la Universidad de Marburg, en la Escuela Técnica Superior de Karlsruhe y en las universidades de Tubingen y Estrasburgo.
Es coautor del *principio de Le Châtelier-Braun*.

198. William RAMSAY (1852-1916). Glasgow (Escocia)

Químico.
Pertenecía a una familia de químicos.
Estudió en Glasgow; luego, en Heidelberg y en Tubingen.
Doctorado en Química en Tubingen, Alemania, con especialidad en química orgánica.

Profesor en Glasgow, Bristol y en el University College de Londres.

Dejó numerosos trabajos acerca del calor y los gases, y en 1876 explicó el movimiento browniano.

Se hizo conocido por la inventiva y la escrupulosidad de sus técnicas experimentales, sobre todo por sus métodos para determinar el peso molecular de las sustancias en el estado líquido.

En 1892, Ramsay estudió la observación de Lord Rayleigh de que la densidad del nitrógeno extraído del aire es siempre mayor que el nitrógeno liberado de compuestos químicos.

Ramsay se dedicó a buscar un gas desconocido en el aire, de mayor densidad, y lo llamó argón. Mientras investigaba la presencia de argón en minerales de uranio, descubrió el helio, que desde 1868 ya era conocido, pero solo en el Sol.

Este segundo descubrimiento lo llevó a sugerir la existencia de un nuevo grupo de elementos de la tabla periódica. Él y sus compañeros de trabajo rápidamente aislaron el neón, el criptón y el xenón de la atmósfera de la Tierra.

La inercia notable de estos elementos dio lugar a su uso para fines especiales, por ejemplo, el helio, en lugar de hidrógeno, altamente inflamable, para naves más ligeras que el aire; y argón para la conservación de los filamentos de las bombillas. Su inercia también contribuyó a la *regla del octeto* en la teoría de los enlaces químicos.[18]

En 1933, Linus Pauling propuso que sería posible obtener compuestos de los gases nobles.

En 1962, Neil Bartlett, trabajando en la Universidad de British Columbia, y posteriormente en Princeton, preparó el primer compuesto de gas noble: hexafluoroplatinato xenón, $XePtF_6$.

Se han encontrado ahora compuestos de la mayoría de los gases nobles.

18   Véase G. N. Lewis.

Nombrado Caballero en 1902.
Premio Nobel de Química en 1904.

199. Heike KAMERLINGH-ONNES (1853-1926). Groningen (Holanda)

Físico.
Hijo de un industrial.
Estudió en la Universidad de Groningen.
Premio Nobel de Física en 1913.
Investigó las propiedades de la materia a bajas temperaturas, lo cual condujo a la licuefacción del helio.

200. Max MARGULES (1856-1920). Galicia (Austria)

Meteorólogo y físico.
Estudió matemáticas y física en Viena y en Berlín.
En 1905, propuso una fuente nueva para la producción de la energía cinética, al estudiar modelos de transformaciones de energía en la atmósfera, que significaban la redistribución isentrópica de masas calientes y frías desde un estado de inestabilidad a otra de estabilidad.
Utilizó el término *energía potencial disponible*.
Efectuó la primera estimación de la circulación general de la atmósfera, similar a una máquina termodinámica.

201. Max Karl Ernest PLANCK (1858-1947). Berlín (Alemania)

Físico.
Estudió en Munich y en Berlín, donde también fue profesor, además de en Viena.

Premio Nobel de Física en 1918.

Presidente de la Sociedad de Ciencias de Berlín.

Estudió las relaciones entre la temperatura absoluta de un cuerpo y la energía que emite, o sea, el *problema del cuerpo negro*. Su teoría planteaba el reconocimiento de la discontinuidad de la energía, es decir, su constitución granular, al igual que la materia.

Propuso el *quantum de energía* y una constante *h* o *constante de Planck*. Así, resolvió el problema de la repartición de la energía en el espectro del cuerpo negro.

202. Rudolf DIESEL (1858-1913). París (alemán)

Doctor e ingeniero mecánico.

Hijo de Theodor Diesel y Elise, hija de un comerciante de Nuremberg.

Transcurrió su niñez en Francia y luego en Londres. Viajó a Augsburgo para visitar la Königliche Kreis-Gewerbsschule (Real Escuela Municipal de Oficios), donde su tío enseñaba matemáticas.

Al terminar su educación básica al frente de su clase, en 1873, ingresó a la recién fundada Escuela Industrial de Augsburgo. Más tarde, recibió una beca por méritos del Real Politécnico Bávaro de Munich. Uno de sus profesores fue Carl von Linde. Adquirió luego experiencia práctica de ingeniería en los Gebrüder Sulzer Maschinenfabrik (Talleres de Máquina de los hermanos Sulzer), en Winterthur, Suiza.

Diesel se graduó en 1880 con altos honores académicos y regresó a París, donde asistió a su antiguo profesor de Munich, Carl von Linde, con el diseño y la construcción de un moderno sistema de refrigeración y planta de hielo. Un año más tarde, se convirtió en el director de la planta. En 1883, continuó trabajando para Linde, obteniendo numerosas patentes en Alemania y Francia.

A principios de 1890, Diesel se trasladó a Berlín para asumir la administración del departamento de investigación y desarrollo corporativo de Linde y de varias otras juntas corporativas. Como no se le permitió utilizar las patentes que desarrolló mientras era empleado de Linde para sus propios fines, se extendió fuera de la refrigeración. Trabajó primero con vapor. Su investigación en la eficiencia del combustible lo llevó a construir un motor de vapor que usaba vapor de amoníaco.

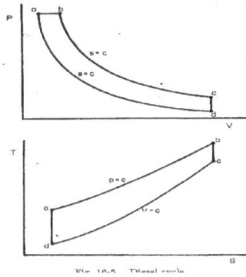

Arriba se representa el ciclo Diésel, en los diagramas p-v y T-s.

Luego, comenzó a diseñar un motor basado en el *ciclo de Carnot*; sin embargo, renunció al respecto y, en 1893, poco después de que Gottlieb Daimler y Karl Benz inventaran el automóvil, en 1887, Diesel publicó un tratado intitulado *"Theorie und Konstruktion eines rationellen Wärmemotors zum Ersatz der Dampfmaschine und der heute Reginal Verbrennungsmotoren"* ("Teoría y construcción de un motor térmico racional para reemplazar el motor de vapor y los motores de combustión conocidos"), y así formó la base de su trabajo en la invención del motor Diésel y trató de desarrollar su propio enfoque. Finalmente, diseñó su propio motor y obtuvo una patente para su diseño. En su motor se inyecta combustible al final de la compresión, el cual se enciende por la elevada temperatura resultante de la compresión.

Diesel había entendido la termodinámica y las limitaciones teóricas y prácticas sobre la eficiencia del combustible. Sabía que incluso muy buenos motores de vapor eran solo de 10 a 15 por ciento termodinámicamente eficaces, lo que significa que hasta un 90 por ciento de la energía disponible en el combustible se desperdicia. Su trabajo en el diseño del motor fue impulsado por el objetivo de obtener relaciones de eficiencia mejoradas.

Su motor y sus sucesores son conocidos como motores Diésel. Desde 1893 hasta 1897, Heinrich von Buz, director de MAN AG, en Augsburgo, concedió a Rudolf Diesel la oportunidad de probar y desarrollar sus ideas. Rudolf Diesel obtuvo patentes para su diseño en Alemania y otros países, incluidos los Estados Unidos —U.S. Patent 542.846 y 608.845—.

En la noche del 29 de septiembre de 1913, murió trágicamente, a bordo de un barco de vapor.

203. ALBERT DE DION (1856-1946). (FRANCIA)

Industrial.

Marqués, pertenecía a la nobleza.

Contribuyó, desde 1882, en compañía de Georges Bouton, a producir y vender autos en Francia, en grandes números.

204. HENRI-LOUIS LE CHÂTELIER (1850-1936). (FRANCIA)

Químico y físico.

Hijo de un famoso ingeniero.

Profesor de Química en la Escuela de Minas y La Sorbona.

Investigó el equilibrio químico. Inventó el pirómetro termoeléctrico.

Enunció la *ley de Le Châtelier-Braun: en un sistema en equilibrio, cualquier causa que actúa sobre él provoca el cambio preciso, en el sistema, para contrarrestar el efecto modificador.*

Publicó, en 1891, *Les équilibres chimiques.*

205. JAMES ATKINSON

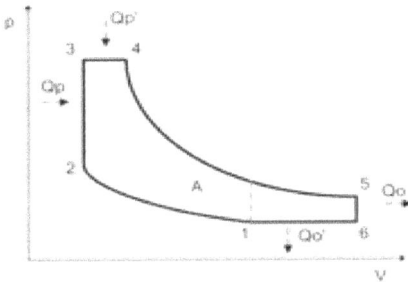

El *ciclo de Atkinson* es un tipo de motor de combustión interna inventado por James Atkinson en 1882.

Está diseñado para producir eficiencia a expensas de potencia y se aplica actualmente en sistemas eléctricos híbridos.

206. AUREL BOLESLAV STODOLA (1859-1942). LIPTOVSKY (HUNGRÍA)

Ingeniero mecánico.

En 1903, publicó su libro *Die Dampfturbinen und die Aussichten der Wärmekraftmaschinen.*

Introdujo el uso de las tablas de entropía en el análisis de las máquinas térmicas.

207. Hugh Longbourne CALLENDAR (1863-1930). Gloucestershire (Inglaterra)

Físico e ingeniero.
Estudió en el Trinity College, Cambridge.
Profesor de Física en la Universidad McGill, Canadá, y en el Royal College of Science, Londres.
Fellow de la Royal Society.
Trabajó principalmente en el campo de la ciencia experimental, diseñando métodos exactos de medición y aparatos nuevos. Introdujo el termómetro de resistencia de platino. Investigó las propiedades térmicas del agua y del vapor.
En 1900, al estudiar las propiedades termodinámicas de gases y vapores, deducidas de una forma modificada de la *ecuación de Joule-Kelvin*, propuso una ecuación para el gas imperfecto. De allí, obtuvo la base para publicar sus conocidas *tablas de vapor de Callendar*.

208. Sir Harry R. Ricardo (1885-1974). Londres (Inglaterra)

Ingeniero.
De familia con medios de fortuna.
Estudió en el Trinity College, Cambridge.
Laureado por la Royal Aeronautical Society y por la Institution of Automobile Engineers.
Gran investigador sobre los motores de combustión interna, en la cámara de combustión de los motores de gasolina, especialmente sobre la turbulencia en los motores de aviación, así como también los efectos de la detonación.
Mejoró los motores usados en los primeros tanques de guerra.

209. Richard MOLLIER (1863-1935). Dresden (Alemania)

Físico, matemático e ingeniero.
Su padre era ingeniero naval y director de fábrica en Trieste.
Estudió en Munich y en Graz. Doctorado en 1895.
Introdujo el concepto de entalpía.
Su gran aporte a la ciencia es la tabulación de características y propiedades de gases, desde 1898.
En 1932, publicó *Neue Tabellen und Diagramme für Wasserdampf* (*Nuevas tablas y diagramas para vapor*).

210. Jean Baptiste PERRIN (1870-1943). Lille (Francia)

Físico y químico.
Profesor en la Facultad de Ciencias.
Recibió numerosos premios prestigiosos, incluyendo el Joule de la Royal Society, en 1896, y el *La Caze* de la Academia de Ciencias de París.
Dos veces fue nombrado miembro de la Comisión Solvay en Bruselas, en 1911 y en 1921.
Fue miembro de la Royal Society de Londres y de las Academias de Ciencias de Bélgica, Suecia, Turín, Praga, Rumania y China.
Commander de la Legión de Honor en 1926 y Commander de la Orden de Leopoldo (Bélgica).
En 1909, estableció el *número de Avogadro*, consolidando así la teoría molecular o atomística.
En 1910, estudiando el movimiento browniano, contribuyó con Einstein, Gouy y Smoluchowsky al establecimiento de la teoría cinética de los líquidos.
En 1912, publicó *La agitación molecular*.

En 1918, profundizó la teoría molecular para líquidos en láminas muy finas —pompas de jabón—.

Explicó que la energía solar se debe a las reacciones termonucleares del hidrógeno.

Después de que Einstein publicó (1905) su explicación teórica del movimiento browniano de átomos, Perrin efectuó el trabajo experimental para probar y verificar las predicciones de Einstein; así resolvió la polémica generada cien años antes por Dalton sobre la teoría atómica.

Perrin fue el autor de varios libros y disertaciones. Sus publicaciones más destacadas fueron: *Rayons cathodiques et rayons X*, *Les Principes*, *Electrisation de contact*, *Réalité moléculaire*, *Matière et Lumière* y *Lumière et Reaction chimique*.

Premio Nobel en 1926.

211. Paul LANGEVIN (1872-1946). (Francia)

Físico.

A los dieciséis años, entra a la Escuela Superior de Física y de Química Industriales de París (ESPCI).

Los consejos de Curie lo orientan hacia la investigación y la enseñanza.

En 1894, en la Escuela Normal Superior, una beca le permite ir a trabajar durante un año en el Laboratorio Cavendish, de Cambridge, cuna de la física moderna, dirigido por J. J. Thomson, y donde Langevin se hace amigo de Ernest Rutherford.

Se doctoró en La Sorbona, en 1902, bajo la supervisión de P. Curie.

Profesor de Física en el Colegio de Francia y en La Sorbona. Director de la Escuela Municipal de Física en París.

Estudió la teoría cinética de los gases. En 1905, propuso la *ley de Langevin*, que permite establecer las relaciones entre las cantidades observadas y los datos moleculares, o *teoría del paramagnetismo para los gases perfectos*.

Tras el descubrimiento de la piezoelectricidad, Langevin investigó sobre las aplicaciones de las vibraciones ultrasónicas. Los ultrasonidos se reflejan más ampliamente debido a que su longitud de onda es menor que la del rango de sonidos audibles, principio que constituye el fundamento del sonar.

Asimismo, estableció los fundamentos teóricos de la relación inversa, constatada experimentalmente, entre movimiento electrónico paramagnético y temperatura.

Estudió también el movimiento browniano y numerosos aspectos de la termodinámica.

212. Marian SMOLUCHOWSKI (1872-1917). Viena (Austria)

Físico.

Estudió física en Viena. Sus maestros fueron Franz S. Exner, Joseph Stefan y Ludwig Boltzmann.

Trabajó en la Universidad de Munich. Después de varios años en otras universidades —París, Glasgow y Berlín—, ocupó un puesto, en 1899, en la Universidad de Lviv, antes de trasladarse a Cracovia.

En 1906, dedujo la fórmula matemática que explica el movimiento en zigzag de las partículas suspendidas, a partir de consideraciones de la teoría cinética.

En 1908, desarrolló la teoría de las fluctuaciones de densidad de un gas y la amplió en 1914.

Los trabajos de Smoluchowski siguen la tradición de las ideas de Boltzmann. Smoluchowski se trasladó a Cracovia, en 1913, para ocupar la cátedra de Física Experimental del

Departamento de Witkowski, quien durante mucho tiempo deseaba a Smoluchowski como su sucesor.

Su producción científica fue obra fundamental sobre la teoría cinética de la materia. En 1904, fue el primero que señaló la existencia de fluctuaciones de densidad en la fase gaseosa y en 1908 se convirtió en el primer físico en atribuir el fenómeno de la opalescencia crítica a las fluctuaciones de la densidad de gran tamaño.

En sus investigaciones, también le preocupó el color azul del cielo como consecuencia de la dispersión de la luz de las fluctuaciones en la atmósfera, así como la explicación del movimiento browniano de partículas.

Las fórmulas propuestas por Smoluchowski en ese momento llevan su nombre.

En 1906, independientemente de Albert Einstein, describió el movimiento browniano. Smoluchowski presentó una ecuación que se convirtió en base importante de la teoría de procesos estocásticos.

213. Constantin CARATHÉODORY (1873-1950). Berlín (Alemania)

Matemático.

Su padre era diplomático, y su abuelo, profesor de Medicina en Turquía.

Carathéodory estudió ingeniería en la Real Academia Militar de Bélgica, donde fue considerado un estudiante brillante y carismático; luego, en la Universidad de Berlín. Entre los años 1902 y 1904, completó sus estudios de posgrado en la Universidad de Göttingen, bajo la supervisión de Hermann Minkowski.

Durante los años 1908-1920, ocupó diversas posiciones de profesorado en Bonn, Hannover, Breslau, Göttingen y Berlín.

En sus estudios sobre matemáticas aplicadas, analizó, en 1909, sus vinculaciones a la termodinámica, en especial a la *segunda ley*.

En 1909, Carathéodory publicó un trabajo pionero, "Investigaciones sobre los fundamentos de la termodinámica" (*"Untersuchungen über Die Grundlagen der Thermodynamik"*, *Math. Ann.*, 67 (1909), p. 355-386), en el que formuló las leyes de la termodinámica axiomáticamente, utilizando solo conceptos de mecánica y la teoría de las formas diferenciales de Pfaff.

Él expresó la *segunda ley* de la termodinámica a través del siguiente axioma: *en el entorno de cualquier estado inicial, hay estados que no pueden ser abordados a través de cambios arbitrariamente cercanos por medio de cambios adiabáticos de estado.*

Carathéodory acuñó el término *accesibilidad adiabática*. Esta *primera fundación axiomáticamente rígida de la termodinámica* fue apoyada por Max Planck y Max Born.

214. Ludwig PRANDTL (1875-1953). Göttingen (Alemania)

Ingeniero mecánico y doctor en Ingeniería.

Su padre era profesor de Ingeniería.

Profesor en la Universidad de Göttingen y en el Kaiser Wilhelm Institut de Berlín.

Publicó, en 1934, el libro *Fundamentals of Hydro-& Aeromechanics* —junto con el doctor Tietjens—.

Número de Prandtl = $c_p \mu / \kappa$

Este relaciona el calor específico c_p con la viscosidad μ y con la conductividad κ, en los casos de convección.

Autor de numerosos trabajos entre 1905 y 1928.

Estudió la capa límite.
Se le considera fundador de la hidrodinámica y la aerodinámica modernas.

215. Sir James Hopwood JEANS (1877-1946) (Inglaterra)

Físico, matemático y astrónomo.

Educado en el Trinity College, Cambridge. En el examen final de Matemáticas en la universidad, en 1898, recibió el premio Wrangler en segundo lugar..

Fue profesor en Cambridge y luego en la Universidad de Princeton, en 1904, de Matemáticas Aplicadas. Regresó a Cambridge en 1910.

Secretario de la Royal Society.

En 1905, estudió la *ley de equipartición de la energía*.

Realizó importantes contribuciones en muchas áreas de la física, incluyendo la teoría cuántica, la teoría de la radiación y la evolución estelar.

Su análisis de los cuerpos en rotación lo llevó a concluir que la *teoría de Laplace*, el Sistema Solar formado por una sola nube de gas, era incorrecta, proponiendo en cambio que los planetas se condensaron a partir de material extraído del Sol por una hipotética casi colisión catastrófica con una estrella fugaz. Esta teoría no es aceptada hoy en día.

Jeans, junto con Arthur Eddington, es fundador de la cosmología británica.

En 1928, Jeans fue el primero en proponer una teoría del estado estacionario, basado en una hipótesis de la creación continua de materia en el universo. Esta teoría fue descartada cuando, en 1965, el descubrimiento del fondo cósmico de microondas se interpretó generalmente como la *confirmación* del Big Bang.

Su reputación científica se basa en las monografías *Teoría dinámica de los gases* (1904), *Mecánica teórica* (1906) y *Teoría matemática de electricidad y magnetismo* (1908).

Después de retirarse, en 1929, escribió una serie de libros para el público lego, incluyendo *Las estrellas en sus cursos* (1931), *El universo que nos rodea, con espacio y tiempo* (1934), *El nuevo fondo de la ciencia* (1933) y *Misterioso universo, The Dynamical Theory of Gases, An Introduction to the Kinetic Theory of Gases* e *Historia de la física*.

Uno de los grandes descubrimientos de Jeans, con el nombre de *longitud Jeans*, es el radio crítico de una nube interestelar en el espacio. Depende de la temperatura y la densidad de la nube, y la masa de las partículas que componen la nube. Una nube que es más pequeña que su longitud Jeans no tiene gravedad suficiente para superar las fuerzas de presión del gas de repulsión y se condensa para formar una estrella, mientras que una nube que es mayor que su longitud Jeans colapsará.

$$\cdot\lambda_J = \sqrt{\frac{15k_BT}{4\pi Gm\rho}}$$

Jeans también ayudó a descubrir la *ley de Rayleigh-Jeans*, que relaciona la densidad de energía de la radiación del cuerpo negro a la temperatura de la fuente de emisión.

$$f(\lambda) = 8\pi ck\frac{T}{\lambda^4}$$

216. Albert EINSTEIN (1879-1955). Alemania (americano)

Físico y matemático.

Estudió en el Politécnico de Zurich.

Profesor en la Universidad de Berna, en Zurich y en Praga, además de en el Kaiser Wilhelm Institut de Berlín y en el Instituto de Estudios Superiores de Princeton.

En 1906, estudió el movimiento de las partículas en suspensión o movimiento browniano, y dedujo la fórmula matemática que lo rige, a partir de la teoría cinética de los gases.

Propuso la *ley general de las fluctuaciones.*

En 1907, explicó la variación del calor específico con la temperatura, usando el concepto de cuantificación de la energía.

Premio Nobel de Física en 1921.

217. Henry FORD (1863-1947). (Estados Unidos)

Industrial y mecánico.

Aplicó el conocimiento y experiencias acumuladas para construir su primer auto y luego producirlo en masa para abaratarlo y hacerlo accesible a la población.

Su *cuadriciclo* fue introducido en 1896; su compañía, fundada en 1903; y el modelo T, en 1908.

Se le considera como uno de los genios de la industria del siglo XX.

218. Theodore von KARMAN (1881-1963). Húngaro (americano)

Ingeniero.

Estudió ingeniería en la Universidad Técnica Real Joseph —actualmente Universidad de Tecnología y Economía de Budapest—. Se graduó en 1902.

Trabajó con el grupo de Ludwig Prandtl en la Universidad de Göttingen, doctorado en 1908.

Durante cuatro años, dictó cursos en Göttingen.

En 1912, trabajó en el Instituto Aeronáutico de RWTH Aachen. Entre 1915 y 1918, sirvió en el Ejército austro-húngaro; allí realizó el diseño de un helicóptero primitivo. Dejó RWTH en 1930.

Director del Laboratorio Aeronáutico del Instituto de Tecnología de California.

Realizó estudios importantes sobre aerodinámica, termodinámica e hidrodinámica.

Estudió la estela de vórtices, en el movimiento de fluidos, para calcular la resistencia de un cuerpo por medio del teorema de momentos.

Introdujo dos coeficientes adimensionales, el factor de fricción f y el número de convección C como una segunda representación de las teorías combinadas de *impulso* y de *capa límite* (1939).

219. Sir Arthur Stanley EDDINGTON (1882-1944). (Inglaterra)

Astrónomo y físico.

Hijo de padres cuáqueros, Arthur Henry Eddington y Sarah Ann Shout. Su padre enseñaba en una escuela cuáquera, director en Kendal.

En la escuela, demostró ser más capacitado especialmente en matemáticas. Su actuación le valió una beca en el Owens College, en Manchester.

Eddington fue influido por sus profesores de Física y Matemática, Arthur Schuster y Horace Lamb. En Manchester, posteriormente, tuvo la influencia del matemático cuáquero J. W. Graham. Se graduó con honores de primera clase en 1902.

Gonzalo J. Morales M.

Ese mismo año, asistió a la Universidad de Cambridge (Trinity College), donde su tutor fue el distinguido matemático R. A. Herman. En 1904, Eddington se convirtió en el primer estudiante de segundo año que recibió el honor Senior Wrangler. Después de recibir su M. A., en 1905, comenzó la investigación sobre emisión termoiónica en el Laboratorio Cavendish.

Trabajó en el Observatorio de Greenwich.

Director del Observatorio de Cambridge.

En 1923, estudió el coeficiente de absorción de la materia estelar. Estableció una relación teórica entre la masa y la luminosidad de las estrellas. Atribuyó el desplazamiento hacia el rojo de las rayas espectrales de las nebulosas extragalácticas a un efecto Doppler, debido a la expansión del universo.

Escribió *The Internal Constitution of the Stars*, *La expansión del universo*, *Space, Time, and Gravitation* y *The Nature of Physical World*, entre otros.

220. ERNST WILHELM NUSSELT (1882-1957). NUREMBERG (ALEMANIA)

INGENIERO MECÁNICO Y DOCTOR EN INGENIERÍA.

Estudió en la Escuela Técnica Superior de Munich y en Charlotemburg.

Profesor en la Escuela Técnica Superior de Munich.

Publicó, en 1934, el libro *Technische Thermodynamik*.

Número de Nusselt = hL/κ

Este relaciona el coeficiente de transferencia de calor h con la longitud L y la conductividad k en los casos de convección.

Autor de numerosos trabajos entre 1909 y 1928.

En 1916, definió su teoría sobre condensación de película.

221. Otto STERN (1888-1969). Silesia (alemánamericano)

Físico y físico-químico.
Su padre era comerciante en granos.
Estudió en Freiburg y en Munich. Se doctoró en Breslau.
Premio Nobel de Física en 1943.
Miembro de la National Academy of Sciences de los Estados Unidos.
Con Einstein, estudió la llamada *energía en el punto cero*.
Entre 1912 y 1918, se ocupó de la termodinámica estadística.
Estudió la entropía absoluta de un gas monoatómico.
Con Born, estudió la energía superficial de sólidos.

222. Max JAKOB (1879-1955). Ludwigshafen (Alemania) (americano)

Físico e ingeniero electricista.
Graduado en 1902, en la Technical University de Munich.
Doctorado en Munich, en 1904. Desde 1903 hasta 1906, fue ayudante de Knoblauch o en el Laboratorio de Física Técnica, y más tarde se unió al Physikalisch-Technische Reichsanstalt, en Berlín-Charlottenburg, en 1910, donde comenzó su carrera en la transferencia de calor y termodinámica.
Dirigió gran cantidad de trabajos importantes en estos campos, que abarcan áreas tales como vapor y aire bajo alta presión, dispositivos de medición de conductividad térmica, mecanismos de ebullición y condensación, flujo en tuberías y boquillas, y mucho más. Durante este tiempo, escribió más de doscientos documentos técnicos y fue una prolífica fuente de críticas, artículos y debates.

Profesor en el Illinois Institute of Technology y en la Universidad Purdue.

Desde 1919, publicó los resultados de sus investigaciones sobre transferencia de calor. En 1949, escribió su obra *Heat Transfer.*

Recibió un grado honorario de doctor en Ingeniería de la Universidad Purdue, en 1950, y la medalla The Worchester Reed Warner de la American Society of Mechanical Engineers, en 1952.

ASME instituyó, en 1961, el Max Jakob Memorial Award como reconocimiento por sus eminentes aportes en el área de la transferencia de calor, como investigador, educador y autor.

223. Robert H. GODDARD (1882 -1945). Rosbury, Mass (Estados Unidos)

Doctor ingeniero.

Se graduó de ingeniero en el Worcester Polytechnic. Doctorado en la Universidad Clark, donde fue profesor de Física.

Para 1914, había comenzado sus experimentos sobre el vuelo de cohetes, los cuales efectuó posteriormente en Nuevo México, usando propelantes líquidos.

En 1915, solicitó una patente. Sus investigaciones no fueron atendidas a tiempo en los Estados Unidos. Los alemanes estudiaron sus patentes y las utilizaron.

Se le considera uno de los padres de la tecnología sobre cohetes.

Un total de doscientas catorce patentes le fueron concedidas por su trabajo, la mayoría de ellas tras su muerte.

El Centro de Vuelo Espacial Goddard, establecido en 1959, fue llamado así en su honor.

Goddard al lado de su primer motor de cohete, en 1926.

224. Megd Nad SAHA (1894-1956). (India)

Astrofísico teórico.

De padres pobres.

Estudió en Calcuta.

Miembro de la Royal Society.

En 1920, derivó una ecuación que expresa la dependencia del grado de ionización sencilla alfa sobre la temperatura y presión, llamada *ecuación de Saha* en una masa gaseosa.

Expresó la interpretación correcta de los espectros estelares.

Se considera que su teoría es el comienzo de la astrofísica moderna.

Continuó el trabajo de J. Eggert sobre la ionización de la materia en el interior de las estrellas. Fue el primero en explicar las diferencias principales en los espectros estelares, al aplicar la teoría termodinámica de la ionización a las atmósferas estelares.

A sus trabajos se debe, en parte, que la teoría termodinámica de la ionización haya sido aceptada.

225. A. EUCKEN (1894-1950). Jena (Alemania)

Ingeniero e investigador.
Director del Instituto de Físico-Química en la Universidad de Göttingen.
Su padre fue Premio Nobel en 1908.
Desde 1911, publicó los resultados de sus investigaciones sobre transferencia de calor en diversas revistas. En 1934, publicó su obra *Grundriss der Physikalischen Chemie.*
Investigó, en especial, los calores específicos.

226. Hans Albrecht BETHE (1906-2005) (alemán-americano)

Doctor en Física.
Graduado en las universidades de Munich y Frankfurt.
Profesor de Física en la Universidad de Cornell.
Premio Nobel de Física en 1967.
Ha trabajado sobre el origen de la energía y las reacciones nucleares en el Sol y las estrellas calientes, en lo que se ha llamado el *ciclo del carbono.*[19]

227. Subrahmanyan CHANDRASEKHAR (1910-1995). Lahore, India (Estados Unidos)

Astrofísico.
Premio Nobel de Física en 1983.

19   Ver V. Weizsacker.

Entre 1935 y 1940, estudió la estructura interna de las estrellas enanas blancas, esferas de un gas degenerado de electrones.

En 1947, dio una solución aproximada al problema de la transmisión de la radiación procedente de las estrellas y estudió el espectro de absorción del ión hidrógeno negativo presente en la atmósfera solar.

Escribió *Radiative Transfer*.

228. Carl Friedrich von WEIZSÄCKER (1912-2007). Kiel (Alemania)

Físico, astrónomo y filósofo.

Aristócrata, tenía el título de Barón.

Entre 1929 y 1933, estudió física, matemáticas y astronomía en Berlín, Göttingen y Leipzig, supervisado por y en cooperación con Heisenberg y Niels Bohr. El supervisor de su tesis doctoral fue Friedrich Hund.

Su interés especial como joven investigador estuvo en la energía de enlace de los núcleos atómicos y los procesos nucleares en las estrellas.

Junto con Hans Bethe, encontró una fórmula para los procesos nucleares en las estrellas, llamada *fórmula de Bethe-Weizsäcker*, y el proceso cíclico de la fusión en las estrellas —*proceso de Bethe-Weizsäcker*, publicado en 1937—.

En 1957, ganó la Medalla Max Planck.

En 1963, Weizsäcker recibió el Friedenspreis des Deutschen Buchhandels (Premio de la Paz de los Libreros Alemanes). En 1989, ganó el Premio Templeton para el progreso de la religión.

También recibió la condecoración Pour le Mérite.

El Gimnasio Carl Friedrich von Weizsäcker fue instituido en su honor, en la ciudad de Barmstedt, Schleswig-Holstein.

Profesor en el Instituto Max Planck de Göttingen y en la Universidad de Hamburgo.

Descubrió, en 1938, el llamado *ciclo del Carbono*, serie de reacciones nucleares que originan la energía estelar. Desarrolló una teoría sobre la formación de planetas.

Como consecuencia de sus ideas, se aplicó el concepto de movimiento turbulento en las protogalaxias gaseosas a la condensación del material interestelar, al gas primordial en el universo original en expansión y otros temas relacionados con los gases del disco primordial.

229. Ernst Heinrich SCHMIDT (1892-1975). (Alemania)

Doctor ingeniero.

Estudió en Dresden y en Munich.

Profesor y director de la Universidad Técnica de Danzig, donde publicó su *Método para la conducción de calor no uniforme* y, luego, el *Método Schlieren*.

Pionero en el campo de la termodinámica en la ingeniería.

Fue el primero en medir los cambios de temperatura y velocidad en una capa límite de convección.

Desde 1924, publicó los resultados de sus investigaciones sobre transferencia de calor. En 1936, vio la luz su famosa obra *Einführung in die Technische Thermodynamik.*

Su trabajo que indica la analogía entre transferencia de calor y de masa produjo la adopción de un número adimensional, denominado *número Schmidt.*

En 1937, fue director del Instituto para la Propulsión, en el recién fundado Aeronautical Research Establishment de Braunschweig y profesor en esa universidad.

En 1952, Schmidt ocupó el sillón para Termodinámica en la Technical University de Munich, que había sido ocupado anteriormente por Nusselt.

Autor de las *tablas de vapor hasta 800ºC*, preparadas para el VDI, publicadas desde 1937.

230. Sir Frank WHITTLE (1907-1996). Coventry (Inglaterra)

Frank Whittle demonstrating the first jet engine (1937), by Rod Lovesey

Comodoro del aire.

El comodoro del aire Sir Frank Whittle fue un connotado ingeniero aeronáutico del siglo XX. Whittle aseguró que Gran Bretaña fuera la primera en entrar a la era de la propulsión a chorro el 15 de mayo de 1941, cuando el avión *Gloster-Whittle E 28/39* voló exitosamente desde Cranwell. Durante diez horas de vuelo en los siguientes días, ese avión experimental alcanzó una velocidad tope de 370 mph a 25,000 ft. Era mayor que el *Spitfire* u otra máquina convencional impulsada por hélice.

En 1930, cuando estudiaba en la Escuela de la Real Fuerza Aérea, Cranfield presentó su famosa tesis que originó la utilización de la turbina de gas en la aviación.

Solicitó y se le concedió una patente.

Posteriormente, creó la empresa Powerjets, en sociedad con el gobierno inglés.

Para 1941, su diseño fue acogido por la Gloster, la cual construyó el caza *Meteor*.[20]

231. Hoyt C. HOTTEL (1903-1998). Salem, Indiana (Estados Unidos)

Ingeniero.
Graduado en Química, en 1922, la Universidad de Indiana. Postgrado en MIT.
Profesor en el Massachusetts Institute of Technology.
Desde 1930, publicó los resultados de sus investigaciones, especialmente sobre la transferencia de calor por medio de la radiación.

232. William Henry MCADAMS (1892- 1975). Cynthiana, KY (Estados Unidos)

Doctor ingeniero e investigador.
Estudios de doctorado en el MIT y maestría en Ciencias en Ingeniería Química, en 1917.
Licenciado en Química Industrial, 1913; y S. c. D., en 1945.
Profesor de Ingeniería Química en el Instituto de Tecnología de Massachussets desde 1919 hasta 1959 y de Química en la Universidad de Harvard, entre 1925 y 1953.
En 1913, con un Bachelor of Science en Química Industrial, y en 1914, con un grado de Maestría en Ciencias, trabajó con la Goodyear Tire & Rubber Company y otras empresas como ingeniero químico.
Desarrolló, con otros, un gas que iba a ser utilizado como una medida defensiva durante la Primera Guerra Mundial.

---

20   Tomado de Wikipedia.

También desarrolló la válvula de aleteo utilizada en máscaras de gas.

Desde 1927, publicó los resultados de sus investigaciones sobre transferencia de calor.

Autor de más de cuarenta libros y artículos técnicos en el campo de la química y la química ingeniería, llegó a ser reconocido a nivel nacional como una autoridad en la transferencia de calor, destilación y el flujo de los líquidos viscosos.

Publicó, en 1933, su obra *Heat Transmission*, que fue usado como libro de texto.

Miembro del Consejo Nacional de Investigación, del Comité Consultivo Nacional de Aeronáutica, de la American Chemical Society y de la Sociedad Americana de Ingenieros Mecánicos.

233. ERNEST R. G. ECKERT (1904-2004). (ALEMANIA)

Ingeniero mecánico e investigador.

Profesor en la Universidad de Illinois, Chicago, Departamento de Ingeniería Mecánica.

Desde 1935, publicó los resultados de sus investigaciones en el campo de la transferencia de calor.

234. BERNARD LEWIS (1899-19...) INGLATERRA (AMERICANO)

Doctor ingeniero e investigador.

Desde 1939, publicó los resultados de sus investigaciones.

En 1938, junto con Von Elbe, publicó su obra *Combustion, Flames, and Explosions of Gases*.

235. Guenther von ELBE (1903-19…) (alemán-americano)

Doctor ingeniero e investigador.
 Desde 1939, publicó los resultados de sus investigaciones.
 Junto con Lewis, publicó, en 1938, su obra *Combustion, Flames and Explosions of Gases.*

236. S. S. PENNER (1921-19…) (alemán-americano)

Doctor ingeniero e investigador.
 Trabajó en el Jet Propulsion Laboratory del Instituto Tecnológico de California.
 Desde 1950, publicó los resultados de sus investigaciones sobre la transmisión de calor por radiación y otros problemas relacionados con la propulsión a chorro.

237. Hugh Latimer DRYDEN (1898-1965). Maryland (Estados Unidos)

Doctor en Física.
 Miembro de la National Academy of Sciences.
 Deputy Administrador en la NASA.
 Investigador sobre la capa límite.

238. Hermann SCHLICHTING (1907-1982). Balje Elbe (Alemania)

Doctor ingeniero.
 Estudió desde 1926 hasta 1930 matemáticas, física y mecánica aplicada en las universidades de Jena, Viena y Göttingen. En

1930, se doctoró en Göttingen con la tesis *"Über das Ebene Windschattenproblem"* y en el mismo año aprobó el examen de Estado como profesor de Matemática Superior y Física.

Trabajó largos años con Ludwig Prandtl.

Laboró desde 1931 hasta 1935 en el Instituto Kaiser Wilhelm para Investigación de Flujo de Göttingen. Su área de investigación principal fue el líquido que fluye con efectos viscosos. Al mismo tiempo, también comenzó a trabajar en la aerodinámica de perfiles.

En 1935, trabajó en Dornier, Friedrichshafen. Allí realizó la planificación para el nuevo túnel de viento y después se hizo cargo del proyecto.

En 1937, se unió a la Technische Universität Braunschweig, donde, en 1938, se convirtió en profesor.

En 1937, trabajó en la creación del Instituto de Aerodinámica, en el aeropuerto de Braunschweig-Waggum.

Director del Instituto de Investigaciones Aeronáuticas de Göttingen.

Director del Instituto para Aerodinámica Aeronáutica de Braunschweig.

Investigador sobre capa límite.

En 1951, publicó su obra *Grenzschicht-Theorie*. La transición de laminar a turbulencia produce las *ondas Tollmien-Schlichting*, que llevan su nombre.

239. Joseph H. KEENAN (1900-1977). (Estados Unidos)

Ingeniero mecánico y doctor en Ingeniería.

Profesor de Ingeniería Mecánica en el Massachusetts Institute of Technology.

En 1941, publicó el libro *Thermodynamics*.

En 1945, junto con el doctor Joseph Kaye, publicó *Gas Tables - Thermodynamic Properties of Air Products of Combustion and Component Gases.*

240. Alfred SCHACK (19…-19…) (Alemania)

Doctor ingeniero.

Desde 1924, publicó los resultados de sus investigaciones en el campo de la transferencia de calor.

En 1929, publicó *Der Industrielle Wärmeubergang.*

241. Ilya PRIGOGINE (1917-2003). Bélgica, Moscú (Rusia)

Físico.

Su padre, Roman (Ruvim Abramovich) Prigogine, fue ingeniero químico en el Instituto de Tecnología de Moscú; su madre, Yulia Vikhman, era pianista. Abandonaron Rusia en 1921.

Estudió química en la Universidad Libre de Bruselas, donde se doctoró en 1950, y luego se convirtió en profesor.

En 1959, fue nombrado director del Instituto Internacional Solvay, en Bruselas. Luego, comenzó a enseñar en la Universidad de Texas, en Austin, Estados Unidos, donde más tarde fue nombrado profesor regente y luego profesor de Física y de Ingeniería Química.

Desde 1961 hasta 1966, estuvo asociado con el Instituto Enrico Fermi de la Universidad de Chicago.

En Austin, en 1967, fue cofundador del Centro de Sistemas Complejos Quantum. En ese año, regresó a Bélgica, donde se convirtió en director del Centro para la Mecánica Estadística y Termodinámica. Fue miembro de numerosas organizaciones científicas y recibió numerosos premios, además de cincuenta y tres títulos honorarios.

En 1955, Prigogine fue galardonado con el Premio Francqui de Ciencias Exactas. Por su estudio sobre termodinámica irreversible, recibió la Medalla Rumford en 1976.

En 1977, se le otorgó el Premio Nobel de Química.

En 1989, fue galardonado con el título de Vizconde por el Rey de Bélgica.

Hasta su muerte, fue presidente de la Academia Internacional de Ciencias, y en 1997 fue uno de los fundadores de la Comisión Internacional sobre Educación a Distancia (CODE), una agencia mundial de acreditación.

Su contribución es en el campo de la termodinámica de estados de no-equilibrio y en especial en la *teoría de las estructuras disipativas*.

Publicó, en 1980, el libro *From Being to Becoming*.

En 1984, junto con Isabelle Stengers, publicó *Order out of Chaos*.

242. Richard Edler von MISES (1883-1953). Lemberg (Ucrania) - Boston (americano)

Físico, ingeniero, científico y matemático.

Su padre, Arthur Edler von Mises, doctor en Ciencias Técnicas, era experto de los ferrocarriles del Estado austríaco.

Se graduó en matemáticas, física e ingeniería en la Universidad Tecnológica de Viena. En 1905, publicó el artículo *"Zur konstruktiven Infinitesimalgeometrie der ebenen Kurven"*, en la prestigiosa *Zeitschrift für Mathematik und Physik*.

En 1908, recibe su doctorado en Viena —su tesis fue sobre la determinación de las masas del volante en unidades de manivela— y recibió su habilitación de Brunn, hoy Brno —"Teoría de las ruedas hidráulicas"—, para enseñar ingeniería.

En 1909, fue nombrado profesor de Matemáticas Aplicadas en Estrasburgo.

Como piloto, dictó conferencias sobre el diseño de aviones y dio en Estrasburgo el primer curso universitario sobre vuelo a motor, en 1913. En el ejército austro-húngaro, voló como piloto de pruebas e instructor. En 1915, supervisó la construcción de un avión de 600 caballos de fuerza (450 kW), el *Mises-Flugzeug* (*Avión de Mises*), terminado en 1916, que, sin embargo, nunca vio acción.

Ocupó la cátedra de Hidrodinámica y Aerodinámica en la Technische Hochschule Dresden.

En 1919, fue nombrado director —con cátedra— del nuevo Instituto de Matemática Aplicada, creado a instancias de Erhard Schmidt en la Universidad de Berlín.

En 1921, fundó la revista *Zeitschrift für Angewandte Mathematik und Mechanik* y se convirtió en su editor.

Se trasladó a Turquía, donde ocupó la cátedra de Matemáticas Puras y Aplicadas de la Universidad de Estambul.

En 1939, aceptó un puesto en los Estados Unidos, donde fue nombrado, en 1944, profesor de Aerodinámica y Matemática Aplicada de la Universidad de Harvard.

En aerodinámica, Richard von Mises hizo avances notables sobre la capa límite, la teoría del flujo y el diseño de aerodinámica. Desarrolló la teoría de la energía de distorsión de la tensión, que es uno de los conceptos más importantes utilizados por los ingenieros en los cálculos de resistencia del material.

En la mecánica de sólidos, hizo una importante contribución a la teoría de la plasticidad, mediante la formulación de lo que se conoce como criterio del rendimiento de Von Mises. También es a menudo acreditado por el *principio de máxima disipación de plástico*.

243. Lars Onsager (Oslo, 1903-Miami, 1976) (noruego)

Químico.

Graduado en la Universidad Técnica de Trondheim, en 1925. Doctorado en la Universidad de Zurich.

Profesor en la Universidad de Yale y otras casas de altos estudios.

Galardonado con el Premio Nobel en 1968 por su teoría sobre las transformaciones termodinámicas en procesos irreversibles.

La termodinámica clásica estudiaba solo los sistemas aislados, en equilibrio; sin embargo, los sistemas reales ni se encuentran aislados, ni están en equilibrio.

Su principal contribución fue la formulación de una expresión matemática general para explicar el comportamiento de procesos irreversibles, que se ha llegado a considerar como la *cuarta ley* de la termodinámica, respecto de la cual dedujo las relaciones que llevan su nombre.

Sus trabajos sobre los sistemas alejados del equilibrio pasaron casi inadvertidos en su tiempo, pero luego fueron reconocidos con la concesión del Premio Nobel.

La relación de reciprocidad de Onsager expresa la igualdad de ciertas relaciones entre flujos y fuerzas en sistemas termodinámicos fuera de equilibrio, pero en los que existe noción de equilibrio local.

Como ejemplo, se observa que las diferencias de temperatura en un sistema conducen a que el calor fluya desde la zona más caliente hacia la más fría del sistema. Del mismo modo, las diferencias de presión conducen a que la materia fluya desde la zona de más alta presión hacia la de más baja presión. Puede observarse experimentalmente que cuando ambas, temperatura y presión, varían, las diferencias de presión pueden causar flujos de calor y las diferencias de temperatura pueden causar flujos de materia. Y lo que es aún más sorprendente, el flujo de calor por unidad de presión de diferencia y la densidad de materia que fluye por unidad de temperatura de diferencia son iguales.

Lars Onsager realizó la demostración de que esta era una relación necesaria, utilizando física estadística.

Existen relaciones recíprocas similares entre diferentes pares de fuerzas y flujos en distintos sistemas físicos. La teoría desarrollada por Onsager es mucho más general que el anterior ejemplo y con ella se pueden tratar más de dos fuerzas termodinámicas al mismo tiempo.

Conclusiones

Esta etapa abarca los trabajos e investigaciones de sesenta y tres investigadores, esencialmente alemanes, franceses, ingleses y norteamericanos. Entre estos están Reynolds, Rankine, Planck y Diesel.

También aparecen las grandes invenciones, tales como el automóvil, el aeroplano, el cohete y la producción en masa.

Concurrentemente, se publican numerosos libros sobre termodinámica y su evolución, además del inmenso desarrollo y ampliación de conocimientos sobre el calor y sus aplicaciones. Se intensifican las relaciones de este campo con la termodinámica estelar, se estudian las propiedades electromagnéticas del Sol y los cometas, se introduce el concepto de energía potencial —Margules, 200—, el espectro del cuerpo negro —Planck, 201—, la evolución estelar —Jeans, 215—, la materia estelar —Eddington, 218—, el espectro estelar —Saha, 223—, las reacciones nucleares en el Sol y las estrellas —Saha, 223; Bethe, 225— y la radiación desde las estrellas —Bethe, 225; Chandrasekhar, 226—.[21]

Ha sido un período muy prolífico.

---

21   Los números que aparecen a continuación de los nombres corresponden a la secuencia en que fueron escritos en este texto.

Capítulo VI
Termodinámica biológica

La humana

Clausius demostró que, en la naturaleza, la entropía siempre crece. La conclusión más importante es: cuando un sistema, aislado bajo el punto de vista térmico, pasa de un estado a otro, la entropía no puede disminuir nunca; si las transformaciones son reversibles, la entropía permanece invariable, pero en toda transformación irreversible la entropía crece. De este aumento perpetuo de la entropía en la naturaleza, Clausius pudo deducir que nuestro mundo tiene un sentido fijo, una evolución determinada, una marcha hacia un fin.

Introducción

Entre las características fundamentales de los seres vivos están su capacidad de movimiento y el hecho de que en su seno se producen constantemente transformaciones y procesos que les permiten crecer o adaptarse a otras condiciones, las cuales, al modificarse o deteriorarse, pueden propiciar su desaparición. Plantas, animales y el hombre, para crecer y ejercer funciones, requieren realizar un trabajo, y, para lograrlo, consumen energía, al igual que cualquier máquina. Se puede decir que los seres vivos constituyen un buen ejemplo de máquinas perfectas.

En nuestro mundo, el planeta Tierra, tales funciones se cumplen dentro de condiciones estrictas y exigentes: una son los límites de temperatura que nos permiten cumplir la mayoría de los procesos y otra está constituida por el papel que desempeña la luz. Es decir, ambas condiciones señalan que todos los procesos que regulan las actividades de los seres vivos se cumplen dentro de las leyes enunciadas de la termodinámica, además de otras de la física. Es decir, los seres vivos requieren de energía en cualquiera de sus manifestaciones para cumplir sus funciones y poseen órganos capaces de transformarla y almacenarla. A continuación, se analizarán algunos ejemplos de procesos vitales de transformación y utilización de energía.

Sin embargo, no puede establecerse una separación entre los procesos vitales de los seres vivos y la naturaleza íntima de estos, así como también del origen de la vida. Continuando y comparando este análisis, es importante indagar y obtener conclusiones sobre el origen del universo, ya que, en sus procesos iniciales, bien pudieron haber ocurrido fenómenos que generaron vida, dadas condiciones aptas para que esta apareciese.

Hay concordancia científica en que la vida pudo haber partido de un nivel poco complicado, el cual fue haciéndose más complejo durante los siguientes millones de años, en el proceso que se ha denominado *evolución*.

Dos de las características fundamentales de la naturaleza, además de la evolución constante, son la conservación y la organización, todo lo cual es, también, propiedad de los seres vivos. Sin embargo, con respecto a aquella última, convendría, posteriormente, llevar a cabo un análisis y una comparación.

EL ORDEN BIOLÓGICO Y LA ENERGÍA

Los seres vivos están integrados por células.

Las células deben obedecer las leyes de la física y de la química. Las reglas de la mecánica y de la conversión de una forma de energía en otra aplican igualmente a una célula o a una máquina de vapor. Sin embargo, hay características intrigantes en una célula que, a primera vista, podrían colocarla en una categoría especial. Es una experiencia común que las cosas que se abandonan eventualmente pueden desordenarse: los edificios se desmoronan, los organismos decaen y mueren, las teorías se modifican u olvidan. Esta tendencia general se expresa en la *segunda ley* de la termodinámica, que dice: en cualquier sistema aislado, el grado de desorden solo puede aumentar.

Lo intrigante es que los organismos vivos mantienen, en cada nivel, un alto grado de orden; y, a medida que se alimentan, se desarrollan y crecen, parecen crear este orden de materias primas del que carecen. El orden es imperativamente aparente en grandes estructuras, tales como *el ala de una mariposa o el ojo de un pulpo, en estructuras subcelulares tales como una mitocondria o un cilio, y en la forma y disposición de moléculas de las cuales están construidas estas estructuras.* Los átomos constituyentes han sido capturados de un estado relativamente desorganizado en su entorno y encajado en una estructura precisa. Aun una célula que no crece requiere procesos constantes de ordenamiento para sobrevivir, ya que todas sus estructuras organizadas están sujetas a accidentes espontáneos y deben ser reparadas continuamente. ¿Cómo es esto posible termodinámicamente? Veremos que la respuesta yace en el hecho de que la célula está constantemente disipando calor a su entorno; por lo tanto, la célula no es un sistema aislado, desde el punto de vista termodinámico.

El orden biológico es posible por la descarga de energía calorífica de las células.

La destrucción de la vida

Los seres vivos se caracterizan por su actividad física: se alimentan, desplazan, suben, descansan. También, algunos están facultados para pensar —dentro de los conceptos aceptados—, como el hombre. Todas estas actividades se realizan gracias a la disponibilidad y al consumo de energía. Esta energía se logra introduciendo alimentos al organismo —entre otros, glucosa— y transformándolos.

El organismo humano, para funcionar, requiere diariamente una ingestión de 2000 a 2800 Kcal, para lo cual necesita que las mitocondrias reciban alrededor de 250 kilogramos de glucosa por año —de los diversos alimentos—.

El proceso anterior se desarrolla, fundamentalmente, en la mitocondria, componente de la célula que actúa como transformador de glucosa y generador de energía. Es una especie de batería que va generando la energía requerida por el organismo del ser vivo.

Homeóstasis

Consiste en el mantenimiento de un ambiente constante, apropiado, en las células vivas, particularmente con respecto a la temperatura, la concentración salina, el pH y el nivel de azúcar en la sangre. Condiciones estables son importantes para el funcionamiento eficiente de las reacciones enzimáticas en las células. En cuanto a los humanos, la homeostasis en la sangre —que provee fluidos para todos los tejidos— está asegurada por varios órganos: los riñones regulan el pH, la urea y la concentración acuosa; los pulmones regulan el oxígeno y el dióxido de carbono; la temperatura es regulada por el hígado y por la piel; el nivel de glucosa en la sangre es regulado por el hígado y por el páncreas.[22]

Las células corporales requieren estar en un ambiente donde las condiciones no varían demasiado y nunca alcanzan extremos dañinos. Se considera como un *ambiente interno* el de las células corporales. La homeostasis consiste en el mantenimiento estable de este ambiente interno. Se llaman *procesos homeostáticos* a los procesos especiales que mantienen estables todos los sistemas.

Las condiciones reguladas en la homeostasia incluyen la temperatura, el nivel de glucosa sanguíneo, el contenido acuoso en el cuerpo y el valor del dióxido de carbono y de urea contenidos en la sangre. Las células corpóreas están inmersas y bañadas en fluido, el cual procede de la sangre, que suple a las células de sales minerales, tales como la glucosa.

No se puede permitir que el nivel de glucosa descienda, por ser requerida todo el tiempo por las células como combustible para la respiración. Tampoco se permite que su nivel sea muy alto, por ser dañino.

La hormona *insulina* mantiene constantes los niveles de glucosa en la sangre, al aumentar su admisión en las células y estimulando en el hígado la conversión de glucosa en glicógeno.[23]

LA REGULACIÓN DE TEMPERATURA

Es la habilidad que tiene un organismo para controlar la temperatura interna de su cuerpo. Los animales que dependen del medio ambiente para la temperatura de su cuerpo —y en consecuencia, poseen una temperatura variable— se conocen como *ectotermos* o de *sangre fría* —como las serpientes—. Los animales que poseen una temperatura constante en su cuerpo, independiente del ambiente, son conocidos como *endotermos*

---

22   Ver Anexo 11
23   Ver Anexo 11.

—los mamíferos— o animales de *sangre caliente*. Su temperatura es regulada por el hipotálamo, en el cerebro.

Los ectotermos disponen de medios ambientales para el control de la temperatura: se pueden calentar exponiéndose al Sol y enfriar protegiéndose del Sol. En el clima frío, su metabolismo es más lento y se vuelven menos activos.[24]

Los endotermos pueden también regular su temperatura por medios ambientales, pero, asimismo, pueden usar procesos metabólicos y físicos de regulación. La piel juega un papel importante. El calor puede disiparse por sudoración: el agua secretada se evapora de la piel y produce enfriamiento. El calor puede disiparse también por medio de los capilares que están cerca de la superficie de la piel, que se encuentran bañados en sangre y pierden calor por radiación. De la misma manera, el calor puede ser retenido al desviar la sangre desde los capilares superficiales, lo cual produce un color pálido en el ambiente frío.

LA TERMODINÁMICA DEL CUERPO HUMANO Y LAS CARACTERÍSTICAS BIOFÍSICAS DE LA ENERGÍA TÉRMICA

A continuación, se incorporan secciones de un importante trabajo, original del doctor Jakub Taradaj.[25]

LA ENERGÍA TERMAL

Según la *segunda ley* de la termodinámica, el calor fluye siempre de un cuerpo caliente a uno más frío. Según la *primera ley*, el cambio en la energía interna de una sustancia es igual a la

---

24   Ver Anexo 11.
25   Director del Departamento de Biofísica Médica, Universidad de Silesia, Escuela de Medicina ul. Medyków 18, brote. C2.- 40 - 752 Katowice. Polonia. (Ref. 20) (Tomado de Wikipedia).

cantidad de calor absorbido por la sustancia menos la cantidad de trabajo realizado:

$$\delta E = \delta Q - \delta W$$

Todo, de acuerdo con la ley de conservación de la energía.

El calor es medido en calorías, donde 1 cal = 4.186 J [Joules].

La cantidad de movimiento al azar de los componentes de una sustancia —átomos y moléculas— está relacionada con la temperatura de esa sustancia.

TEMPERATURAS NORMALES DEL CUERPO

TEMPERATURA INTERNA Y TEMPERATURA DE LA PIEL

La temperatura de los tejidos profundos del cuerpo —*el núcleo*— permanece casi exactamente constante, dentro de +0-1 grado F, cada día, excepto cuando la persona desarrolla una enfermedad febril. En efecto, una persona desnuda puede ser expuesta a temperaturas tan bajas como 55°F (12,8°C) o tan altas como 130°F (54,4°C) en aire seco, y aún mantiene una casi constante temperatura interna del cuerpo.

La temperatura de la piel, en contraste con la temperatura interna, sube y baja con la temperatura del ambiente. Esta es la temperatura importante cuando nos referimos a la capacidad de la piel para perder calor al medio exterior.

Se considera generalmente que la temperatura normal media está entre 36,6°C y 37,2°C (96,8°F y 98.6°F), cuando es medida oralmente, y aproximadamente 1 grado F más alto cuando es medida rectalmente.

La temperatura del cuerpo es controlada por la producción de calor al balancear la producción de calor contra su pérdida.

Cuando la relación de producción de calor en el cuerpo es mayor que la relación de su pérdida, el calor aumenta en el cuerpo y su temperatura aumenta. A la inversa, cuando la pérdida de calor es mayor, ambos, el calor del cuerpo y su temperatura, disminuyen.

PRODUCCIÓN DE CALOR

La producción de calor es un subproducto principal del metabolismo. Los factores más importantes que determinan la relación de producción de calor son: la relación basal de metabolismo para todas las células del cuerpo; la relación de metabolismo suplementario causada por la actividad muscular —incluyendo contracciones musculares causadas por escalofríos—; el metabolismo suplementario causado por el efecto de la hormona tiroxina y la testosterona en las células; el metabolismo suplementario causado por el efecto de la epinefrina, la norepinefrina y el estímulo simpático en las células; y el metabolismo suplementario causado por el aumento en la actividad química de las células mismas, sobre todo cuando incrementa la temperatura de la célula.

PÉRDIDA DE CALOR

La mayor parte del calor producido en el cuerpo es generado en los órganos profundos, sobre todo en el hígado, el cerebro, el corazón y los músculos esqueléticos durante el ejercicio. Entonces, este calor es transferido de los órganos más profundos y los tejidos a la piel, donde es perdido al aire y al medio ambiente. Por lo tanto, la relación a la cual es perdido el calor se determina, casi completamente, por dos factores: cuán rápidamente puede ser conducido el calor de donde es producido internamente a la piel y cuán rápidamente puede ser transferido entonces de la piel al medio ambiente.

El cambio de energía completo entre el organismo y el ambiente es presentado como:

$$S = M + o - C_v + o - C_d + o - R - E$$

M: una producción metabólica de calor.

C_v, C_d, R: energía rechazada o admitida bajo la influencia de C_v: una convección; C_d: una conducción; R: una radiación. E: calor eliminado bajo la influencia de la evaporación. En fisiología, una persona desnuda bajo las condiciones de temperatura de una habitación —aproximadamente, 21° Celsius— pierde energía termal, debido a la radiación —60%—, la evaporación —25%—, la conducción —8%— y la convección —7%—.

RADIACIÓN

La pérdida de calor por radiación significa la pérdida por la acción de los rayos infrarrojos. La mayor parte de los rayos de calor infrarrojos que irradian del cuerpo tienen longitudes de onda de 5 a 20 micrómetros, diez a treinta veces las longitudes de onda de los rayos de luz. Todos los objetos que no están a la temperatura cero absoluto irradian tales rayos.

El cuerpo humano irradia rayos de calor en todas direcciones. Los rayos de calor también están siendo irradiados de las paredes y otros objetos hacia el cuerpo. Si la temperatura del cuerpo es mayor que la temperatura de los alrededores, una cantidad mayor de calor es irradiada del cuerpo de lo que es irradiado hacia el cuerpo.

CONDUCCIÓN

Cantidades pequeñas de calor son normalmente perdidas del cuerpo por conducción directa desde su superficie hacia otros objetos, tales como una silla o una cama. Por otra parte, la pérdida de calor por conducción hacia el aire ambiente representa realmente una proporción importante de la pérdida de calor del cuerpo, aun hasta bajo condiciones normales.

El calor es resultado de la energía cinética del movimiento molecular y las moléculas de la piel están continuamente sometidas a un movimiento vibratorio. La mayor parte de la energía de este movimiento puede ser transferida al aire si este es más frío que la piel, incrementando así la velocidad de movimiento de las moléculas de aire.

Una vez que la temperatura del aire inmediatamente adyacente a la piel iguala la temperatura de esta, no ocurre pérdida adicional alguna de calor, porque ahora una cantidad igual de calor es conducida del aire al cuerpo. Por lo tanto, la conducción de calor del cuerpo al aire está autolimitada, a no ser que el aire caliente se aleje de la piel, de modo que el aire nuevo, no caliente, sea continuamente traído en contacto con la piel.

CONDUCCIÓN DE ENERGÍA EN EL TEJIDO

Tipo de tejido energía conducción	Coeficiente de
Congestión de piel	0.0035
Piel normal	0.0012
Congestión de músculo	0.0015
Músculo normal	0.0012

A consecuencia del factor más importante, un flujo de sangre del tejido.

Convección

La remoción de calor del cuerpo por corrientes de aire ocurre por convección al medio ambiente; es decir, el calor debe ser primero transferido al aire y luego removido. Una pequeña cantidad de transferencia por convección ocurre casi siempre alrededor del cuerpo, debido a la tendencia del aire adyacente a la piel a elevar su temperatura cuando se calienta.

Evaporación

Ocurre principalmente en las glándulas sudoríparas. Si la temperatura del cuerpo humano está a nivel normal —por debajo de 37ºC—, la evaporación de 1 litro de sudor hace perder aproximadamente 2.4 MJ —580 Kcal— del organismo. Incluso cuando una persona no suda, el agua se evapora insensiblemente de la piel y los pulmones a una tasa de aproximadamente 450 a 600 ml por día. Esto causa la pérdida continua de calor a una rata de 12 a 16 Kcal por hora.

La tasa metabólica basal (BMR)

Es la velocidad de metabolismo del organismo, cuando permanece en un estado de comodidad física y psicológica, así también de temperatura, después de al menos doce horas desde el último esfuerzo físico y después de ocho horas de dormir.

Es el monto de energía necesaria para sobrevivir y proteger las funciones vivas básicas. La relación metabólica basal está relacionada con el trabajo de los sistemas:
- 1/4 del total para el sistema nervioso.
- 1/5 del total para el hígado.
- 1/15 del total para los riñones.

- 1/15 del total para el corazón.
- El resto de la energía para el trabajo de los músculos.

La demanda diaria media de energía es de alrededor de 2000 a 3000 Kcal. El consumo de energía depende del estilo de vida de la persona, según el sexo y la edad; asimismo, según sea sedentaria o muy activa. A continuación, se ofrecen varios ejemplos:

- Una mujer entre 19 y 30 años: 2000 a 2400 Kcal por día.
- Un hombre entre 19 y 30 años: 2400 a 3000 Kcal por día.
- Un atleta: 7000 a 10000 Kcal por día.
- Un minero de carbón: 6000 Kcal por día.

El valor de energía para varias actividades

Tipo de actividad	Valor de la energía (kJ/min)
Posición parado	6 - 10
Posición sentado	3 - 7
Caminando	5 - 22
Conduciendo un auto	4 - 5
Limpiando	23 - 26
Jugando voleibol	14 - 39
Corriendo	25 - 44
Esquiando	16 - 31

EL IMPACTO DE LA ENERGÍA TERMAL EN EL CUERPO HUMANO

LA ACTIVIDAD LOCAL DEL FACTOR FRÍO

La primera fase, basada en el espasmo de vasos sanguíneos situados en la piel —un efecto de palidez—. Después viene la segunda fase, que produce la apertura de los vasos sanguíneos superficiales y, de hecho, la reacción de hyperaemia. El proceso presentado es conocido en fisiología como *ondas de Lewis*.

LA ACTIVIDAD LOCAL DEL FACTOR CALIENTE

En el primer momento, los vasos sanguíneos de la piel son abiertos. Después de la hyperaemia arterial en la piel, comienza a aparecer una reacción cianótica.

EL IMPACTO DE LOS FACTORES FRÍOS EN EL SISTEMA CIRCULATORIO

Una hypovolaemia —una disminución del volumen de sangre circulatorio—, una bradycardia —una disminución de los parámetros funcionales del corazón: una salida cardíaca y eyección volumen—, una disminución de la resistencia periferal vascular, un aumento de la tensión arterial.

EL IMPACTO DE LOS FACTORES CALIENTES EN EL SISTEMA CIRCULATORIO

Una hipervolaemia —un aumento del volumen de sangre circulatorio—, una taquicardia —un aumento de los parámetros de corazón funcionales: una salida cardíaca y eyección volumen—, una disminución de la resistencia vascular periférica, una caída de tensión arterial.

EL IMPACTO DE LOS FACTORES FRÍOS EN EL SISTEMA RESPIRATORIO

Un aumento de la ventilación pulmonar por minuto, acidosis respiratoria.

EL IMPACTO DE LOS FACTORES CALIENTES EN EL SISTEMA RESPIRATORIO

Un aumento —300 al 400%— de la ventilación pulmonar por minuto, una hiperventilación, alkalosis respiratoria.

EL IMPACTO DE LOS FACTORES TERMALES —TANTO CALIENTE COMO FRÍO— EN EL METABOLISMO

Hipersecreción gástrica, una hiperperistalsis en la extensión alimentaria.

EL IMPACTO DE LOS FACTORES FRÍOS EN EL SISTEMA URINARIO

Una hiperuresis —si es un corto impulso de tiempo—, una oliguresis —si es un largo impulso de tiempo—.

EL IMPACTO DE LOS FACTORES CALIENTES EN EL SISTEMA URINARIO
Una hiperuresis.

EL IMPACTO DE LOS FACTORES FRÍOS EN EL SISTEMA ENDOCRINO

Un aumento de la adrenalina, noradrenalina, histamina, rhenina y nivel de tiroxinosis.

El impacto de los factores calientes en el sistema endocrino

Un aumento del acetilocholine y nivel ácido adenil.

En medicina se pueden usar varios factores termales. Una rama del reconocimiento médico es la termoterapia. Se distinguen algunos factores termales, pero se pueden presentar dos importantes.

Primero es la radiación infrarroja (IRR) La IRR es una radiación invisible en el espectro electromagnético, situada entre la radiación roja visible y las microondas —longitud de onda 770–15 000 nm—. Esta radiación es aplicada por medio de lámparas especiales.

Otro procedimiento es la diatermia de microondas, que aplica sobrecalentamiento sobre el tejido por medio de impulsos. Se utiliza el campo electromagnético de alta frecuencia.

La crioterapia es parte de la medicina física, basada en los factores fríos.

Metabolismo

Se reconocen muchas definiciones, algunas de las cuales se ofrecen a continuación.

Los procesos químicos en la célula viva se denominan, colectivamente, metabolismo.

Metabolismo es la relación a la cual el cuerpo quema calorías con el objeto de sostener la vida.

Metabolismo es la tasa de uso de la energía en nuestro cuerpo. Si nos mantenemos sin comer durante un período largo de tiempo, el metabolismo se hace más lento.

Metabolismo es la suma de todos los procesos químicos que ocurren en el cuerpo humano, relacionados con el movimiento de los nutrientes en la sangre luego de la digestión, dando por resultado el crecimiento, la energía, liberación de desechos y otras funciones corpóreas.

Metabolismo son los procesos del cuerpo para combinar nutrientes con oxígeno, para liberar la energía requerida para que nuestros cuerpos puedan realizar un trabajo. Esta energía, medida en calorías, se utiliza para mantener el cuerpo en funcionamiento.

LA CONVERSIÓN DE ENERGÍA: LA MITOCONDRIA

Las mitocondrias son organelos envueltos en una membrana, distribuidos en el citosol de la mayor parte de las células eucarióticas. Su número en la célula varía desde unos cientos hasta miles, en células muy activas. Su función principal es convertir en ATP la energía potencial de las moléculas de alimentos.

Las mitocondrias tienen:

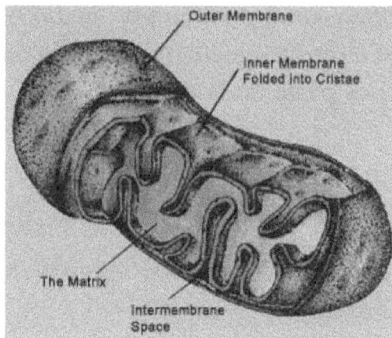

La membrana interna, que está compuesta por plegamientos denominados cristae, que se proyectan en la matriz.

- Una membrana exterior que envuelve la estructura completa.
- Una membrana interna que envuelve una matriz llena de líquido.
- Entre las dos está el espacio intermembrana.
- Un número pequeño —entre 5 y 10— de moléculas circulares de DNA.

El número de mitocondrias en una célula puede:

- Aumentar por medio de su fisión —ejemplo: después de la mitosis—.
- Disminuir al fundirse unas con otras.

Defectos en cualquier proceso pueden producir enfermedades, en algunos casos fatales.

LA MEMBRANA EXTERNA

La membrana externa contiene muchos complejos de proteínas integrales de la membrana, que forman canales a través de los cuales se mueve una variedad de moléculas o iones hacia adentro y hacia afuera de la mitocondria.

LA MEMBRANA INTERNA

La membrana interna contiene cinco complejos de proteínas integrales de la membrana:

- NADH deshidrogenasa (Complejo I).
- Succinato de deshidrogenasa (Complejo II).
- Citocroma c reductasa (Complejo III, también conocido como complejo b-c1).
- Citocroma c oxidasa (Complejo IV).
- Sintasa ATP (Complejo V).

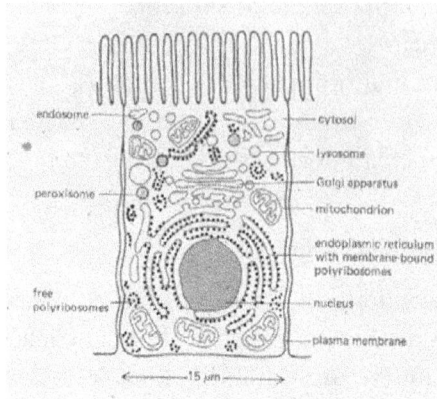

La figura anterior[26] representa una célula animal, donde se observan los principales compartimientos intracelulares: el citosol, el retículo endoplásmico, el aparato de Golgi, el núcleo, la mitocondria, el endosoma, el lisosoma y el peroxisoma son distintos compartimientos aislados del resto de la célula por, al menos, una membrana permeable selectiva.

LA MATRIZ

La matriz contiene una mezcla compleja de enzimas solubles que catalizan la respiración del ácido pirúvico y otras moléculas orgánicas pequeñas.

Aquí, el ácido pirúvico está:

- oxidado por el NAD^+, produciendo $NADH + H^+$;
- decarboxilado, produciendo una molécula de dióxido de carbono (CO_2) y un fragmento de 2-carbono acetato, enlazado con la coenzima A, formando acetil-CoA.Las mitocondrias convierten la energía a formas que pueden ser usadas para movilizar las reacciones celulares. Su función especializada se refleja en su característica

26   Reprod. de Bibliog., Ref. 17.

morfológica más importante: el monto alto de membrana interna que contienen. Esta membrana cumple dos papeles cruciales en la función de estos organelos convertidores de energía. Primero, eucariótico, provee el marco para los procesos de transporte de electrones usados para convertir la energía de las reacciones de oxidación en formas más útiles —particularmente en ATP—. Segundo, incluye un compartimiento interno amplio que contiene enzimas que catalizan otras reacciones celulares.

La mitocondria ocupa una fracción sustancial del citoplasma de casi todas las células eucarióticas.

Una célula eucariótica está elaboradamente subdividida en compartimientos separados por membranas, fundamentalmente distintos. Cada compartimiento u organelo contiene su propio grupo de enzimas diferentes y otras moléculas especializadas, y sistemas complejos de distribución trasladan productos específicos de un compartimiento a otro.

Es esencial comprender, en la célula eucariótica, lo que ocurre en cada uno de estos compartimientos, cómo se mueven las moléculas entre estos y de qué manera los compartimientos son creados y mantenidos.

Las proteínas desempeñan una parte central en la compartimentalización de la célula eucariótica. Ellas catalizan las reacciones que ocurren en cada organelo y transportan, selectivamente, moléculas pequeñas hacia afuera y hacia adentro de su interior o *lumen*.

También sirven como marcadores específicos de superficie de los organelos que dirigen las nuevas entregas de proteínas y de lípidos al organelo apropiado. La célula de un mamífero contiene alrededor de diez billones de moléculas de proteínas de unos diez mil tipos, aproximadamente, y la síntesis de casi todos estos comienza en el citosol. Entonces, cada nueva proteína sintetizada es entregada, específicamente, al compartimiento celular que lo requiere.

Las proteínas se pueden mover entre compartimientos de dos maneras fundamentales diferentes: primero, pueden ser transportadas directamente a través de la membrana, pasando de un espacio topológicamente equivalente al citosol a un espacio topológicamente equivalente al exterior de la célula, o viceversa. Esto requiere un translocalizador de proteínas en la membrana, y la molécula de proteína, en general, debe desdoblarse para poder deslizarse. El movimiento inicial de proteínas selectas desde el citosol al lumen ER es un ejemplo. Segundo, las proteínas pueden ser movidas entre departamentos por medio de *vesículas de transporte*. Estas vesículas capturan un cargamento de moléculas del lumen de un compartimiento y luego lo descargan en otro compartimiento, a medida que se funden con este, tal como en la transferencia de proteínas solubles desde el ER al aparato de Golgi.

El ER o retículo endoplásmico es un compartimiento en forma de laberinto, donde son sintetizados lípidos y proteínas de membranas celulares, así como materiales destinados a salir fuera de la célula.

Uno de los sitios adonde se dirigen las vesículas es el aparato de Golgi o cuerpos de Golgi. Estos lucen como pilas de burbujas de agua. Se comportan como departamentos de despacho y recepción de la célula. Los materiales son recibidos a medida que las vejigas se unen con el aparato de Golgi y son enviados a otro sitio cuando otras vejigas se alejan. Los materiales son almacenados temporalmente en los cuerpos de Golgi y otras reacciones químicas tienen lugar allí.

Las mitocondrias queman glucosa como combustible en el proceso de respiración celular: constituyen el *motor* de la célula. A medida que el azúcar es quemada, una mitocondria desvía varios compuestos químicos en la membrana interna —desde la matriz hacia o desde el espacio intermembrana—.

Las células de las plantas contienen normalmente otro tipo de organelo que no se encuentra en los animales: cloroplastos. Los cloroplastos convierten la energía luminosa —solar— en energía química, vía el proceso de fotosíntesis. El pigmento principal —color verde— localizado en los cloroplastos e involucrado en la fotosíntesis es la clorofila. Los cloroplastos están rodeados de una membrana externa y otra interna, separadas por un espacio intermembrana. El fluido que está en el centro del cloroplasto se denomina estroma. Dentro de este fluido hay un sistema interconectado de pilas de discos, parecidos a tortas de burbujas de agua. Cada pila se denomina *thylakoide*, que contiene clorofila y otros pigmentos útiles construidos dentro de sus membranas. Una pila de thylakoides se denomina *granum*.

Se ha sugerido que los cloroplastos y las mitocondrias pueden haberse originado de invasores procarióticos. La evidencia indica el hecho de que ambos organelos contienen su propio DNA —separado del correspondiente al núcleo— y programan alguna de su propia síntesis de proteína —pero no toda—. Ellos controlan su propia réplica dentro de la célula y a menudo se mueven dentro de la célula y cambian de forma. Ambas están rodeadas de dos membranas con doble capa, lo cual sugiere una membrana originada de la membrana de plasma de la célula y otra de la membrana de plasma del invasor hipotético. Esto es interesante, debido a la manera como los huevos humanos y la esperma se forman y unen; mientras que la mitad del DNA en el núcleo del nuevo embrión formado proviene de la madre, la otra mitad proviene del padre, ya que la esperma no transfiere ninguna de sus mitocondrias al hijo; el DNA mitocondrial proviene solo de la madre. Esto ha permitido realizar estudios interesantes al trazar las relaciones entre varios grupos étnicos mundiales, basados en el DNA mitocondrial.

El citoesqueleto está constituido por varios tipos de proteínas especiales. Los microtúbulos son tubos huecos hechos de proteínas globulares. Más notablemente, se encuentran en la cilia, en las flagelas y en los centriolos. La disposición de microtúbulos en la cilia y en las flagelas consiste en nueve dobletes alrededor del borde y dos microtúbulos sencillos en el centro, donde todos van a lo largo de la estructura. A esto se le denomina *fórmula nueve-más-dos*.

En los centríolos, los microtúbulos están dispuestos en nueve juegos de a tres cada uno. Las células animales tienen, típicamente, un par de centríolos localizados exactamente afuera del núcleo y orientados a un ángulo recto uno de otro.

Los microfilamentos son también parte del citoesqueleto y están hechos de rodillos sólidos de proteínas globulares.

La respiración celular

La respiración celular es el proceso de oxidar las moléculas de alimentos, tales como la glucosa, y convertirlas en dióxido de carbono y agua. La energía liberada queda atrapada en forma de ATP para usarla en todas las actividades consumidoras de energía de la célula.

El proceso ocurre en dos fases:

- La glicólisis o ruptura de la glucosa y conversión en ácido pirúvico.
- La oxidación completa del ácido pirúvico en dióxido de carbono y agua.

Outer membrane: Membrana externa
Inner membrane: Membrana interior
Intermembrane space: Espacio inter-membrana
Crista: Crista
Matrix: Matrix

Outer membrane

Inner membrane

Matrix

Crista

Intermembrane space

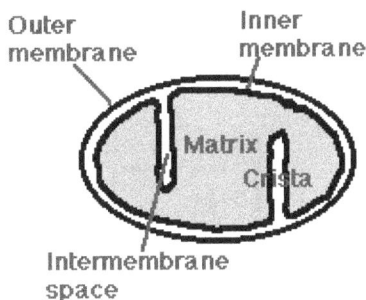

En los eucariotas, la glicólisis ocurre en el citosol. Los demás procesos tienen lugar en la mitocondria.[27]

EL CICLO DEL ÁCIDO CÍTRICO O CICLO DE KREBS

Descubierto por el científico alemán Hans Krebs, bioquímico. Sus principales trabajos de investigación giran alrededor del análisis del metabolismo de la célula, fundamentalmente en la trasformación de los nutrientes en energía. Descubrió que todas las reacciones conocidas dentro de las células estaban relacionadas entre sí, nombrando a esta sucesión de reacciones *ciclo del ácido cítrico* (1937).

El ciclo de Krebs se puede representar tal como se observa en las dos figuras que siguen, o también en la siguiente, en idioma español:

El *ciclo del ácido cítrico* es el conjunto de reacciones energéticas que se producen en los tejidos de los mamíferos, traducidas por la formación y descomposición repetidas del ácido cítrico, con eliminación de anhídrido carbónico.

Otras investigaciones desarrolladas por Krebs incluyen aspectos fundamentales de la urogénesis (1932) y el descubrimiento de la importancia de los ácidos tricarboxílicos

---

27   Reprod. de Bibliog., Ref. 18.

—ácido cítrico, ácido isocítrico, ácido aconítico, etcétera—, en la respiración aerobia.

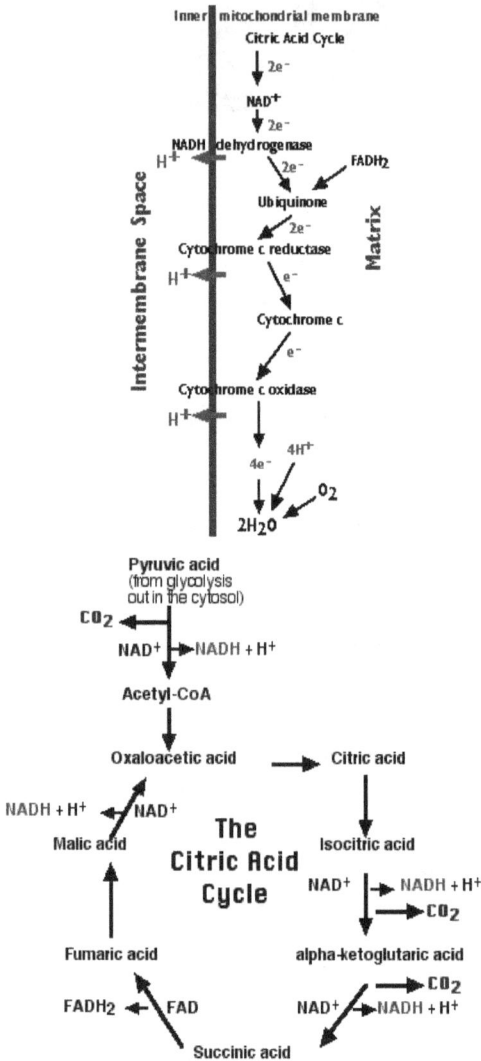

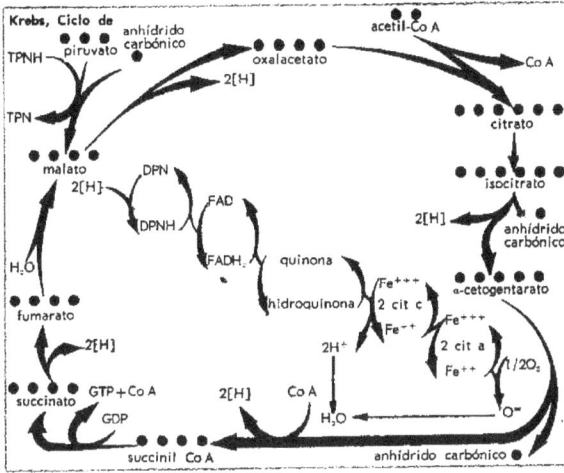

Obtuvo el Premio Nobel de Fisiología o Medicina en el año 1953, compartido con Fritz Lipmann, codescubridor de la *coenzima A*.

Este fragmento de 2-carbones es donado a la molécula de ácido oxaloacético.

La molécula resultante de ácido cítrico —que da su nombre al proceso— realiza una serie de etapas enzimáticas mostrada en el diagrama anterior.

El paso final regenera una molécula de ácido oxaloacético y el ciclo está listo para recomenzar.

Es decir:

- Cada uno de los tres átomos de carbono presentes en el piruvato que entraron a la mitocondria la abandonan en forma de una molécula de dióxido de carbono (CO_2).

- En el paso cuatro, un par de electrones ($2e^-$) es removido y transferido a NAD^+, reduciéndolo a NADH + H^+.

- En un paso, un par de electrones es removido del ácido succinico para reducir FAD a $FADH_2$.

Las mitocondrias humanas contienen de cinco a diez moléculas idénticas, circulares de ADN. Cada molécula contiene 16 569 pares de bases que codifican 37 genes, incluyendo ARNR (rRNA) ribosomales, ARN de transferencia (ARNt) y trece polipéptidos. Las trece proteínas son una parte importante de los complejos de proteínas en la membrana interna mitocondrial. Además de la producción de energía, las mitocondrias desempeñan una función en varias otras actividades celulares. Por ejemplo, las mitocondrias ayudan a regular la autodestrucción de las células —apoptosis—. También son necesarias para la producción de sustancias tales como el colesterol y la hemo —componente de la hemoglobina, la molécula que transporta oxígeno en la sangre—.

Los electrones de NADH y FADH$_2$ son transferidos a la cadena de transporte de electrones.

LA CADENA DE TRANSPORTE DE ELECTRONES

En el curso de su desplazamiento en esta cadena de transporte de electrones, estos, que son derivados por la oxidación de alimentos ricos en electrones, caen sucesivamente a niveles de energía más bajos. Parte de la energía liberada se dedica a bombear protones de un lado de la membrana al otro, y esto genera un gradiente electroquímico de protones en la membrana. La energía almacenada en este gradiente luego es usada para mover reacciones catalizadas por las enzimas incrustadas en la membrana. En las mitocondrias, la mayor parte de la energía se usa para convertir la ADP en ATP.

La cadena de transporte de electrones consiste en tres complejos de proteínas integrales de la membrana:

- El complejo (I) NADH de hidrogenasa.
- El complejo (III) de citocroma c reductasa.
- El complejo (IV) de citocroma c oxidasa y dos moléculas difusibles libremente.
- Ubiquinona.
- Citocroma c,

que mueven electrones de un complejo al siguiente.

La cadena de transporte de electrones se lleva a cabo:

- Por medio de la transferencia de electrones por etapas de NADH (y $FADH_2$) a moléculas de oxígeno para formar —con la ayuda de protones— moléculas de agua (H_2O).[28]
- Además, utiliza la energía liberada por esta transferencia para el bombeo de protones (H^+) de la matriz al espacio intermembrana.
- También, aproximadamente veinte protones son bombeados en el espacio intermembrana a medida que los cuatro electrones necesarios para reducir el oxígeno a agua pasan a través de la cadena respiratoria.
- El gradiente de protones formado en la membrana interna por este proceso de transporte activo forma una batería en miniatura.
- Los protones pueden regresar con este gradiente, reentrando en la matriz, solo a través de otro complejo integral de proteínas en la membrana interna, el complejo sintasa ATP —como veremos luego—.

QUIMIÓSMOSIS EN LA MITOCONDRIA

La energía liberada a medida que los electrones bajan en el gradiente de NADH a oxígeno está restringida por tres complejos de enzimas de la cadena respiratoria (I, III y IV) para bombear protones (H+) contra su gradiente de concentración desde la matriz de las mitocondrias hasta el espacio intermembrana —un ejemplo de transporte activo—.

A medida que la concentración aumenta allí —que es igual a decir que el pH disminuye—, se establece un fuerte gradiente de difusión. La única salida para estos protones es a través

28   El citocroma c solo puede transferir un electrón cada vez, así el citocroma c oxidasa debe esperar hasta que haya acumulado cuatro de ellos antes de poder reaccionar con oxígeno.

del complejo ATP sintasa. Al igual que en los cloroplastos, la energía liberada —a medida que estos protones fluyen con su gradiente— está restringida a la síntesis del ATP. El proceso es denominado quimiósmosis y es un ejemplo de difusión facilitada.[29]

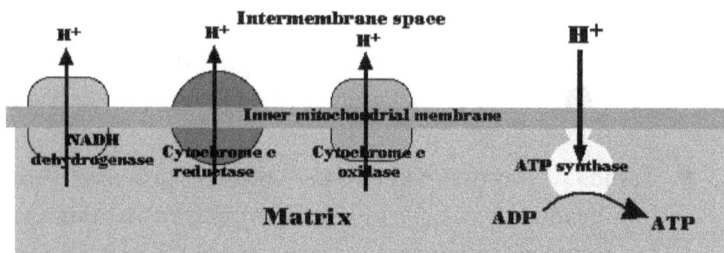

Proceso de quimiósmosis.[30]

Síntesis del ATP

Se puede intentar ver la síntesis del ATP como un simple asunto de estequiometría —las relaciones fijas de reactantes a productos en una reacción química—; empero, con tres excepciones, no es así.

La mayor parte del ATP es generado por el gradiente de protones que se desarrolla en la membrana interna de la mitocondria. El número de protones bombeados, al tiempo que los electrones salen del NADH a través de la cadena respiratoria para convertirse en oxígeno, es teóricamente lo suficientemente grande para generar, a medida que retorna a través de la ATP sintasa, tres ATPs por par de electrones — pero solo dos ATPs por cada par donado por el $FADH_2$—.

---

29   El Premio Nobel de Química de 1997 fue compartido por Paul D. Boyer y John E. Walker por su descubrimiento de cómo trabaja la sintasa.

30   Tomado de Wikipedia.

Con doce pares de electrones removidos de cada molécula de glucosa:

- 10 por el NAD$^+$ (así, 10 x 3 = 30);
- y 2 por el FADH$_2$ (así, 2 x 2 = 4),
- esto puede generar 34 ATPs.

Al añadir a esto los cuatro ATPs que son generados por las tres excepciones se llega a 38.

Empero:

- La energía almacenada en el gradiente de protones es también utilizada para el transporte activo de varias moléculas e iones a través de la membrana interna mitocondrial y dentro de la matriz.
- El NADH es también usado como agente reductor en muchas reacciones celulares.

Así, la producción real de ATP, a medida que la mitocondria respira, varía con las condiciones. Es probable que muy raramente exceda los 30.

LAS TRES EXCEPCIONES:

Una producción estequiométrica de ATP ocurre en:

- Un primer paso, en el ciclo del ácido cítrico, produce dos ATPs para cada molécula de glucosa. Este paso es la conversión de ácido alfa-ketoglutárico a ácido sucinico.

A dos pasos, en la *glicólisis*, produce dos ATPs para cada molécula de glucosa.

DNA MITOCONDRIAL (MTDNA)

La mitocondria humana contiene cinco a diez moléculas idénticas, circulares, de DNA. Cada una consiste en 16 569 pares base, acarreando la información para 37 genes que codifican:

- 2 moléculas diferentes de RNA ribosomal (rRNA).
- 22 moléculas diferentes de transferencia de RNA (tRNA) —al menos una para cada aminoácido—.

- 13 polipéptidos.

Las moléculas rRNA y tRNA son usadas en la maquinaria que sintetiza los 13 polipéptidos.

Los 13 polipéptidos participan en la producción de varios complejos proteínicos incrustados en la membrana *interna mitocondrial e.*

- 7 subunidades que producen la *deshidrogenas* a NADH mitocondrial.
- 3 subunidades de *oxidasa* c citocroma.
- 2 subunidades de *sintasa* ATP.
- *Citocroma b.*
- Cada uno de estos complejos de proteínas requiere también subunidades que están codificadas por genes nucleares, sintetizadas en el citosol, y transferidas del citosol a la mitocondria. Los genes nucleares también codifican -900 otras proteínas que deben ser introducidas a la mitocondria.

Mutaciones en el mtDNA ocasionan enfermedades en los humanos.

Un número de enfermedades son ocasionadas por mutaciones en los genes en nuestras mitocondrias:

- Citocroma b.
- 12S rRNA.
- Sintasa ATP.
- Subunidades de deshidrogenasa NADH.
- Varios genes tRNA.

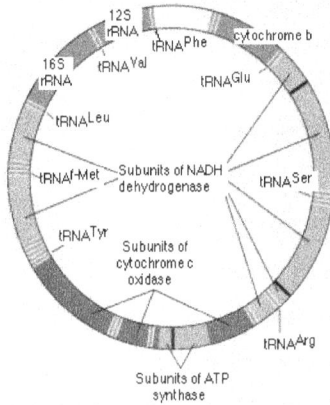

Aun cuando muchos órganos diferentes pueden ser afectados, los desórdenes de los músculos y el cerebro son los más comunes. Quizás esto refleja la gran demanda de energía de estos órganos —aunque representa solo 2 por ciento del peso de nuestro cuerpo, el cerebro consume 20 por ciento de la energía producida cuando estamos en descanso—.

Algunos de estos desórdenes son heredados en la línea de gérmenes. En cada caso, el gen mutante es recibido de la madre, debido a que ninguna de las mitocondrias en el esperma sobrevive en el huevo fertilizado. Otros desórdenes son somáticos: es decir, la mutación ocurre en los tejidos somáticos del individuo.

Se ha encontrado que cierto número de humanos que sufre de fatiga muscular tiene mutaciones en el gen de su citocroma b. Curiosamente, solo la mitocondria en sus músculos tiene la mutación; el mtDNA de sus otros tejidos es normal. Se presume que muy temprano en su desarrollo embriónico ocurrió una mutación en un gen del citocroma b en la mitocondria de la célula destinada a producir los músculos.

La gravedad de las enfermedades mitocondriales varía grandemente. Esto se debe probablemente a la amplia mezcla del DNA mutante y el DNA normal en

la mitocondria cuando se funden uno con otro. Una
mezcla de los dos es denominada heteroplasmia. Mientras
mayor sea la relación de mutante a normal, será mayor la
gravedad de la enfermedad. En realidad, solo por chance,
las células pueden en alguna ocasión terminar con todas
sus mitocondrias, acarreando solo genomas que son todos
mutantes, una condición denominada homoplasmia —
fenómeno parecido al *genetic drift*—.

El DNA mitocondrial se hereda de la madre y el mtDNA
está presente en cinco a diez copias por cada mitocondria.
Cuando las mitocondrias se dividen, las copias de DNA
mitocondrial están divididas al azar entre las dos nuevas
mitocondrias. Si solo unas cuantas copias de mtDNA
heredadas son defectuosas, la división mitocondrial puede
causar que la mayor parte del mtDNA defectuoso resida en una
de las mitocondrias nuevas. Por esta razón, las enfermedades
mitocondriales a menudo solo resultan aparentes cuando el
número de mitocondrias afectadas alcanza un cierto nivel. Las
mutaciones en el DNA mitocondrial son comunes debido a
que los mecanismos de comprobación de errores durante la
replicación del DNA nuclear están ausentes. El impacto de la
enfermedad mitocondrial puede variar ampliamente, desde el
ejercicio leve de intolerancia hasta los efectos letales de todo el
sistema.

Muchas de las características del sistema genético
mitocondrial son similares a las halladas en el de las bacterias.
Esto ha reforzado la teoría de que las mitocondrias son los
descendientes evolucionados de una bacteria que estableció
una relación endosimbiótica con los antepasados de células
eucarióticas temprano en la historia de la vida en la Tierra.
Sin embargo, muchos de los genes necesarios para la función
mitocondrial se han movido desde entonces al genoma
nuclear.[31]

---

31   Tomado de Wikipedia.

El cuerpo humano se mantiene y puede operar con una temperatura corpórea de 37,2ºC. Así, mantiene su vigor. Es decir, los síntomas de una buena salud deben indicar que todos los procesos internos productores de energía deben estar sincronizados para mantener la temperatura humana a 37,2ºC.

Si dicha temperatura disminuye y se hace inferior a ese valor, el cuerpo se resiente y da señales de que no tiene energía suficiente para trabajar.

Si la temperatura aumenta, el cuerpo indica que hay elementos que están alterando ese organismo y puede producir efectos deteriorantes.

La orina, el sudor y demás excreciones del cuerpo deben, todas, mantener esa sincronización.

La sangre, un fluido, al circular, produce fricción en las paredes y arterias, lo que contribuye a mantener esa temperatura.

Como resultado de toda esa sincronización de movimiento de flujos, queda identificado el metabolismo.

En el lenguaje popular, para el ser humano se establece que *cabeza fría y pies calientes* es una señal de buena salud; podríamos cotejar este *dicho* con la *segunda ley* de la termodinámica: hay transferencia de calor de un sector caliente a otro frío: mientras el cuerpo mantiene su temperatura prescrita, hay flujo de calor; cuando ocurre su desaparición, viene el deceso, todos los procesos vitales se interrumpen y cesan de funcionar; entonces, el cuerpo se enfría y es el fin.

En este capítulo se ha visto el papel fundamental que ejerce la mitocondria en el mantenimiento de la vida en los seres vivos. Es una máquina perfecta, motivo por el cual la podemos incluir entre las máquinas.

A lo largo de este capítulo, aun cuando no mencionado, resalta el nombre de un investigador: el de Adolph Fick, quien alrededor de 1850, como resultado de sus investigaciones,

Gonzalo J. Morales M.

concibió y escribió la obra trascendental *Medical Physics*, antecesora de todas las que vinieron después relacionando la biología con la física, la termodinámica, las matemáticas. Nuestro recuerdo imperecedero para ese pionero.

Requisitos estimados en kilocalorías para cada sexo y grupo de edad, según su actividad física

Sexo	Edad (años)	Nivel de actividad		
		Sedentaria	Moderada mente activa	Activa
Mujer	4 - 8	1200	1400 - 1600	1400 - 1800
Mujer	19 - 30	2000	2000 - 2200	2400
Mujer	31 - 50	1800	2000	2200
Mujer	51+	1600	1800	2000 - 2200
Hombre	14 - 18	2200	2400 - 2800	2800 - 3200
Hombre	19 - 30	2400	2600 - 2800	3000
Hombre	31 - 50	2200	2400 - 2600	2800 - 3000
Hombre	51+	2000	2200 - 2400	2400 - 2800

Fuente: HHS/USDA Dietary Guidelines for Americans (2005).

Podríamos concluir: *todos los procesos biológicos son irreversibles.*

Capítulo VII
La termodinámica estelar

Materia, energía, espacio y tiempo, todo lo que existe forma parte del universo, de magnitud desconocida. Es muy grande, pero no infinito; de serlo, habría infinita materia en infinitas estrellas, y no es así. En cuanto a la materia, el universo es, sobre todo, espacio vacío. La materia no se distribuye de manera uniforme, sino que se concentra en lugares concretos: planetas, estrellas, galaxias. Sin embargo, el 90 por ciento del universo es una masa oscura. Contiene galaxias, cúmulos de galaxias y supercúmulos o estructuras de mayor tamaño, además de materia intergaláctica.

"¿Cómo comenzó el universo?", fue el título de la Conferencia Anual "Emilio Segré", en el California Institute of Technology, pronunciada por el profesor Andrew Lange a finales de 2009. Allí, informó sobre la investigación que permite la comprensión actual de cómo comenzó el universo y de lo que está hecho. Se sabía que se estaba expandiendo, pero se asumía que la velocidad de expansión era más lenta, debido a la gravedad. También se sabía que todo el cielo brillaba con microondas de radiación producidas por el Big Bang, el restante de microondas cósmicas (CMB) que proporciona una instantánea del universo cuando tenía unos 400 mil años.

Anisotropías descubiertas en el CMB después han demostrado que el universo tiene una geometría plana y se está expandiendo a un ritmo acelerado.

Rich Muller utilizó supernovas distantes como candelas estándar para medir la densidad de masa del universo.

Saul Perlmutter (Premio Nobel 2011) condujo el *Supernova Cosmology Project* para descubrir que la *energía oscura* está acelerando la expansión del universo.

Bill Holzapfel encuentra cómo la energía oscura se convierte en factor de energía en la evolución del universo.

Paul Richards y otros descubren, en 1994, las diminutas fluctuaciones de temperatura en las restantes microondas cósmicas (CMB).

Hay variaciones de temperatura del CMB a través de todo el cielo, así como también hay anisotropías del CMB.

Andrew Lange, Devlin y otros, después de medir las fluctuaciones de la temperatura del CMB, establecieron que, además de materia normal y la misteriosa materia oscura, se necesita otro componente, la aún más misteriosa *energía oscura* para componer la densidad de energía que implica estas mediciones. Este componente aparenta ser también necesario para explicar la aceleración de la expansión del universo, inferida a partir de las observaciones de supernovas de tipo 1a.

Lange estudió también el efecto Sunyaev Zel'dovich, por el cual el gas caliente en cúmulos de galaxias imprime una firma característica en el CMB. Se hace un esfuerzo especial para establecer la escala de energía de inflación —una medida de la temperatura del Big Bang—.

Bob Lin ha desarrollado y evolucionado el campo de la física solar de alta energía, especialmente el estudio de la emisión de rayos equis y rayos gamma, producto de erupciones solares.[32]

Las teorías sobre el calor conocidas a mediados del siglo XIX y el descubrimiento de la entropía indujeron a

---

32   Las anteriores son algunas de las investigaciones desarrolladas por el Departamento de Física, en la Universidad de California, en Berkeley.

Clausius a concluir que el universo marchaba hacia un fin. Posteriormente, Slipher, Hubble y Eddington introducen la teoría sobre la expansión del universo. En definitiva, ambas teorías se complementan.

Las investigaciones sobre el calor, que posteriormente condujeron a la creación de la termodinámica, persuadieron a los astrofísicos del siglo XX a crear la teoría del Big Bang y, después, a desarrollar una teoría más avanzada sobre la creación y orígenes del universo.

La astrofísica nace como una secuencia lógica de todas esas observaciones, análisis y conclusiones. Hoy en día, los bosones de Higgs, la antimateria —antihidrógeno—, explosiones estelares, energía oscura, son resultado de todo ese cúmulo de experimentaciones y teorías.

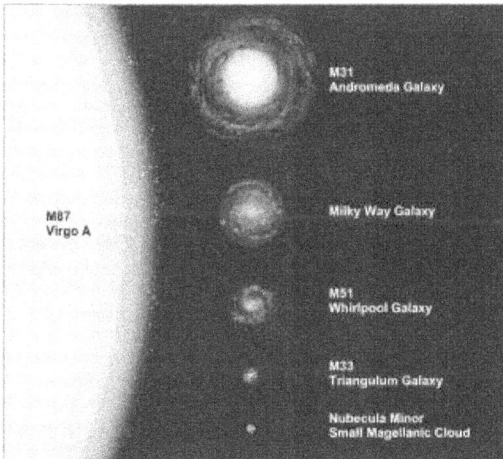

Esquema de la NASA.[33]

Durante toda la historia conocida del hombre, hasta el siglo XVI, solo fue posible estudiar el Sol y demás astros por medios visuales directos. Cuando se inventa el telescopio (Gali-

---

33   Tomado de Wikipedia.

leo, 1590), se abre un campo mayor a la observación, al poder magnificar los objetos distantes; empero, es realmente en los siglos XIX y XX, al perfeccionar e intensificar el uso de la espectroscopía, cuando la observación astronómica recibe el impulso que mantiene hoy en día, al emplear métodos similares a los usados en el estudio de las temperaturas de gases calientes y de llamas.

Tratemos ahora de emplazarnos en las primeras décadas del siglo XX para seguir el pensamiento de los primeros astrofísicos, creadores de esta fascinante ciencia.

Las primeras observaciones sobre los diversos cuerpos del espacio, en especial el Sol, eran solo por medios visuales y apenas se relacionaban con la luz, el brillo y el calor recibido; posteriormente se añadió también la temperatura. Cuando se profundiza la utilización de la espectroscopía surge la posibilidad de determinar características de la temperatura exterior de las estrellas.

A Newton, el espectro solar le pareció como una banda continua de colores. En 1802, Wollaston observó ciertas líneas oscuras que cruzaban el espectro solar. Cuando Fraunhofer examinó el espectro solar con mayor detalle, descubrió seiscientas líneas oscuras. Kirchhoff demostró, en 1859, que un cuerpo sólido o líquido, o un gas comprimido, producen un espectro continuo. Se pudo explicar, entonces, que esas líneas oscuras en el espectro solar corresponden a la capacidad de un cuerpo para detener o absorber la luz de una longitud de onda particular, la cual es proporcional a su potencia, para producir la misma luz.

El análisis espectral detecta sustancias químicas en las atmósferas estelares, que difieren de una estrella a otra: en algunas predomina el helio; en otras, el oxígeno, el hidrógeno, el calcio, el hierro, el óxido de titanio. En consecuencia, hubo que considerar una atmósfera con material cuya composición es fija, con superficie superior libre y densidad incrementando hacia abajo.

Los principios para calcular la distribución de temperatura interna fueron establecidos por Lane en el trabajo que citaremos luego y han sido utilizados desde entonces.

El campo gravitacional que irradia del interior y la energía radiante que brota también del interior de la estrella controlan juntas las condiciones en la capa superficial o atmósfera examinada con el telescopio y el espectroscopio.

Cuando avanzan los desarrollos de la termodinámica, y al relacionar el interior de las estrellas con los gases perfectos, es cuando se aplican las leyes que los rigen con el interior estelar.

Las leyes de los gases perfectos fueron aplicadas, al igual que en los problemas terrestres.

Lockyer clasificó estrellas según la secuencia de temperaturas ascendentes o descendentes.

La *teoría de las gigantes y las enanas* fue desarrollada, en 1913, por Hertzsprung y Russell, quienes revivieron así las ideas de Lane y Lockyer. De acuerdo con esta teoría, algunas estrellas pueden dividirse en dos grupos, unas ascendiendo y otras descendiendo, unas aproximándose a los gases perfectos y las otras a un gas muy imperfecto, que se comportaba de manera similar a un líquido. La serie de las ascendentes o gigantes tiene un mayor volumen que las descendentes o enanas.

Capella es una estrella binaria espectroscópica descubierta en 1899. Fue escogida por ser la única estrella difusa —gigante— que había sido observada con exactitud. Las líneas de sus dos componentes no son desiguales en brillo; por lo tanto, las líneas de ambas pueden ser vistas en el espectro. Se ha observado visualmente como una estrella doble.

Con el objeto de obtener valores numéricos de la temperatura en el interior de una estrella fue preciso tener datos sobre la masa M, el radio R, el peso molecular medio del material μ y el valor de gamma ⊠.

La presión de la radiación es extremadamente pequeña; empero, tiene gran importancia en el equilibrio de una estrella. En su interior es tan intensa que esa presión no es menospreciable. En un punto en su interior, la presión por radiación en conjunto con la presión del gas tiene la tarea de soportar el peso de las capas superiores de material. Es proporcional a la cuarta potencia de la temperatura y tiene un valor de:

- 2550 atmósferas a 1 000 000 K.
- 25 500 000 atmósferas a 10 000 000 K.

Eddington (1925) expresó que el interior de una estrella era una mezcla de átomos, electrones y ondas de *éter*, por lo cual tuvo que apelar a los más recientes descubrimientos de la física atómica para tratar de explicar lo que ocurría allí. Al intentar expresarlo, encontró que estaba explorando el interior de un átomo.

La opacidad del material estelar fue determinada de acuerdo con el proceso de absorción expuesto en las teorías de la física. Se encontró entonces que la opacidad en un punto promedio en el interior de la estrella tenía un valor aproximado de 100 unidades CGS. Por ejemplo, en una región de Capella, donde la densidad es igual a la de nuestra atmósfera, si tomamos una lámina de seis pulgadas de grosor, dos tercios de la radiación que cae sobre la lámina será absorbida por esta y solo un tercio transmitido. Esto producía una opacidad muy alta. Tal resultado fue recalculado después.

Expresa Eddington: *"De manera cuantitativa, la energía es conservada; de manera cualitativa, hay un cambio continuo unidireccional en el carácter de la energía en el universo".*

En la termodinámica de la radiación se aplican las leyes de Stefan y de Wien.

En la interacción de la radiación con la materia, la teoría del equilibrio de la materia y la radiación a temperatura constante depende de un principio, que es una generalización del principio de los intercambios. Tal intercambio conduce a la *teoría de los cuantos* de Planck.

Como consecuencia de todas esas observaciones y comprobaciones, astrónomos y matemáticos elaboraron los fundamentos matemáticos para determinar características interiores de las estrellas.

El estudio y la observación de la constitución de las estrellas, durante el siglo XX, ha conducido a comparaciones y a derivar similitudes con fenómenos físicos que ocurren en la Tierra. Es importante la observación efectuada hace algún tiempo de explosiones en algunas estrellas, bajo características similares a las ocurridas en experimentos nucleares, tales como las de fusión nuclear —bomba de hidrógeno—. Esas comparaciones han sido de gran trascendencia en el desarrollo de la física moderna y han tenido gran participación en los avances de la astrofísica: púlsares, quarks, agujeros negros, agujeros blancos y de gusano son resultado de las investigaciones de Eddington, Jeans, Saha, Chandrasekhar, Von Weizsäcker, Gamow, Bethe, Hawking y tantos otros.

Al principio, no parecía posible que la profundidad interior del sol y de las estrellas fuera accesible a la investigación científica. El estudio de sus campos gravitacionales y de la energía radiante que emana de su interior caliente permite, mediante métodos adecuados, estimar su constitución interna. Esas dos claves permiten establecer una cadena de deducciones, para tal fin, empleando las reglas más elementales de la naturaleza: la conservación de la energía y de la cantidad de movimiento, las leyes de la probabilidad y de los promedios, el *segundo principio* de la termodinámica, las propiedades fundamentales del átomo y otras.[34]

Las observaciones efectuadas permitieron deducir que las estrellas consisten enteramente en gases, los cuales obedecen

_____
34   Ver Eddington, Ref. 19, Cap. 1, p. 2 y ss.

leyes comparativamente sencillas. El material gaseoso que forma el interior de las estrellas es aún más sencillo en sus propiedades físicas que el aire atmosférico. Debido a las temperaturas extremadamente altas, los átomos de ese gas están disociados en núcleos atómicos solos y electrones libres. Los conocimientos acumulados sobre física atómica permiten predecir las características de tal gas con un alto grado de certidumbre y se pueden derivar fórmulas confiables y sencillas para sus propiedades mecánicas, ópticas y eléctricas.

Utilizando tales fórmulas y analizando las condiciones físicas observadas en la superficie de una estrella se pueden determinar, paso a paso, las condiciones prevalecientes en las capas más profundas para, finalmente, obtener los valores de temperatura, presión y densidad en el núcleo mismo.

Estos cálculos fueron efectuados primeramente para el Sol y demostraron que en su centro la temperatura debe ser de alrededor de 20 millones de grados —mediciones posteriores la estiman en 15 millones de grados—, y la densidad, alrededor de cien veces mayor que la del agua. Aplicando el mismo método para otras estrellas, Eddington halló que su temperatura central es cercana, también, a los 20 millones de grados. Debe notarse que esta temperatura corresponde a la temperatura de ignición de las reacciones termonucleares, causantes de las luminosidades constantes de estrellas estudiadas.

EL CONCEPTO DE EQUILIBRIO TERMODINÁMICO LOCAL

Se dice que una atmósfera se encuentra en equilibrio termodinámico local cuando es posible definir en cada punto de la atmósfera una temperatura T, tal que los coeficientes de absorción (κ_v) y de emisión (T_v) están relacionados de acuerdo con la ecuación de Kirchhoff-Planck.

$$j_\nu = \kappa_\nu B_\nu(T) \quad \text{and} \quad B_\nu(T) = \frac{2h\nu^3}{c^2} \frac{1}{e^{h\nu/kT} - 1}.$$

$$(1)$$

La utilidad del concepto de equilibrio termodinámico local, en astrofísica, se desprende del factor de que provee una idea conveniente para situaciones donde participa una multiplicidad de procesos en la absorción y emisión de radiación de una longitud de onda dada y donde no existe una correlación única entre acciones particulares de absorción y emisión. Tales situaciones se encuentran cuando se considera el origen del espectro continuo de las estrellas. Así, en la atmósfera solar, la fuente principal de absorción continua es el ión negativo de hidrógeno. Ya que la afinidad electrónica del hidrógeno es de 0,75 e.v., la fotoionización del ión por radiación de, por ejemplo, 5000 Å, dará por resultado la eyección de un electrón con energía cinética de unos 3,6 e.v.; y, debido a que la energía cinética media de los electrones en la atmósfera solar es del orden de 1 e.v., el electrón eyectado perderá rápidamente su energía por las colisiones elásticas e inelásticas. Más aún, los electrones en la atmósfera solar son, mayoritariamente, suplidos por la ionización de elementos tales como Ca, Na, Mg, Fe, Si, etcétera, debido a la radiación que está más allá de sus respectivos límites en la serie.

En consecuencia, una evaluación estricta de los coeficientes de absorción y emisión continua en la atmósfera solar debe incluir la consideración de los equilibrios de ionización-recombinación del H- y de todos los elementos que contribuyen a la concentración de los electrones libres, de las colisiones elásticas e inelásticas de los electrones con átomos neutros de hidrógeno, y, en general, de otros procesos que sean relevantes al establecimiento de una distribución de velocidad entre los electrones. La importancia del H- como factor principal en el análisis de las atmósferas estelares se ha hecho más clara al estudiar el origen de los espectros continuos de las estrellas.

El campo gravitacional que emana del interior y la energía radiante que fluye al exterior, conjuntamente, controlan las condiciones en la capa delgada o atmósfera examinada con el telescopio y el espectrógrafo. El análisis espectral detecta en las atmósferas estelares sustancias químicas que difieren de una estrella a otra: en algunas, se encuentra oxígeno; en otras, hidrógeno o helio, calcio, carbono y otras sustancias. Sin embargo, la identificación del espectro de un material no quiere decir que este se encuentre con mayor abundancia en esa estrella; esa es solo una indicación de las condiciones físicas de temperatura y densidad favorables para excitar el espectro respectivo.

Por lo tanto, hay que considerar una atmósfera con material de composición fija, con una superficie superior libre y con densidad que aumenta hacia abajo. Su estado físico —distribución de densidad, temperatura y presión, y, en consecuencia, sus propiedades de radiación y ópticas— dependerá por entero de las influencias extrañas controlantes a que esté sometido; y estas influencias extrañas son la fuerza de gravedad que la sujetan a la estrella y el flujo de calor radiante que recibe de abajo.

Con el objeto de permanecer en un estado estable, la atmósfera deberá ajustarse a permitir el paso del calor radiante, procedente de abajo. Así, las condiciones superficiales dependen de dos parámetros: el valor de g en la superficie y la *temperatura efectiva* T. La temperatura efectiva es una medida convencional que especifica la rata de flujo de calor radiante al exterior por unidad de superficie; no debe considerarse como la temperatura de algún nivel significativo en la estrella.

La intensidad del flujo de energía desde el interior depende de dos factores, uno de ayuda y otro que lo dificulta. El calor fluye de una temperatura mayor a otra menor y la causa del flujo dentro de la estrella debe ser una temperatura gradualmente en incremento desde la superficie hasta el centro. El factor de dificultad consiste en la obstrucción opuesta por la materia a la transmisión de este flujo de calor. Se encontrará que en una estrella el calor es trasmitido casi enteramente por radiación y que la obstrucción al flujo de radiación corresponde a *la opacidad o coeficiente de absorción* del material estelar. El problema planteado consistía, por lo tanto, primeramente, en hallar la distribución de temperatura dentro de la estrella, de modo de determinar el gradiente de temperatura que impulsa al flujo; en segundo lugar, determinar la opacidad que posee la materia bajo las condiciones físicas prevalecientes en el interior.[35]

J. Homer Lane,[36] en 1870, publicó el trabajo "On the Theoretical Temperature of the Sun, Under the Hypothesis of a Gaseous Mass Maintaining Its Volume by Its Internal Heat, and Depending on the Laws of Gases as Known to Terrestrial Experiment".

Posteriormente, Ritter, Lord Kelvin, Emden y otros continuaron sus investigaciones, ampliándolas. Lane llegó al resultado sorprendente, de que si una estrella se contrae, la temperatura interna aumenta, siempre y cuando el material sea lo suficientemente difuso para comportarse como un gas perfecto. El resultado de Lane tomó la forma diferente de que una estrella, al perder calor, automáticamente se calienta.

35   Ver Jeans, Ref. 24, y Chandrasekhar, Ref. 22.
36   Jonathan Homer Lane (1819, Geneseo, N.Y.-1880, Washington, D.C.). Astrofísico estadounidense, quien fue el primero en investigar matemáticamente el Sol como un cuerpo gaseoso. Su trabajo ha demostrado la interrelación de presión, temperatura y densidad interior del Sol, y fue fundamental para el surgimiento de las modernas teorías de evolución estelar. Sus estudios solares culminaron en la *ley de Lane*, que lo relaciona como un cuerpo gaseoso que se contrae.

Gonzalo J. Morales M.

Sin embargo, en la época de Lane no había evidencia de que existiera estrella alguna a la cual se le pudiera aplicar la teoría de los gases perfectos.

EL EQUILIBRIO DE RADIACIÓN EN UNA ATMÓSFERA ESTELAR, BAJO CONDICIONES LOCALES DE EQUILIBRIO TERMODINÁMICO[37]

De acuerdo con la ecuación Kirchoff-Planck, la función-fuente para la radiación con frecuencia v es:

$$\mathfrak{J}_v = B_v(T) \quad (2),$$

donde T es la temperatura que prevalece en el punto considerado. En el caso de una atmósfera paralela-plana, en condiciones locales de equilibrio termodinámico, la ecuación de transferencia es, por lo tanto:

$$-\mu \frac{dI_v(z,\mu)}{\rho\, dz} = \kappa_v\, I_v(z,\mu) - \kappa_v\, B_v(T_z) \quad (3)$$

La simplificación *formal* que el concepto de equilibrio termodinámico local introduce en la teoría es aparente: permite especificar el campo completo de radiación en términos del desarrollo de un solo parámetro, es decir, T, ya que, una vez que la distribución de temperatura en la atmósfera ha sido determinada, la función-fuente queda conocida, y el campo de la radiación se deriva de la ecuación:

---

37   Tomado textualmente del Capítulo XI, Ref. 22, p. 288 y ss.

$$I_\nu(\tau_\nu, \mu) = \int_{\tau_\nu}^{\infty} B_\nu(t_\nu) e^{-(t_\nu - \tau_\nu)/\mu} \frac{dt_\nu}{\mu} \quad (0 < \mu \leqslant 1)$$

$$= - \int_{0}^{\tau_\nu} B_\nu(t_\nu) e^{-(t_\nu - \tau_\nu)/\mu} \frac{dt_\nu}{\mu} \quad (-1 \leqslant \mu < 0),$$

$$\tau_\nu = \int_{z}^{\infty} \kappa_\nu \rho \, dz,$$

(4),

donde:

$$\tau_\nu = \int_{z}^{\infty} \kappa_\nu \rho \, dz,$$

(5)

es el grosor óptico normal para la radiación con frecuencia ν.

También se introdujo otra hipótesis, de que la atmósfera estelar se encuentra en equilibrio radiativo; es decir, no hay otros mecanismos, distintos a la radiación, para transportar calor a la atmósfera. También se puede suponer que no hay otras fuentes de calor en la atmósfera. Bajo estas condiciones, el flujo neto de radiación, en todas las longitudes de onda, debe ser constante. Este flujo neto constante integrado debe ser derivado de la energía generada en el *profundo interior* de la estrella; pero este es un factor no relevante al estudio de las atmósferas estelares.

$$\pi F = \pi \int_{0}^{\infty} F_\nu(z) \, d\nu = 2\pi \int_{0}^{\infty} \int_{-1}^{+1} I_\nu(z, \mu)\mu \, d\mu d\nu = \text{constan.}$$

(6)

Este flujo que emerge tendrá el mismo valor πF. En astrofísica, se acostumbra introducir una temperatura efectiva T relacionada al flujo neto constante πF, por

$$\sigma T_e^4 = \pi F, \qquad (7),$$

donde σ = 5,75 x 10 erg/seg. cm. grado es la constante de radiación de Stefan. Una relación similar existe entre la intensidad integrada de Planck, B, y la temperatura local, T:

$$B(T) = \int_0^\infty B_\nu(T)\, d\nu = \frac{\sigma}{\pi}\, T^4. \qquad (8)$$

El significado de la condición de flujo (6) puede concluirse al integrar la ecuación de transferencia (3), primero por μ y luego por ν. Entonces,

$$-\frac{1}{4}\frac{dF_\nu}{\rho\, dz} = \kappa_\nu\, J_\nu - \kappa_\nu\, B_\nu$$

$$-\frac{1}{4}\frac{dF}{\rho\, dz} = \int_0^\infty \kappa_\nu (J_\nu - B_\nu)\, d\nu. \qquad (9)$$

La constante del flujo neto integrado requiere, entonces, que:

$$\int_0^\infty \kappa_\nu J_\nu\, d\nu = \int_0^\infty \kappa_\nu B_\nu\, d\nu. \qquad (10)$$

El miembro izquierdo de esta ecuación es proporcional a la absorción de radiación en todas las longitudes de onda por un elemento de masa expuesto a la radiación $I_v(\mu)$, y el miembro derecho es proporcional a la emisión total por el mismo elemento. La ecuación (10), en consecuencia, significa que cada elemento de masa en la atmósfera emite exactamente tanta radiación como la absorbida. La equivalencia de esta última afirmación, junto con el valor constante del flujo neto integrado, es, por supuesto, obvio desde el punto de vista físico.

Para resolver la ecuación (3) en una atmósfera semiinfinita, bajo condiciones de equilibrio de radiación, para variaciones asignadas de (κ_v) con frecuencia y profundidad, y con las condiciones de entorno:

$$\left. \begin{array}{ll} I_v(\tau_v, -\mu) \equiv 0 & \text{for} \quad \tau_v = 0 \\ I_v(\tau_v, \mu) < e^{\tau_v} & \text{as} \quad \tau_v \to \infty. \end{array} \right\} \tag{11}$$

En el caso de variaciones arbitrarias de (κ_v) con la frecuencia, este problema puede ser resuelto por métodos iterativos. Sin embargo, cuando las variaciones de (κ_v) con la frecuencia no son grandes, es posible obtener soluciones aproximadas, que son adecuadas para muchas aplicaciones de los análisis estelares. Aquí se tratarán algunas de esas aplicaciones.

El caso cuando κ_v es independiente de la frecuencia, es decir, cuando la atmósfera es *gris*, ofrece un interés particular, ya que provee un *estándar de comparación*, significativo desde el punto de vista físico, para interpretar el espectro continuo de las estrellas. Para el caso de las diferencias entre la distribución de intensidad observada en el espectro continuo de una estrella y la pronosticada para la radiación en una atmósfera gris, debe derivarse de la *variación* del coeficiente estelar de absorción con la frecuencia. La determinación de esta variación de κ_v con la frecuencia a partir de las observaciones es, claramente,

Gonzalo J. Morales M.

importante para identificar y tomar en cuenta para la fuente de absorción continua en las atmósferas estelares.

Método empleado en la solución

Al analizar solo aquellos casos donde los *efectos* de las diferencias con el gris del material estelar pueden tratarse como de pequeño valor. Entonces, se puede escribir:

$$\kappa_\nu = \bar{\kappa}(1+\delta_\nu),$$

$$(12),$$

donde $\bar{\kappa}$ es un coeficiente medio de absorción, el cual se definirá más adelante. Sea:

$$\tau = \int_{z}^{\infty} \bar{\kappa}\rho \, dz$$

$$(13)$$

el grosor óptico en $\bar{\kappa}$.

Con estas definiciones se puede representar la ecuación de transferencia (3) en la forma siguiente:

$$\mu \frac{dI_\nu}{d\tau} = I_\nu - B_\nu - \delta_\nu(I_\nu - B_\nu).$$

(14)

Supóngase que esta ecuación puede resolverse en aproximaciones sucesivamente más altas, usando el siguiente procedimiento: primeramente, se menosprecia el término en δ_ν y se escribe:

$$\mu \frac{dI_\nu^{(1)}}{d\tau} = I_\nu^{(1)} - B_\nu^{(1)}.$$

(15)

Esta ecuación se resuelve de acuerdo con el problema que se esté tratando y se usa la solución en el término que corresponde al factor en la ecuación (14). Así, la siguiente aproximación estará dada por la solución de:

$$\mu \frac{dI_\nu^{(2)}}{d\tau} = I_\nu^{(2)} - B_\nu^{(2)} - \delta_\nu \mu \frac{dI_\nu^{(1)}}{d\tau}.$$

Pueden hallarse aproximaciones más altas, al extender este método de iteración. Así, en la enésima aproximación, se considera:

$$\mu \frac{d I_\nu^{(n)}}{d\tau} = I_\nu^{(n)} - B_\nu^{(n)} + \delta_\nu \left(I_\nu^{(n-1)} - B_\nu^{(n-1)} \right).$$

(16)

Puede esperarse que este método de iteración converja si δ_ν es suficientemente pequeña. Sin embargo, parece que la utilidad práctica del método no se perjudica, aún cuando δ_ν tome valores moderadamente mayores, del orden de 2 o 3.

Al integrar las ecuaciones (15) y (16) para todas las frecuencias, se tiene:

$$\mu \frac{d I^{(1)}}{d\tau} = I^{(1)} - B^{(1)}$$

$$\mu \frac{d I^{(2)}}{d\tau} = I^{(2)} - B^{(2)} + \mu \int_0^\infty \delta_\nu \frac{d I_\nu^{(1)}}{d\tau} \, d\nu.$$

(18) y (19)

Las ecuaciones (18) y (19) deben ser resueltas bajo condiciones de un flujo neto constante, integrado. Para las primeras dos aproximaciones, esta condición requiere que:

$$B^{(1)} = J^{(1)}$$

$$B^{(2)} = J^{(2)} + \frac{1}{2} \int_0^\infty \int_{-1}^{+1} \mu \delta_\nu \frac{d I_\nu^{(1)}}{d\tau} \, d\nu d\mu,$$

(20),

respectivamente. Esta ecuación puede también ser escrita, alternativamente, en la forma:

$$B^{(2)} = J^{(2)} + \frac{1}{4} \int_0^\infty \delta_\nu \frac{dF_\nu^{(1)}}{d\tau} d\nu.$$

(22)

En la segunda aproximación, la intensidad integrada de Planck, B, difiere, en consecuencia, de la intensidad media, J, por un monto que depende de la no-constancia de los flujos monocromáticos F_ν en una atmósfera gris.

DISTRIBUCIÓN DE LA TEMPERATURA EN UNA ATMÓSFERA GRIS

De acuerdo con las ecuaciones (18) y (20), la ecuación de transferencia para la intensidad integrada en una atmósfera gris es:

$$\mu \frac{dI^{(1)}(\tau, \mu)}{d\tau} = I^{(1)}(\tau, \mu) - \tfrac{1}{2} \int_{-1}^{+1} I^{(1)}(\tau, \mu') \, d\mu'.$$

(23),

que corresponde a la misma ecuación de transferencia para el caso de dispersión isotrópica de conservación. Por lo tanto, la solución exacta para la distribución angular de la radiación que emerge está dada por:

$$I^{(1)}(0, \mu) = \frac{\sqrt{3}}{4} FH(\mu),$$

(24),

donde H (μ) está definida en términos de la función característica ψ (μ) = 1/2.

La ley de la oscuridad dada por la ecuación (24) está tabulada por Chandrasekhar.[38]

LA CORRESPONDIENTE LEY DE DISTRIBUCIÓN DE LA TEMPERATURA ES:

$$(T^{(1)})^4 = \tfrac{3}{4} T_e^4 \{\tau + q(\tau)\}.$$

$$(31)$$

La función q (τ), en la segunda, tercera y cuarta aproximaciones, ha sido tabulada por Chandrasekhar.[39]

En términos de la distribución de temperatura (31), el campo de radiación en la atmósfera puede ser determinado según I_v ($\tau\mu$) y la función B de Planck para la temperatura a una profundidad óptica t.

LA DISTRIBUCIÓN DE TEMPERATURA EN UNA ATMÓSFERA LIGERAMENTE GRISÁCEA

En el caso de una atmósfera que se aleja muy ligeramente del gris, la forma aproximada de la ecuación de transferencia es:

---

38   Ver Tabla XV, p. 135, Ref. 22.
39   Ver Tabla X, p. 80, Cap. III, Ref. 22.

$$\mu \frac{dI^{(2)}}{d\tau} = I^{(2)} - \frac{1}{2} \int_{-1}^{+1} I^{(2)} \, d\mu + \mu \int_{0}^{\infty} \delta_\nu \frac{dI_\nu^{(1)}}{d\tau} \, d\nu - \frac{1}{2} \int_{0}^{\infty} \int_{-1}^{+1} \delta_\nu \mu \frac{dI_\nu^{(1)}}{d\tau} \, d\mu d\nu.$$

(32)

Al resolver esta ecuación, para la aproximación enésima, se la reemplaza por el sistema de 2n ecuaciones lineales:

$$\mu_i \frac{dI_i^{(2)}}{d\tau} = I_i^{(2)} - \tfrac{1}{2} \sum a_j I_j^{(2)} + \mu_i \int_{0}^{\infty} \delta_\nu \frac{dI_{\nu,i}^{(1)}}{d\tau} \, d\nu - \frac{1}{2} \int_{0}^{\infty} \delta_\nu \sum a_j \mu_j \frac{dI_{\nu,j}^{(1)}}{d\tau} \, d\nu$$

$$(i = \pm 1, ..., \pm n), \quad ($$

(33),

donde los símbolos tienen los significados usuales.

El sistema de ecuaciones que sigue más adelante se resuelve de manera conveniente por el método de la variación de los parámetros.

LA NATURALEZA Y EL ORIGEN DEL COEFICIENTE CONTINUO DE ABSORCIÓN ESTELAR, TAL CUAL ES INFERIDO DE LA TEORÍA DEL EQUILIBRIO RADIATIVO

La distribución de intensidad en el espectro continuo del Sol, en el centro del disco solar, y la ley de oscurecimiento para las distintas longitudes de onda, han sido sujeto de mediciones cuidadosas. Como resultado, el conocimiento del espectro continuo del Sol está excepcionalmente completo: se conoce en detalle el carácter de la radiación que emerge, en su dependencia de las dos variables: el ángulo de emergencia y la longitud de onda. Por lo tanto, los análisis y consideraciones relacionadas con el espectro continuo de las estrellas comenzarán con el Sol.

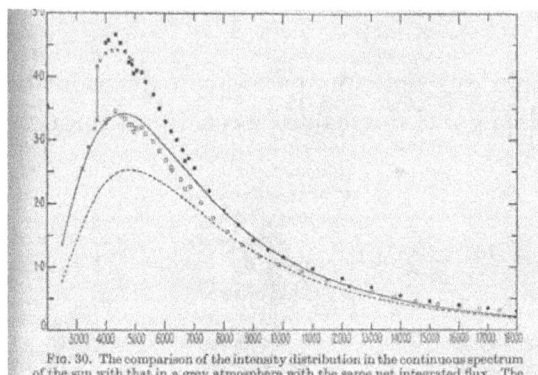

Fig. 30. The comparison of the intensity distribution in the continuous spectrum of the sun with that in a grey atmosphere with the same net integrated flux. The

En la figura anterior —tomada de Eddington— se presentan gráficos sobre la distribución de frecuencia en el espectro continuo del Sol en el centro del disco y en el flujo que emerge, y comparados con las distribuciones a ser esperadas de una atmósfera gris que tenga la misma temperatura efectiva (T_e = 5740 K) que el Sol. Las diferencias de las distribuciones observadas con respecto a las predichas para una atmósfera gris deben ser atribuidas claramente a la variación del coeficiente de absorción solar con respecto a la longitud de onda. Surge entonces el problema de cómo se puede relacionar esta variación de K_v con V, derivada de las observaciones. Es evidente que existe alguna ambigüedad al formular la duda de esta manera, ya que la dependencia de K_v de la frecuencia no es el único factor involucrado: su dependencia de la profundidad debe tener también alguna influencia sobre la radiación emergente. Sin embargo, en un primer intento exploratorio, no es equivocado sostener la hipótesis de que K_v / K es independiente de la profundidad, en cuyo caso las diferencias de las distribuciones observadas con respecto a las pronosticadas para una atmósfera gris deben ser atribuidas, por entero, a la dependencia del coeficiente de absorción respecto de la longitud de onda. Igualmente, si también se supone que las diferencias en relación al gris del material estelar no son mayores, la solución del problema de transferencia en la aproximación de la ecuación (32) puede proveer una forma conveniente de análisis.

EL COEFICIENTE DE ABSORCIÓN CONTINÚA DE LA ATMÓSFERA SOLAR

Usando el método de análisis descrito anteriormente, G. Münch analizó las observaciones relacionadas con el espectro continuo del Sol. En particular, derivó los valores de κ_v / $\acute{\kappa}$ de las observaciones solares sobre la distribución de frecuencia de las intensidades en el centro del disco ($\mu = 1$) y del flujo emergente.[40]

EL IÓN NEGATIVO DE HIDRÓGENO COMO FUENTE DE ABSORCIÓN CONTINUA EN LAS ATMÓSFERAS DEL SOL Y DE LAS ESTRELLAS

El análisis del espectro continuo del Sol demuestra que el coeficiente de absorción continua en la atmósfera solar incrementa por un factor del orden de 2, a medida que la longitud de onda aumenta de 4000 Å a 9000 Å; más allá de λ 9000 Å, el coeficiente de absorción disminuye, hasta que cerca de los

---

40   Dichos valores están trazados en Chandrasekhar, Fig. 31, Ref. 22, observándose que ambos juegos de valores concuerdan de manera satisfactoria en el espectro completo, dentro de los límites de los errores de observación.

λ 16 000 Å ofrece un mínimum pronunciado; y más allá de
λ 16 000 Å, el coeficiente de absorción aumenta de nuevo. Se
ha observado un comportamiento similar en las atmósferas
estelares con temperaturas efectivas menores de 10 000 K: en
estas, el coeficiente de absorción continua tiene una dependencia de la longitud de onda similar a la de la atmósfera solar.

Debe recordarse que durante muchos años (entre 1928 y
1938) se consideró que la contribución principal a la opacidad
en las atmósferas estelares debía resultar de la absorción más
allá de los diversos límites de series del hidrógeno y de los
elementos más comunes, tales como Na, Mg, Ca, Fe y Si.
Sin embargo, esta presunción, que concernía a la fuente de
absorción continua, conduce a una dependencia de la longitud
de onda que es contraria a toda la evidencia astrofísica; más
aún, conduce a otras discrepancias profundas.

R. Wildt señaló que la solución podría encontrarse si se
buscara la fuente de absorción continua en la atmósfera solar,
en presencia de iones negativos de hidrógeno. El fundamento
de esta hipótesis era, simplemente, que en la atmósfera solar
hay abundancia de átomos neutros de hidrógeno y también hay
muchos electrones libres derivados de los átomos fácilmente
ionizados, tales como Na, Ca, Mg, Fe, Si y otros; y, en vista
de la afinidad positiva del hidrógeno para con los electrones,
una cierta proporción determinable de los electrones debe
adherirse a los átomos neutros de hidrógeno.

Ya que la afinidad por los electrones del hidrógeno es de 0,75
e.v., la fotoionización de los iones negativos provee una fuente
de absorción continua para longitudes de onda menores a 16
500 Å. A esta absorción, que surge de las transiciones *entorno-
libre*, se debe añadir la contribución de las transiciones libre-
libre, que comienzan a ser importantes después de λ 12 000 Å.

Las determinaciones de Chandrasekhar y Breen[41] se
encontraron completamente de acuerdo con los requerimientos

---

41   Fig. 32, Ref. 22.

de la astrofísica. Así, utilizando la determinación del coeficiente de absorción de H- usada por los anteriores, se pronosticó el flujo emergente sobre la hipótesis de que H- suministra la absorción en todas las longitudes de onda hasta el rojo, de λ 4000 Å, y de que el coeficiente medio total de absorción es 1,4 veces mayor que el coeficiente medio de absorción debido solo al H-, para $T = T_e$. Los valores correspondientes de κ_v (H-) / 1,4 $\acute{k}$ (H-) se demuestran en la curva de la figura 31, referencia 22. Puede observarse que la correlación es muy satisfactoria y puede agregarse que se han encontrado concordancias igualmente satisfactorias entre los pronósticos y las observaciones en relación al color de las temperaturas y los *gradientes* de las estrellas.

MODELO DE ATMÓSFERAS ESTELARES

Al comprobar la conclusión anterior de que el ión negativo de hidrógeno constituye la fuente principal de absorción continua en la atmósfera solar, entonces la determinación de la estructura completa de la atmósfera se convierte en una rutina menos complicada. Los requerimientos principales para la construcción de tal *modelo de atmósferas estelares* son:

- 1.una ley que gobierne la distribución de la temperatura en la atmósfera;
- 2.una teoría física que proporcione el coeficiente de absorción continua (κ_v), en función de la temperatura local y la presión de los electrones;
- 3.y un conocimiento de la abundancia relativa de los elementos diferentes, particularmente la denominada relación *hidrógeno-metal*, A, que es esencialmente la relación de los números de átomos de esos elementos —tales como H, He, C, N, O, Fl y Ne— que prácticamente no están ionizados y aquellos —tales como Fe, Si, Mg, Ca, Al y Na— que han estado alguna vez ionizados.[42]

---

42   Ver Eddington, Ref. 19.

Además, se requiere conocer, también, la temperatura efectiva T_e y la gravedad de la superficie g.

Con respecto a la relación hidrógeno-metal, puede observarse que en la atmósfera solar la separación de los elementos comunes en dos grupos —aquellos que pueden quedar ionizados inmediatamente y los que no pueden ionizarse— es tan aguda que la estructura de la atmósfera derivada es poco sensible a la distribución del grado de abundancia entre los elementos de los dos grupos. En realidad, en una primera aproximación, se puede establecer una ecuación en la que A iguala a la relación entre la presión total, p, y la presión del electrón, p_e.

$$A = p / p_e \ (34)$$

La desviación de A de la relación p / p_e depende muy poco de la selección particular que se haya podido efectuar, concerniente a la abundancia relativa de los *metales*. En la práctica, la distribución usada es Mg : Si : Fe : Ca : Al : Na = 30 : 33 : 30 : 2 : 3 : 2. Estas corresponden a las abundancias relativas de ocurrencia de estos elementos en los meteoritos y hay evidencia relativa de que estos ocurren con aproximadamente la misma abundancia en la atmósfera solar —y, en general, en las estelares—.

La construcción de modelos de atmósferas estelares se realiza, entonces, suponiendo, primeramente, una serie de valores para los tres parámetros básicos T_e, g y A; luego, derivando la evolución de las variables p, p_e, T, κ, etcétera, con base en una teoría física del coeficiente de absorción continua, la distribución de temperaturas en la atmósfera y la ecuación del equilibrio hidrostático.

Usando las ecuaciones e hipótesis anteriormente enunciadas, se pueden obtener aproximaciones a un modelo para la atmósfera solar. Utilizando la aproximación, suponiendo que la fuente de absorción continua está dada por H- y H, se tiene que:

$$\bar{\kappa}(\tau, p_e) = \frac{1-x_H}{m_H} \int_{0}^{\infty} \{p_e\,\kappa_\nu(H^-) + \kappa_\nu(H)\}(1 - e^{-h\nu/kT}) \frac{F_\nu^{(1)}(\tau)}{F} \, d\nu,$$

donde m_H es la masa del átomo de hidrógeno; x_H es el grado de ionización del hidrógeno a la temperatura prevaleciente en T y para una presión del electrón p_e; y $\kappa_\nu(H^-)$ y $\kappa_\nu(H)$ son los coeficientes de absorción continua, por átomo neutro de hidrógeno, de H- por unidad de presión del electrón y del hidrógeno, respectivamente. El factor $(1\text{-}e^{-h\nu/kT})$, que está colocado debajo del signo integral, es para permitir una emisión estimulada. Los coeficientes $\kappa_\nu(H^-)$ han sido evaluados y tabulados por Chandrasekhar y Breen.

Por lo tanto, si x_M denota el grado medio de ionización de los metales a la temperatura en T y para

$$\frac{p_e}{p} = \frac{x_H}{1+x_H} + \frac{1}{A}\frac{x_M}{1+x_H}.$$

una presión del electrón p_e, entonces, puede verse que esta ecuación se hace igual a la 34, en la aproximación: $x_H = 0$ y $x_M = 1$.

Modelos de atmósferas en aproximaciones mayores

Si se desea obtener soluciones con mayores aproximaciones que las consideradas anteriormente, pueden emplearse métodos de iteración numérica. Es posible corregir, por prueba y error, la distribución de temperatura derivada en otra aproximación, por ejemplo, disponiendo que la condición de flujo quede satisfecha estrictamente en cada nivel. Para este propósito, se pueden determinar los flujos monocromáticos.

Así, se han corregido las distribuciones de modelos de atmósferas.

El interior de una estrella

Las estrellas no degeneradas tienen una estructura simple. El núcleo es la región más caliente y más densa de una estrella; a medida que uno se aleja de su centro, tanto la densidad como la temperatura de la estrella disminuyen, hasta que se llega a la fotosfera, donde la radiación se escapa libremente hacia el espacio. El núcleo del Sol, por ejemplo, es de unos 15 millones de grados, mientras que la temperatura real de la superficie es de 5778°C.

Las estrellas evolucionan durante un tiempo muy largo. Las de la secuencia principal evolucionan durante más de 2 millones de años, y en el caso de las estrellas más pequeñas que el Sol, a veces en más de 10 mil millones de años. Una masa gigante roja tres veces la del Sol quema hidrógeno de su núcleo en alrededor de 250 millones de años, y quema helio de su núcleo en alrededor de 100 millones de años.

Las escalas menores de tiempo son para las estrellas en tránsito desde la quema del núcleo de un tipo de elemento básico hasta la quema del núcleo del siguiente elemento más pesado. Por ejemplo, una estrella con masa equivalente a tres soles transita del núcleo de quema de hidrógeno al núcleo de quema del helio en unos 10 millones de años. En estas escalas de tiempo, la estructura de la mayoría de las estrellas es estática y la presión en cualquier radio de la estrella es igual a la presión ejercida por el peso de las capas suprayacentes. Esto significa que la presión en una estrella es mayor en su núcleo y baja a medida que uno se desplaza a partir del núcleo hasta la superficie de la estrella.

Una estrella se compone de plasma, que es un gas que contiene electrones libres. En el núcleo, el plasma está completamente ionizado, por lo cual los electrones allí no se encuentran ligados a los núcleos atómicos; en ese caso, la presión está relacionada con la temperatura y la densidad por la ley de los gases ideales: $P = nkT$, donde P es la presión, n es el número de la densidad del plasma —el número de electrones y núcleos por unidad de volumen—, k es la constante de Boltzmann y T es la temperatura. Lejos del núcleo estelar, donde la temperatura es menor, algunos de los electrones están ligados a los núcleos. El plasma, en este caso, se aparta de la ley de los gases ideales, debido a los estados de energía de los electrones ligados.

El gas, sin embargo, no es la única fuente de presión dentro de una estrella; la radiación atrapada dentro de la estrella también ejerce una presión. En algunas partes de estrellas muy masivas, la presión de la radiación es superior a la presión del gas.

La energía en una estrella es transportada a la superficie por medio de uno de dos mecanismos: la difusión de radiación y la convección. Un tercer mecanismo, la conducción térmica, no es importante en las estrellas. Para la mayoría de las estrellas, tanto la difusión de radiación como la convección están trabajando. Por ejemplo, en una estrella más pequeña que el Sol, la energía es transportada a través del núcleo por difusión de la radiación, pero la energía es transportada al exterior por convección. En cambio, en una estrella masiva, la energía se transporta a través del núcleo por convección y es transportada mediante las capas externas por transporte radiativo.

Estos dos mecanismos de transporte tienen un segundo impacto importante en la estructura estelar: cuando la convección está presente, los elementos en esa capa están mezclados uniformemente, pero cuando la difusión de radiación está presente, los elementos en una capa se estratifican, especialmente si la fusión nuclear está ocurriendo en esta capa.

Así, pues, ¿dónde se produce la fusión nuclear? Para la mayor parte de la vida de una estrella, la fusión nuclear ocurre en su núcleo. Esto es particularmente cierto en el caso de estrellas de la secuencia principal, donde en sus núcleos la fusión nuclear convierte hidrógeno en helio. En etapas posteriores, cuando una estrella es una gigante roja, la fusión nuclear en el núcleo convierte el helio en carbono y oxígeno, y más tarde en su vida, la fusión nuclear convierte el carbono y el oxígeno en una variedad de elementos más pesados.

Sin embargo, la fusión nuclear también se produce en una o más capas fuera del núcleo, y durante cortos intervalos durante esa evolución, la fusión nuclear solo ocurre en una capa. Las capas de la fusión nuclear se encuentran en los radios, donde la composición de una estrella cambia. Una vez que una estrella quema todo su núcleo de hidrógeno, tiene un núcleo de helio puro rodeado por una mezcla de hidrógeno y helio; la fusión del hidrógeno en helio ocurre en la zona de transición entre estas dos regiones. Si hay una transición de helio puro a carbono y elementos más pesados, entonces puede producirse una capa donde se realiza la fusión de helio. La fusión nuclear en esas capas genera una cantidad sustancial de energía, y estas continúan la transformación química de la estrella desde elementos livianos a elementos más pesados.[43]

---

43   Tomado de Wikipedia.

Convección estelar en interiores

El gradiente de temperatura en una estrella determina la rata a la que la difusión de radiación transporta la energía de una estrella. Si este gradiente se hace muy pendiente, el plasma en esta región se vuelve inestable a la convección, la cual, por lo tanto, establece un límite en el gradiente de temperatura de una estrella. Debido a esta limitación en el gradiente de temperatura, también impone un límite en la cantidad de energía transportada por la difusión de la radiación; la convección, en tanto, es el mecanismo dominante para el transporte de energía en regiones inestables por la convección.

El mecanismo que da lugar a la convección es el mismo para todas las atmósferas dependientes de la presión, atrapadas en un potencial gravitacional. Si un gas en un potencial gravitacional es estático, entonces la presión en cualquier punto dentro del gas es igual a la presión ejercida por el material que la cubre. Sin embargo, la temperatura y la presión son establecidas por otros factores, como el transporte de energía de radiación. Para un gas ideal, tal como se encuentra en el interior de una estrella, la presión del gas aumenta, ya sea con un aumento de la temperatura o de la densidad. Por lo tanto, un volumen de gas a cualquier temperatura puede estar en equilibrio de presión con su entorno si la densidad se ajusta para compensar. Por ejemplo, si un determinado volumen es más caliente que su entorno, entonces su densidad será menor que su entorno. Esta es la propiedad que mueve a la convección, ya que la región de baja densidad es boyante, y aumentará a un valor mayor.

El que una región sea inestable a la convección depende de la estructura precisa de la temperatura de la región. Supongamos, por ejemplo, que un determinado gas limitado por la gravitación tiene una presión, temperatura y densidad que bajan con la altitud. ¿Qué ocurre cuando tomamos un pequeño volumen de este gas y lo empujamos a mayor altitud? ¿Regresa a su posición original o se mantiene en aumento? En el primer caso, el gas es estable a la convección; si se produce el segundo, el gas es inestable a la convección.

Cuando nuestro volumen de gas es llevado a una altura mayor, se expande para mantener el equilibrio de presión con su entorno; por lo tanto, no solo disminuye la densidad, sino también la temperatura, ya que este volumen de gas está trabajando en su entorno a medida que se expande. Si la temperatura baja más rápido que la temperatura del gas circundante, la densidad de este volumen será mayor que la del entorno. El volumen, por lo tanto, será menos boyante, y retornará a su lugar. Pero si la temperatura del volumen es superior a la temperatura ambiente, su densidad será menor que la del entorno y el volumen será más boyante que el del gas circundante. El volumen seguirá subiendo y la convección comenzará en el gas. La atmósfera, en este caso, es inestable a la convección. De esto vemos que la estabilidad del gas depende del gradiente de temperatura: si es demasiado inclinado, se inicia la convección.

Este análisis demuestra que la densidad de una estrella debe disminuir a medida que uno se desplaza desde el núcleo a la superficie. En una estrella, la presión disminuye al tiempo que uno se mueve hacia el exterior, porque la presión es fijada por el peso de las capas suprayacentes. Si tomamos este elemento de volumen y lo elevamos, tanto la densidad como la temperatura del elemento deben bajar para lograr esta presión menor: la densidad disminuye debido a la expansión y la temperatura baja a causa del trabajo realizado en el entorno durante la expansión. Pero si la densidad del entorno es constante o aumenta con la altura, entonces el volumen tiene una menor densidad que el entorno y es más boyante que este. Una densidad que aumenta con la altura, por lo tanto, es inestable a la convección.

En este ejercicio mental de elevación de un volumen de gas a una mayor altura se define una estructura para la temperatura de la atmósfera a través de un proceso adiabático, es decir, que no se intercambia calor con el entorno. Si la temperatura real en una región de una estrella cae más rápido que esta temperatura adiabática, la región es inestable a la convección.

La mayoría de las estrellas tienen regiones de convección. En una estrella de la secuencia principal que es del tamaño del Sol o menor, esta región se encuentra en las capas externas de la estrella. En una estrella de la secuencia principal que tiene mayor masa que el Sol, el núcleo es convectivo.

La convección es importante no solo porque transporta energía, sino porque mezcla el gas en una estrella. Para estrellas con núcleos convectivos, los productos de la fusión nuclear se mezclan con elementos más ligeros de regiones que no soportan la fusión nuclear. Esta mezcla prolonga la fusión nuclear en una estrella.

Transporte de radiación en el interior de una estrella

El campo de radiación en el interior de una estrella tiene siempre un espectro de cuerpo negro, debido a que las interacciones entre la materia y la radiación traen rápidamente a la radiación electromagnética en equilibrio térmico con electrones e iones. En ausencia de convección, este campo de radiación proporciona el mecanismo de transporte de energía de la estrella. La radiación se difunde en la dirección de la temperatura más baja, lo que significa que se difunde a la superficie de la estrella, de donde puede escapar libremente hacia el espacio.

La difusión es un proceso al azar. Por ejemplo, un fotón que interactúa solo a través de la dispersión de Compton se moverá una pequeña distancia en una dirección, con una dispersión de electrones, y, a continuación, se moverá una distancia similar

Gonzalo J. Morales M.

en una nueva dirección al azar. Para desplazarse a una gran distancia de su punto de partida —muchas veces la distancia recorrida entre los espacios al azar—, el fotón debe moverse una distancia muchas veces mayor. Este espacio al azar es también válido para la absorción y la emisión, porque los fotones se emiten en direcciones al azar. La energía absorbida por un fotón en movimiento en una dirección será liberada como un fotón en movimiento en una nueva dirección.

Una estimación de cuánto deben transitar los fotones al azar hasta una determinada distancia desde un punto de partida se puede calcular a partir de la relación de la distancia recorrida desde una fuente dividida por la distancia media recorrida entre dispersiones. Esta relación daría el número de dispersiones si los fotones hubieran continuado en la misma dirección después de cada dispersión.

En un desplazamiento al azar, un fotón debe viajar esta proporción elevada al cuadrado de la distancia media entre dispersiones para moverse a la distancia requerida desde su fuente. Esto es equivalente a moverse al azar la distancia requerida por la relación de esta distancia a la distancia media recorrida entre dispersiones. En una estrella, la distancia entre dispersiones es muy pequeña, mientras que la distancia a través de la estrella es muy grande, por lo que un fotón debe moverse al azar una distancia que es muchas veces la distancia a través de la estrella.

En el núcleo del Sol, un fotón es sometido a 1015 dispersiones de Compton por segundo, y durante más de un segundo se difunde a unos cinco metros de su punto de partida. En el Sol, un fotón requiere alrededor de 1030 dispersiones para escapar del núcleo, lo cual precisa cerca de 10 millones de años.

La radiación se difunde con más rapidez donde la interacción de la radiación con la materia es más débil. La difusión es más rápida cuando la dispersión de Compton es el único mecanismo de interacción. Cuando la temperatura baja, de modo que Bremsstrahlung,[44] la fotoionización y los procesos de transición atómica se hacen imperantes, la interacción entre la radiación y la materia son más frecuentes, y la difusión es más lenta.

La difusión es más rápida en algunas frecuencias de fotones que en otras. Por ejemplo, la difusión en la frecuencia de una transición atómica es mucho más lenta que en la frecuencia lejana de una transición atómica. Bajo temperaturas mayores, la difusión es más rápida para los fotones de la más alta energía, ya que los fotones de baja energía interactúan con los electrones a través del proceso de Bremsstrahlung más fuertemente que los fotones de alta energía.

La difusión de energía es siempre en la dirección de la temperatura más baja. La razón es que cuando la temperatura baja, la densidad de fotones baja, por ser proporcional a T^3, y la energía media transportada por un fotón disminuye proporcionalmente con la temperatura. El número de fotones que se mueven al azar desde una zona de alta temperatura a una zona de baja temperatura es mucho mayor que el número de fotones que se mueve al azar desde una zona de baja temperatura a una zona de alta temperatura, y el promedio de

---

44   Bremsstrahlung (del alemán *Bremsen*, *frenar*, y, Strahlung, *radiación*; o sea, *radiación de frenado*) es una radiación electromagnética producida por la aceleración de una partícula cargada, como por ejemplo, un electrón, cuando es desviada por otra partícula cargada, como por ejemplo, un núcleo atómico. Este término también se usa para referirse al proceso por el que se produce la radiación. El Bremsstrahlung tiene un espectro continuo. El fenómeno fue descubierto por Nikola Tesla cuando hacía experimentos con altas frecuencias, entre 1888 y 1897. Al Bremsstrahlung también se lo conoce como radiación libre-libre —*free-free radiation*, en inglés—, porque la produce una partícula cargada que está libre antes y después de la deflexión —aceleración— que produce la emisión. Estrictamente hablando, se entiende por Bremsstrahlung cualquier radiación debida a la aceleración de una partícula cargada, como podría ser la radiación de sincrotrón, pero se suele usar solo para la radiación de electrones que se frenan en la materia. Tomado de Wikipedia.

Gonzalo J. Morales M.

la energía transportada por los fotones de alta temperatura a la
zona de baja temperatura es superior a la energía media llevada
desde el área de baja temperatura a la zona de alta temperatura
por los fotones de baja temperatura.

El poder de difusión a través del radio r en el interior de la
estrella es descrita por la ecuación:

$$L(r) = -4 \pi r^2 \frac{4ac}{3\kappa\rho} T^3 \frac{dT}{Dr}$$

En esta ecuación, a = 7,565 × 10⁻¹⁵ ergios cm⁻³ gr⁻⁴ es la constante de Stefan-Boltzmann, c es la velocidad de la luz, ⊠ es la
densidad de masa de material, κ es una constante denominada
Rosseland opacidad media y T es la temperatura. Esta ecuación indica explícitamente que el poder que fluye a través de
un radio es proporcional a la temperatura en dicho radio. Lo
que no se muestra es toda la compleja física asociada a la interacción de la radiación con la materia; esto está implícito en
la opacidad media de Rosseland. La opacidad media de Rosseland describe la fuerza de las interacciones entre la radiación
y la materia, donde las más débiles interacciones contribuyen
fuertemente a la mayoría de los parámetros. Es una función
de densidad y temperatura. La única vez que tiene una forma
sencilla es cuando la dispersión de Compton es la contribución dominante para temperaturas muy por debajo del resto
de electrones de energía-masa. En este caso, la media de opacidad Rosseland es una constante. La ecuación de difusión es
una de las principales ecuaciones para calcular la estructura
interna de una estrella.[45]

45   Tomado de Wikipedia.

Energía derivada del Sol

La Tierra recibe 174 petawatts (PW) de radiación solar entrante —insolación— en la atmósfera superior. Aproximadamente el 30 por ciento se refleja al espacio, mientras que el resto es absorbido por las nubes, los océanos y las masas de tierra. El espectro de la luz solar en la superficie terrestre se extiende principalmente por los rangos visibles e infrarrojo cercano, con una pequeña parte en el ultravioleta cercano.

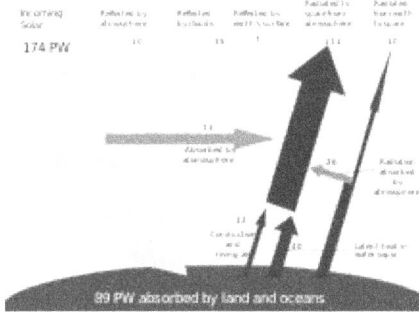

Aproximadamente la mitad de la energía solar admitida alcanza la superficie de la Tierra.

La superficie terrestre, los océanos y la atmósfera absorben la radiación solar, y esto eleva su temperatura. El aire caliente que contiene agua evaporada desde los océanos se eleva, causando circulación atmosférica o convección. Cuando el aire alcanza una altitud mayor, donde la temperatura es baja, el vapor de agua se condensa en las nubes, lo cual se convierte en lluvia, que cae a la superficie de la Tierra, completando el ciclo del agua. El calor latente de condensación del agua aumenta la convección, produciendo fenómenos atmosféricos tales como el viento, los ciclones y los anticiclones. La luz solar absorbida por los océanos y masas terrestres mantiene la superficie a una temperatura promedio de 14°C. Debido a la fotosíntesis, las plantas verdes convierten energía solar en energía química, la cual produce alimentos, madera y la biomasa de la que derivan los combustibles fósiles.

Flujos solares anuales y consumo humano de energía

Solar	3 850 000 EJ
Viento	2250 EJ
Biomasa	3000 EJ
Uso primario de la energía (2005)	487 EJ
Electricidad (2005)	56.7 EJ

La energía solar total absorbida por la atmósfera terrestre, los océanos y las masas terrestres es aproximadamente de 3 850 000 exajoules (EJ) al año. El año 2002 se recibió más energía en una hora de lo que el mundo usó en un año. La fotosíntesis captura aproximadamente 3000 EJ por año en biomasa. La cantidad de energía solar que alcanza la superficie del planeta es tan vasta que en un año es de unas dos veces igual a la que nunca se obtendrá de todos los recursos combinados extraídos, no renovables de carbón, petróleo, gas natural y uranio.[46]

Estrellas

Una estrella es una bola enorme y luminosa de plasma unida por la gravedad. Al final de su vida, puede contener también una proporción de materia degenerada. La más cercana a la Tierra es el Sol, su mayor fuente de energía. Otras estrellas son visibles desde la Tierra durante la noche, cuando no son deslumbradas por el Sol o bloqueadas por fenómenos atmosféricos. Históricamente, las estrellas más importantes se agrupan en constelaciones y asterismos. Los astrónomos las han catalogado para proporcionar designaciones estandarizadas a las estrellas.

Al menos durante una parte de su vida, una estrella brilla debido a la fusión termonuclear del hidrógeno en su núcleo, liberando energía que recorre su interior y, a continuación, irradia al espacio exterior. Casi todos los elementos naturales más pesados que el helio fueron creados por estrellas, ya sea

---

46   Tomado de Wikipedia.

a través de nucleosíntesis estelar durante su vida o por la nucleosíntesis de la supernova cuando la estrella explota.

Una región formadora de estrellas en la Large Magellanic Cloud. NASA/ ESA.

Los astrónomos pueden determinar la masa, la edad, la composición química y muchas otras propiedades de una estrella, observando su espectro, luminosidad y movimiento a través del espacio. Su masa total es el determinante principal en su evolución y su destino final. Otras características se determinan por su historia evolutiva, incluyendo diámetro, rotación, movimiento y temperatura. Un gráfico de la temperatura de muchas estrellas contra su luminosidad, conocido como diagrama de Hertzsprung-Russell —diagrama de H-R—, permite determinar la edad y el estado evolutivo de una estrella.

Una estrella comienza como una nube de material colapsada, compuesta principalmente de hidrógeno con helio y trazas de elementos más pesados. Cuando el núcleo estelar es lo suficientemente denso, una porción del hidrógeno es constantemente convertida en helio por medio del proceso de fusión nuclear. El resto del interior de la estrella transporta energía fuera del núcleo, a través de una combinación de procesos radiativos y convectivos. Su presión interna le impide colapsar más por su propia gravedad. Una vez que se agota el combustible de hidrógeno en el núcleo, las que tienen por lo menos 0.4 veces la masa del Sol se expanden para convertirse en una gigante roja, en algunos casos fusionando elementos más pesados en el núcleo o en capas alrededor del núcleo. La estrella luego evoluciona hacia una forma degenerada, reciclando una parte de la materia en el medio interestelar, donde formará una nueva generación de estrellas con una mayor proporción de elementos pesados.

Los sistemas binarios y *multi-star* constan de dos o más estrellas, vinculadas gravitacionalmente, y suelen moverse entre sí en órbitas estables. Cuando dos de esas estrellas tienen una órbita relativamente cercana, su interacción gravitacional puede tener un impacto significativo sobre su evolución. Las estrellas pueden formar parte de una estructura mucho mayor gravitacionalmente ligada, tales como un clúster o una galaxia.[47]

ADELANTOS RECIENTES OCURRIDOS EN LA INVESTIGACIÓN FÍSICA

La partícula denominada *bosom* de Higgs fue detectada, en diciembre de 2011, en el acelerador lineal del CERN, en Ginebra.

---

47   Tomado de Wikipedia.

Capítulo VIII
Ingeniería y termodinámica

El hombre es innovador *per se*, está en su naturaleza, en su esencia. El hombre siente un impulso permanente hacia la transformación.

El hombre es curioso por naturaleza, es inquisitivo. Desde una temprana edad, está preguntando el porqué de las cosas; desde niño pregunta por qué, para qué.

El poder de observación acompaña siempre a la curiosidad.

Cuando esa capacidad se agudiza, recoge y relaciona experiencias, acumula conocimiento, tratando de dar aplicación a todo lo aprendido, buscando cómo ocurren las cosas, los fenómenos, entonces surge un investigador.

A través de los siglos, el hombre no solo ha aumentado su capacidad de observación, sino que también la ha intensificado, utilizando instrumentos y aparatos creados por él mismo, que lo han ayudado y mejorado o acelerado la capacidad de sus resultados.

Cuando el investigador innato está dotado de conocimiento, sea natural o adquirido, queda capacitado para adentrarse en campos más profundos.

El inventor, el descubridor, el innovador son resultado de lo anterior; empero, sobre todo, debe estar dotado de paciencia para continuar sus observaciones e investigaciones, y profundizar hasta obtener resultados satisfactorios.

Las investigaciones realizadas por el hombre, a través de los siglos, fueron lentamente ascendiendo en importancia y trascendencia, correlacionando unas con otras, desde lo más sencillo hasta lo más complicado.

Las innumerables investigaciones que durante varios siglos condujeron a crear la ingeniería son resultado de esa curiosidad, de la necesidad de hacer cosas mejor que en lo anterior, de relacionar todo con principios y leyes comprobadas, o de concebir y crear estas.

La creación de la termodinámica es consecuencia de ese espíritu innovador.

Sin embargo, podemos inferir que la ingeniería es casi tan antigua como el hombre. Sus actividades de transformar rocas, maderas y huesos en elementos de defensa personal, así como también para otros usos, eran, esencialmente, primeras manifestaciones de ingeniería. La producción de herramientas para múltiples usos viene un poco después, intensificada primero por los griegos y luego ampliada por los romanos.

Para la época en que los romanos convirtieron todas esas actividades en ingeniería y tuvieron sus primeros ingenieros, ya el hombre había explotado varios minerales —generando productos de cobre y de hierro— y producido acero.

Desde esa época hasta el comienzo del Renacimiento, fue muy lento el progreso de la ingeniería, y es Leonardo da Vinci, para esa etapa, el primero que ejerce las funciones de ingeniero y arquitecto.

La historia de la ingeniería se puede dividir en cinco fases superpuestas, cada una marcada por una revolución:

- Primeramente, la introducción de artefactos y herramientas que facilitaron el trabajo. En esta etapa primitiva, los romanos fueron grandes creadores.
- La revolución precientífica: la prehistoria de la ingeniería moderna cuenta con antiguos maestros constructores e ingenieros del Renacimiento, como Leonardo da Vinci.
- La Revolución Industrial: desde el siglo XVIII y a lo largo de la primera parte del siglo XIX, los ingenieros civiles y mecánicos se transformaron de artistas prácticos en profesionales científicos.

- La Segunda Revolución Industrial: durante el siglo anterior a la Segunda Guerra Mundial, las varias ramas científicas de la ingeniería, tales como la eléctrica, la química, la metalúrgica y otras, desarrollaron la electricidad, las telecomunicaciones, los automóviles, la aviación y la producción en masa.
- La revolución de la información: a medida que las ciencias de la ingeniería maduraron después de la Segunda Guerra Mundial, la microelectrónica, las computadoras y las telecomunicaciones produjeron conjuntamente la tecnología de la información.

Tomaremos ahora algunas informaciones de Wikipedia.

LA INGENIERÍA ANTES DE LA REVOLUCIÓN CIENTÍFICA

Los precursores de los ingenieros, entre otros, los artistas prácticos y artesanos, procedieron por ensayo y error, principalmente. Sin embargo, reparando y combinando con la imaginación, se produjeron numerosos dispositivos maravillosos. Muchos monumentos antiguos producen la mayor admiración, la cual se materializa en el nombre *ingeniero* propiamente dicho.

Tal nombre se originó en el siglo XI, tomado del latín *ingeniator*, lo que significa uno con *ingenium*, un ingenioso. El nombre, utilizado para constructores de fortificaciones ingeniosas, ingenieros militares o fabricantes de dispositivos ingeniosos, estaba estrechamente relacionado con la noción de ingenio, que fue tomado del antiguo significado de *motor* hasta que la palabra fue utilizada por las máquinas de vapor y otros artefactos. Leonardo da Vinci llevaba el título oficial de *Ingegnere Generale*. Sus cuadernos revelan que algunos ingenieros del Renacimiento comenzaron a preguntarse sistemáticamente *qué funciona* y *por qué*.

La ingeniería en la Revolución Industrial

La primera fase de la ingeniería moderna surgió en la revolución científica. *Las dos ciencias nuevas*, de Galileo, que busca explicaciones sistemáticas y adopta un enfoque científico a problemas prácticos, es un hito considerado por muchos historiadores de la ingeniería como el comienzo del análisis estructural, la representación matemática y el diseño de estructuras en los edificios. Esta fase de la ingeniería ocurrió a través de la primera Revolución Industrial, cuando maquinarias, impulsadas por más potentes máquinas de vapor, comenzaron a reemplazar a los músculos en la mayor parte de la producción. Al intensificar esa revolución, los artesanos tradicionales se transformaron en profesionales modernos.

Los franceses, con orientación más racionalista, encabezaron la ingeniería civil con énfasis en las matemáticas y desarrollaron la educación universitaria de la ingeniería bajo el patrocinio de su gobierno.

Los británicos, orientados más empíricamente, fueron pioneros en ingeniería mecánica y en sociedades profesionales autónomas, bajo la actitud del *laissez-faire* de su gobierno.

Poco a poco, el pensamiento práctico se hizo más científico, además de intuitivo, a medida que los ingenieros desarrollaban el análisis matemático y controlaban los experimentos. La formación técnica se transfirió de los aprendices a la educación universitaria. La información fluyó más rápidamente en reuniones organizadas y publicaciones en revistas, cuando surgieron las sociedades profesionales.

Posteriormente vienen los americanos. Estos masificaron la educación, haciéndola más accesible a un mayor volumen de jóvenes e introduciendo los cursos nocturnos para adultos. La universidad de los Estados Unidos aplicó otros criterios para crear y hacer funcionar sus instituciones.

La ingeniería moderna

La Segunda Revolución Industrial, representada por la llegada de la electricidad y la producción en masa, fue impulsada por muchas ramas de la ingeniería. Las ingenierías química y eléctrica se habían desarrollado en estrecha colaboración con la física y la química, y habían desempeñado un papel vital en el aumento de productos químicos, eléctricos y las industrias de telecomunicaciones. Los ingenieros marinos habían domado el peligro de la exploración de los océanos. Los ingenieros aeronáuticos convirtieron el antiguo sueño del vuelo en una ventaja de viaje para la gente. Los ingenieros de control aceleraron el ritmo de la automatización. Los ingenieros industriales diseñaron y administraron los sistemas de distribución y producción en masa. Se establecieron programas de ingeniería en instituciones varias y surgieron las escuelas de posgrado. Los talleres se convirtieron en laboratorios, las reparaciones se transformaron en investigación industrial y las invenciones individuales se organizaron en innovaciones sistemáticas.

Revolución de la información

Como consecuencia de la Segunda Guerra Mundial, se introdujeron innumerables innovaciones en muchos campos, en especial la microelectrónica; luego, las computadoras y las telecomunicaciones produjeron conjuntamente la tecnología de la información.

Primeramente la microelectrónica y luego la computadora iniciaron una transformación radical en la ingeniería, facilitando y acelerando procesos que antes no se podían realizar, colocando su utilización al alcance de cualquier persona. La tecnología de la información ha abierto compuertas cuyos alcances no tienen límites.

Entronizando la tecnología moderna: los institutos de tecnología y los politécnicos

Los institutos tecnológicos y politécnicos han existido, al menos, desde el siglo XVIII, pero se incrementaron después de la Segunda Guerra Mundial, al ampliarse la educación de ciencias aplicadas, asociada a las nuevas necesidades creadas por la industrialización.

La primera institución mundial de tecnología, la Schola de Berg —hoy Universidad de Miskolc—, fue fundada por la Cámara de la Corte de Viena, en Selmecbánya, Hungría, en 1735, para formar especialistas en metales preciosos y minería de cobre, de acuerdo con las exigencias de la Revolución Industrial en ese país.

El más antiguo instituto alemán de tecnología es la Universidad de Braunschweig —fundada en 1745 como *Collegium Carolinum*—.

Otra excepción es la École Polytechnique, que ha educado a innumerables profesionales franceses desde su fundación, en 1794.

La llamada Universidad BME de Hungría —fundada como *Institutum Geometricum-Hydrotechnicum*, en 1782— es considerada la institución más antigua de tecnología en el mundo, con rango y estructura de universidad.

La primera escuela politécnica del Reino Unido, la Real Institución Politécnica —ahora Universidad de Westminster—, fue fundada en 1838, en la Regent Street, Londres.

Austria

El primer instituto técnico mundial es la Schola Berg, fundada en el Imperio austro-húngaro, en 1735, por la Cámara de Viena. Otras son:

- Graz University of Technology —fundada en 1811, Hochschule desde 1865, otorga grados doctorales desde 1901. Universidad desde 1975—.

- Vienna University of Technology —fundada en 1815, Hochschule desde 1872, otorga grados doctorales desde 1901. Universidad desde 1975—.
- University of Natural Resources and Applied Life Sciences Vienna, enfocada en la agricultura —fundada como Hochschule en 1872, otorga grados doctorales desde 1906. Universidad desde 1975—.
- University of Leoben, especializada en minería, metalurgia y materiales —fundada en 1840, Hochschule desde 1904, otorga grados doctorales desde 1906. Universidad desde 1975—.

República Checa

- Czech Technical University in Prague (ČVUT) —fundada en 1707, está entre las más antiguas universidades técnicas mundiales—.
- Technical University of Ostrava (VŠB TUO) —fundada en 1849—.
- Brno University of Technology (VUT) —fundada en 1899—.

Instituciones de investigación

- La Academy of Sciences de la República Checa (AV ČR), creada hacia 1784, con 14 mil empleados de investigación —para esta fecha—.

Francia

- Écoles polytechniques

Los sistemas de educación superior, influenciados por el sistema de educación francés a finales del siglo XVIII, utilizan una terminología derivada por referencia de los franceses.[48]

---

48   Ver más abajo.

Gonzalo J. Morales M.

Alemania

Lista de las *Technische Universitäten* en Alemania (universidades técnicas)		
Nombre	Estado	Fundación
Rheinisch-Westfälische Technische Hochschule (RWTH Aachen)	North Rhine-Westphalia	1870
Berlin Institute of Technology	Berlín	1770
Technische Universität Braunschweig *Carolo-Wilhelmina*	Lower Saxony	1745
Chemnitz University of Technology	Saxony	1836
Clausthal University of Technology	Baja Sajonia	1775
Technische Universität Darmstadt	Hesse	1877
Technische Universität Dresden	Saxony	1824
Technische Universität Bergakademie Freiberg	Saxony	1765
Gottfried Wilhelm Leibniz Universität Hannover	Lower Saxony	1831
Technische Universität Ilmenau	Thuringia	1894
Technische Universität Kaiserslautern	Rhineland-Palatinate	1870
Karlsruhe Institute of Technology *Fridericiana*	Baden-Württemberg	1825
Technische Universität München	Bavaria	1868
University of Stuttgart	Baden-Württemberg	1829

Hungría

El primer instituto mundial de tecnología fue la Berg-Schola, establecida en Hungría —hoy Universidad de Miskolc—. Fue fundada en Selmecbánya como la Academia Húngara de Minería y Forestal, en 1735.

La Universidad de Budapest de Tecnología y Economía es otra de las más antiguas de tecnología del mundo —estimada su fundación en 1782—.

Turquía

Nombre	Ciudad	Fundación
Istanbul Technical University (ITU)	Estambul	1773

En Turquía y el Imperio otomano, la historia de la ingeniería es la historia de la Universidad Técnica de Estambul. Sus graduados construyeron presas, carreteras y edificios.

Reino Unido

La primera escuela politécnica de Gran Bretaña, la Royal Polytechnic Institution, más tarde conocida como Polytechnic of Central London —ahora Universidad de Westminster—, se estableció en 1838, en la Regent Street, Londres, y su objetivo era formalizar la ingeniería y el conocimiento de la ciencia en la Gran Bretaña victoriana.

El Finsbury Technical College, el primer colegio técnico verdadero en Inglaterra, desde noviembre de 1879 ofreció clases de día y de noche. Tuvo su apertura oficial en 1883.

Universidades o *colleges* que después se convertirían en universidades fueron creados a partir de la segunda década del siglo XIX, incluyendo: University College (Londres, 1826), St. David (Gales, Lampeter, 1827), King's College

(Londres, 1828), Durham (1832), Universidad de Londres (1836), Queen's College (Birmingham, 1842), Owen College (Manchester, 1851) y School of Mining (Londres, 1852).

El Imperial College of Science and Technology fue fundado por el Estado para ofrecer entrenamiento avanzado de nivel universitario en ciencia y tecnología, en todo el Imperio británico, así como también para la promoción de investigaciones en apoyo de la industria. Fue una institución que surgió en 1907, con la federación de tres colegios más antiguos.

En 1956, algunos institutos de tecnología recibieron la designación de *College of Advanced Technology*. Se convirtieron en universidades en la década de 1960.

La designación *Institute of Technology* fue usada ocasionalmente por politécnicos —Bolton—, instituciones centrales —de Dundee, Robert Gordon— y universidades para postgrados —Cranfield y Wessex—, la mayoría de los cuales recibió más tarde la aprobación y la designación de universidad. Hubo dos *Institutes of Science and Technology*: UMIST y UWIST, de la Universidad de Gales.

La Universidad de Loughborough fue llamada Loughborough University of Technology de 1966 a 1996, la única institución en el Reino Unido que haya tenido tal designación. Fue creada en 1919 como Loughborough College.

ÉCOLE POLYTECHNIQUE

La École Polytechnique es una institución estatal de educación superior e investigación en Palaiseau, cerca de París.

El Polytechnique fue creado en 1794. La École Centrale des Travaux Publics fue fundada por Lazare Carnot

y **Gaspard Monge**, durante la Revolución francesa, en el momento de la Convención Nacional. Un año más tarde fue renombrada *École Polytechnique*.

En 1805, el emperador Napoleón Bonaparte instala la École en la Montagne Sainte-Geneviève, en el Quartier Latin, París central, como una academia militar, y le concedió su lema: *"Pour la Patrie, les Sciences et la Gloire"* (*"Para la nación, la ciencia y la gloria"*).

Algunos graduados en Ciencia, Tecnología y Matemáticas en la École Polytechnique

Nombre	Clase año	Campos notables
François Arago (1786-1853)	X1803	Matemático, físico, astrónomo y político.
Alexis Therese Petit	X1811	Físico. Notable por sus trabajos con la *ley de Dulong-Petit*.
Pierre Louis Dulong	X1801	Físico. Notable por sus trabajos con la *ley de Dulong-Petit*.
Jean-Baptiste Biot (1774-1862)	X1794	Físico, astrónomo y matemático. Estableció la realidad de los meteoritos y estudió la polarización de la luz.
Jean-Victor Poncelet	X1807	Matemático e ingeniero.
Urbain Le Verrier	X1831	Descubrió el planeta Urano.
Nicolas Léonard Sadi Carnot (1796-1832)	X1812	Físico, matemático e ingeniero. Propuso la primera explicación teórica de las máquinas térmicas y el ciclo de Carnot, y construyó los fundamentos de la *segunda ley* de la termodinámica.
Augustin Louis Cauchy (1789-1857)	X1805	Matemático. Formuló el teorema del residuo.
Georges Charpy (1865-1945)	X1887	Inventó la prueba de impacto de Charpy.
Henri-Louis le Châtelier (1850-1936)	X1869	Químico. Famoso por concebir el *principio de Le Châtelier*.

Gonzalo J. Morales M.

Émile Clapeyron (1799-1864)	X1816	Físico. Uno de los fundadores de la termodinámica.
Pierre Henri Hugoniot (1851-1887)	X1872	Físico, ingeniero mecánico y científico. La *ecuación Rankine-Hugoniot* es en su nombre.
Gustave Coriolis (1792-1843)	X1808	Matemático, ingeniero mecánico y científico. El *efecto Coriolis* fue dado en su nombre.
Augustin Fresnel (1788-1827)	X1804	Físico. Contribuyó a la óptica ondulatoria.
Eugène Freyssinet (1879-1962)	X1899	Desarrolló el concreto pretensado.
Joseph-Louis Gay-Lussac (1778-1850)	X1797	Químico y físico. Se le conoce por las *leyes de Gay-Lussac* para los gases.
Gabriel Lame	X1815	Matemático. Conocido por su trabajo sobre coordinadas curvilíneas y la *función Lamé.*
Claude-Louis Navier (1785-1836)	X1802	Ingeniero y físico especializado en mecánica. Las *ecuaciones Navier-Stokes* tienen su nombre.
Henri Poincaré (1854-1912)	X1873	Matemático, físico teórico y filósofo de la ciencia.
Siméon-Denis Poisson (1781-1840)	X1798	Matemático, geómetra y físico.
Jean Louis Marie Poiseuille	X1815	Físico. Conocido por sus trabajos en mecánica de fluidos y por la *ecuación Hagen-Poiseuille.*

Lista de la facultad de la École Polytechnique

Esta lista incluye a los primeros profesores de la École Polytechnique.

Facultad

Nombre	Departamento	Campo notable
André-Marie Ampère (1775-1836)	Análisis (1807-1808)	Codescubridor del electromagnetismo.
François Arago (1786-1853) (X1803)	Mecánica (1809-1827) Geometría (1810-1815) Análisis (1816-1829)	Matemático, físico, astrónomo y político.

314

Augustin Louis Cauchy (1789-1857) (X1805)	Análisis (1815-1829)	Pionero en el análisis.
Antoine François, Conde de Fourcroy (1755-1809)	Química	Codescubridor del Iridio. Cofundador de la moderna nomenclatura química.
Joseph Fourier (1768-1830)	Análisis	Series de Fourier, Fourier transform, *ley de Fourier* para la conducción.
Jean Nicolas Pierre Hachette (1769-1834)	Geometría Descriptiva	Matemático.
Charles Hermite (1822-1901)	Matemática (1869)	Polinomios de Hermite, interpolación de Hermite, formas de Hermite, operadores de Hermite y otras fueron honradas con su nombre.
Gaspard Monge (1746-1818)	Geometría Descriptiva	Matemático. Inventor de la geometría descriptiva.
Claude-Louis Mathieu (1783-1875) (X1803)	Análisis (1833-1838)	Matemático y astrónomo. Trabajó sobre la distancia de las estrellas.
Claude-Louis Navier (1785-1836) (X1802)	Análisis (1831-1832)	Contribuidor al análisis estructural moderno.
Paul Painlevé (1863-1933)	Matemática	Trascendentales Painlevé.
Louis Poinsot (1777-1859) (X1794)	Análisis (1809-1811)	Inventor de la mecánica geométrica.
Felix Savary (1797-1841) (X1815)	Análisis (1830-1841)	Astrónomo. Trabajó sobre estrellas dobles.

École Nationale Supérieure des Mines de París

La École Nationale Supérieure des Mines de París —también conocida como Mines ParisTech, Mines Paris o simplemente les Mines— fue creada en 1783 por el rey Luis XVI para formar directores inteligentes de minas. Es una de las más importantes escuelas de ingeniería francesas.

ÉCOLE NATIONALE DES PONTS ET CHAUSSÉES

La École Nationale des Ponts et Chaussées —o Escuela Nacional de Puentes y Calzadas (ENPC)—, cuyo nombre oficial actual es *École des Ponts ParisTech,* fue creada en 1747, bajo el nombre de *École Royale des Ponts,* es la más antigua del mundo en funcionamiento, así como una de las más prestigiosas.

HUMBOLDT UNIVERSITY OF BERLIN

La Universidad Humboldt de Berlín —en alemán, Humboldt-Universität zu Berlin— es la universidad más antigua de Berlín, fundada en 1810 como la Universidad de Berlín —Universität zu Berlin—. Desde 1828, fue conocida como Universidad de William Frederick —Friedrich-Wilhelms-Universität—; más tarde —extraoficialmente—, también como Universität unter den Linden.

VIENNA UNIVERSITY OF TECHNOLOGY

La Technische Universität Wien es una de las principales universidades de Viena. Fundada en 1815, como Imperial-Royal *Polytechnic Institute*.

ESCUELAS DE LA TERMODINÁMICA

A través de los tiempos, como consecuencia de los adelantos en la producción de bienes, así como también por las extensas investigaciones sobre el calor, comenzando a mediados del siglo XIX, algunos centros europeos de investigación y enseñanza se convirtieron en faros de iluminación de enseñanza y difusión de los conceptos relacionados con la termodinámica, y con el tiempo se transformaron en escuelas de la termodinámica. A continuación, se nombrarán los más conocidos.

Con *escuelas de la termodinámica* se hace referencia a esa veintena de *escuelas* notables de pensamiento en el desarrollo y la enseñanza de la termodinámica en los lugares —instituciones— o los pensadores en todo el mundo alrededor o fuera de las cuales surgieron pioneros que generaron importantes valores termodinámicos, leyes, principios, teorías, ideas, ramas.

Seguidamente, se menciona brevemente a los exponentes en la fundación de las doce escuelas pioneras de la termodinámica, así como también el diagrama de conectividad entre esas escuelas.[49]

---

49   Tomado de Wikipedia. Ver Anexo 6.

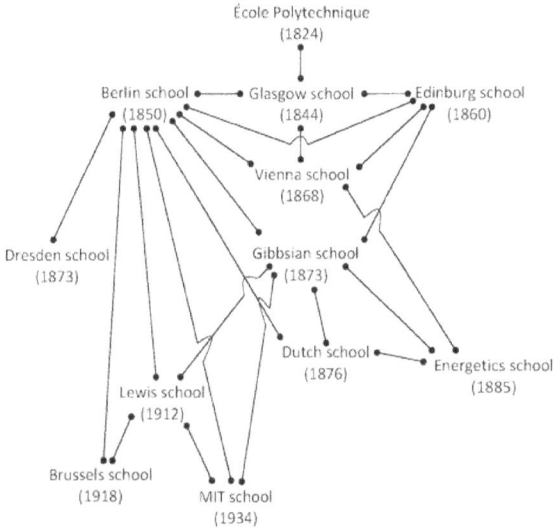

La formación y la interconectividad entre esa docena de escuelas fundadoras de la termodinámica es un tema histórico complejo. La escuela primigenia entre esa docena de fundadores es la École Polytechnique, seguida por la Escuela de Berlín —en termodinámica—, luego por la Escuela de Viena —mecánica estadística— y la Escuela Gibbsiana —termodinámica química—, respectivamente.

ÉCOLE POLYTECHNIQUE

La escuela de la termodinámica, en primer lugar, que continúa teniendo gran prestigio, fue la École Polytechnique, fundada en 1794 por el ingeniero francés Lazare Carnot. Durante el período de 1800 a 1840, tuvo el foco de la investigación sobre la naturaleza del calor y fue el hogar de muchos de los matemáticos, físicos e ingenieros más famosos del mundo, entre ellos Joseph Fourier, Gustave Coriolis, Émile Clapeyron y Henri Regnault, entre muchos otros. El baluarte fue Sadi Carnot.

Universidad de Glasgow

La segunda escuela de la termodinámica estuvo ubicada en la Universidad de Glasgow durante los años 1840 y hasta 1860. Personas vinculadas a esta escuela o a la sociedad instrumental en el desarrollo de la termodinámica fueron John Nichol, Gordon Lewis, James Thomson, William Thomson y William Rankine, entre otros. El baluarte fue William Thomson.

Universidad de Berlín

En el período de 1871 a 1931, la Universidad de Berlín fue el principal instituto mundial para la termodinámica, y esta llegó a ser conocida como la *Escuela de Berlín de la Termodinámica*. Los tres principios fundamentales, la conservación de energía por Hermann Helmholtz, el principio de la entropía por Rudolf Clausius y la condición de entropía cero a la temperatura del cero absoluto por Walther Nernst, se instituyeron allí; también sus inventores estuvieron conectados con este instituto.

Helmholtz, junto con Clausius, fundó la Escuela de Berlín de la Termodinámica. La influencia de esta escuela en el desarrollo de la termodinámica es fundamental. Solo por nombrar algunos otros famosos científicos relacionados con esta escuela: August Horstmann, un antiguo alumno de Helmholtz, fue el primero en incorporar las teorías termodinámicas de Clausius en la química; Max Planck, que incorporó la revolución cuántica de la termodinámica estadística de Boltzmann; Albert Einstein, Erwin Schrödinger y Leo Szilard.

Universidad de Edimburgo

A finales de la década de 1840 y en la de 1860, la Universidad de Edimburgo y la Sociedad Filosófica de Edimburgo fueron punto focal para una serie de investigadores relacionados con la termodinámica, incluyendo a William Hamilton, James Maxwell, Peter Tait y James Forbes, entre otros. Los baluartes fueron Peter Tait y James Maxwell.

ESCUELA DE VIENA

La *escuela vienesa* se refiere a la termodinámica y a las obras sobre termodinámica estadística, teorías y enseñanzas desarrolladas en o en relación con la Universidad de Viena, Austria, a partir de 1863. La Escuela de Viena originó conceptos tales como la producción de energía y el flujo de la entropía. Entre los termodinamicistas asociados con esta escuela se incluye a Ludwig Boltzmann, Josef Loschmidt y Joseph Stefan.

ESCUELA DE YALE

Puesta en marcha en 1873, está asociada con el trabajo del ingeniero estadounidense Willard Gibbs en la Universidad de Yale. La mayoría de los estudiantes de Gibbs eran indirectos, a través del estudio de su obra.

ESCUELA HOLANDESA DE LA TERMODINÁMICA

La Escuela Holandesa de la Termodinámica, que comenzó en 1876, está asociada con el trabajo del físico-químico Johannes van der Waals y el químico Bakhuis Roozeboom, de la Universidad de Ámsterdam, quienes se basaron en los trabajos del físico alemán Rudolf Clausius y del ingeniero norteamericano Willard Gibbs.

ESCUELA DE DRESDE DE LA TERMODINÁMICA

El físico alemán Gustav Zeuner, autor de la *Termodinámica técnica*, es considerado el fundador de la *Escuela de Dresde de la Termodinámica*. En realidad, Zeuner asumió, en 1873, el cargo de director en el Royal Saxon Polytechnicum, en Dresde, en donde, además de la termodinámica, introdujo también las humanidades.

Zeuner fue sucedido en 1897, en Dresde, por el físico alemán Richard Mollier, como profesor de Ingeniería Mecánica, famoso por sus diagramas de entalpía-entropía para el vapor. En el año 1923, la Conferencia sobre Termodinámica de Los Ángeles decidió que cualquier diagrama termodinámico que tuviera entalpía como una de sus coordenadas a partir de entonces debería ser llamado *diagrama de Mollier*.

ESCUELA DE BRUSELAS DE LA TERMODINÁMICA

En la Universidad Libre de Bruselas está la escuela de lógica termodinámica, llamada *Escuela de Bruselas de la Termodinámica*, que tuvo su *nacimiento* en 1918 y duró hasta la década de 1950, en torno a la obra del químico ruso-belga Ilya Prigogine y el físico matemático Théophile de Donder, quienes se fundaron en el trabajo del físico alemán Rudolf Clausius.

ESCUELA DE LA TERMODINÁMICA DE LEWIS

La *escuela de Lewis*, un término que se utilizaba ya en 1923, se refiere a la lógica del físico-químico americano Gilbert Lewis. En el siglo XX, el texto más citado en la termodinámica fue el de 1923, *La termodinámica y la energía libre de sustancias químicas*, escrito por Lewis y el físico-químico estadounidense Merle Randall. Esta actividad se centra en la Universidad de California, Berkeley, al inicio de 1912.

A partir de alrededor de 1895, basado en el trabajo del ingeniero estadounidense Willard Gibbs, Lewis estaba consciente de que las reacciones químicas alcanzaban un equilibrio determinado por la energía libre de las sustancias que intervienen.

Lewis trabajó veinticinco años para determinar la energía libre de varias sustancias, por medio de mediciones experimentales. En 1923, él y Randall publicaron los resultados de este estudio, que contribuyó a formalizar la termodinámica química moderna. Uno de sus alumnos notables fue Federico Rossini. Herman Kalckar era famoso y decía que estaba en *la órbita de la gran escuela de G. N. Lewis de la termodinámica.*

Fritz Lipmann, bioquímico estadounidense de origen alemán, que trabajó con Kalckar, también se podría decir que se asocia con la escuela de Lewis, ya que su teoría libre de acoplamiento de energía se basa en la termodinámica de Lewis.

ESCUELA DE LA TERMODINÁMICA DEL MIT

La Escuela del MIT, o *Escuela Keenan de la Termodinámica*, se centra en las publicaciones del ingeniero mecánico estadounidense Joseph Keenan y del físico estadounidense László Tisza, de origen húngaro.

Entre 1934 y 1961, el americano Joseph Keenan fue profesor y más tarde jefe del Departamento de Ingeniería Mecánica, en el Massachusetts Institute of Technology (MIT). Keenan es conocido por su cálculo de tablas de vapor, la investigación en cohetes de propulsión a reacción y su trabajo de promoción sobre la comprensión de las leyes de la termodinámica.

El cuerpo docente del MIT, durante la sesión de verano de 1953, bajo la dirección de Keenan, organizó el Curso Rumford de Termodinámica, en la celebración del bicentenario del Conde Rumford (Benjamin Thomson).

De origen húngaro, László Tisza, físico estadounidense, profesor de Física en el MIT desde 1941 hasta 1973, y Herbert Callen, son de la Escuela de la Termodinámica del MIT.

Otras escuelas, que comprenden temas diversos

Una de las escuelas, discutida en el contexto de la energética y la psicología, es la Escuela de Helmholtz, y otra, discutida en el contexto de la física, la energía, la termodinámica y la economía, es la Escuela de Lausanne.

La escuela rusa de la mecánica estadística se dice que está basada en las ideas de Nikolay Bogolyubov, y desarrolladas más tarde por Dimitri N. Zubarev, S. V. Peletminskii y otros.

Entre otros grupos de las llamadas *escuelas termodinámicas* se incluyen: la Escuela Catalana de la Termodinámica, centrada en el tema de la ampliación de la termodinámica irreversible desarrollada por J. Casas-Vázquez, D. Jou y G. Lebon, y la Escuela Mexicana de la Termodinámica, sobre el tema de un enfoque cinético generalizado, desarrollada por el químico y físico mexicano Leopoldo García-Colín.

A partir de la década de 1970 y hasta los años de 1990, hubo una serie de conferencias celebradas en lo que se llama la Escuela de Bellaterra de la Termodinámica, en la Universidad Autónoma de Barcelona, España.

También existe lo que se llama la *escuela japonesa*, *Escuela Japonesa de la Entropía* o del análisis económico japonés, asociado a un número de sus miembros, liderado por el físico japonés y el economista Atsushi Tsuchida, autor de la *Introducción a la entropía de la economía*, en la Universidad Meijou, relacionada con su trabajo de 1984.

Otras sociedades e instituciones

En 1986, los investigadores americanos sobre bioquímica, biofísica y genética, Gary Ackers, Wayne Bolen, Ernesto Freire, Stan Gill y Jim Lee se reunieron en Vail, Colorado, para discutir la disciplina de la termodinámica en los sistemas biológicos, que antes de este tiempo, de acuerdo con Ackers y Bolen, fue ampliamente percibido solo como un *sistema de contabilidad de la energía*, ocupado solo en el recuento del número de hidrólisis de ATP que *pagaba* por cada una de las síntesis bioquímicas. Al año siguiente se celebró la 1ª Conferencia Anual de Gibbs sobre la Termodinámica Biológica, un evento que se ha mantenido anualmente. La Sociedad Gibbs de la Termodinámica Biológica (The Gibbs Society of Biological Thermodynamics) incluye a los organizadores y asistentes, que suman hasta doscientos, de la conferencia anual.

La Sociedad India de Termodinámica (ITS) se estableció en 2001, con sede en la Universidad Guru Nanak Dev, Amritsar, con la finalidad de fortalecer la investigación y la enseñanza de la termodinámica en la India. El ITS organizó tanto en 2005 —primer año— como en 2006 —segundo año— la Conferencia Nacional sobre la Termodinámica de Sistemas Químicos y Biológicos.

El Instituto de Termodinámica Humana (IoHT) fue establecido en 2005 por el ingeniero químico estadounidense Libb Thims, centralizado en Chicago, Illinois, como comunidad en línea de intercambio para los investigadores interesados en el estudio de la aplicación de la termodinámica a la operación de los sistemas de los seres humanos.

Personas notables asociadas con este último instituto son: Georgi Gladyshev, Jing Chen, Elizabeth Porteus y Gerard Nahum, entre otros. Desde su creación, la sinergia de la IoHT ha sido el promulgador de muchas proposiciones positivas, incluyendo la JHT, EoHT, el canal de YouTube Human Chemistry101, donaciones de materiales de enseñanza —por ejemplo, *La molécula humana*, a las escuelas locales— y las publicaciones de artículos en línea gratis y materiales sobre la termodinámica humana.

Paul Anthony Samuelson (1915-2009). Graduado en Harvard, Samuelson estudió Economía con Joseph

Schumpeter y Wassily Leontief. Fue el primer estadounidense en ganar el Premio Nobel en Ciencias Económicas.

Profesor de Economía en el Massachusetts Institute of Technology (MIT). En 1966, fue nombrado profesor de esa institución. En el MIT, jugó un papel decisivo en su Departamento de Economía, convirtiéndolo en una institución de renombre mundial.

Fue autor del libro de texto de economía de mayor venta de todos los tiempos: *Economía: un análisis preliminar*, publicado por primera vez en 1948.

Termodinámica y economía

Samuelson fue uno de los primeros economistas en generalizar y aplicar métodos matemáticos desarrollados para el estudio de la termodinámica a la economía. Como estudiante graduado en Harvard, fue el único protegido del polímata Edwin Bidwell Wilson, quien había sido un estudiante del físico de Yale Willard Gibbs, fundador de la termodinámica química; también fue mentor del economista norteamericano Irving Fisher y ambos influyeron con sus ideas sobre el equilibrio de los sistemas económicos.

Samuelson también publicó uno de los primeros documentos sobre la dinámica no lineal en el análisis económico.

El opus magnum de Samuelson, *Foundations of Economic Analysis*, de 1947, tomado de su tesis doctoral, se basa en los métodos clásicos de la termodinámica del termodinamicista americano Willard Gibbs, específicamente de su trabajo de 1876, *On the Equilibrium of Heterogeneous Substances*.

Basado en el *principio de Le Châtelier* de la termodinámica, un principio enseñado a Samuelson por Wilson en sus conferencias, estableció el método de estática comparativa en la economía. Este método explica los cambios en la solución de equilibrio en un problema de maximización restringida —

económico o termodinámico— cuando uno de los limitantes es marginalmente tensado o relajado.

El *principio de Le Châtelier* fue desarrollado por el químico francés Henri Louis le Châtelier, famoso por ser uno de los primeros en traducir los trabajos sobre equilibrio de Gibbs — en francés, 1899—.

El uso del *principio de Le Châtelier* por Samuelson ha demostrado ser un instrumento muy poderoso y ha tenido un uso extendido en la economía moderna. Los intentos de establecer analogías en el equilibrio de la economía neoclásica con la termodinámica, en general, se basan en Guillaume y Samuelson.[50]

AVANCES RECIENTES EN LA TERMODINÁMICA

Entre las diversas publicaciones anuales, tomadas de "Entropy", se pueden citar las siguientes.

El 17 de agosto de 2011, el Departamento de Ingeniería Mecánica del Gandhi Engineering College organizó un seminario sobre avances recientes en termodinámica y sistemas energéticos, en su campus en Madanpur, Bhubaneswar, la India. La sesión incluyó una discusión detallada sobre los métodos y procesos para obtener la máxima eficiencia de las centrales térmicas. Con la amplia ayuda de gráficos, tablas y ecuaciones, el profesor Reddy ilustró a los delegados y también sugirió soluciones alternativas para el uso de combustibles tradicionales en las plantas de energía térmica.

Harvey J. M. Hou, del Departamento de Química y Bioquímica de la Universidad de Massachusetts, Dartmouth, North Dartmouth, USA, publica el trabajo *"Molecular Mechanisms of Electron Transfer Reactions in Photosynthesis: Thermodynamic Aspect"* ("Mecanismos moleculares de reacciones de transferencia de electrones en la fotosíntesis").

50   (Source for this chapter:Wikipedia: Libb Thims-Hmolpedia) (Ver Anexo 6)

Gonzalo J. Morales M.

Resumen: La fotosíntesis consiste en una serie de pasos de transferencia de electrones para convertir la energía solar en energía química en las plantas verdes, algas y cynobacterias. En esta revisión se examinan los parámetros termodinámicos, incluyendo entalpía, entropía y cambios de volumen de reacciones de transferencia de electrones en la fotosíntesis. Con la medición del cambio de entalpía por pulsos fotoacústicos puede calcularse la entropía de la reacción cuando se conoce la energía libre. Separando la energía libre de una reacción luminosa en sus componentes entálpicos y entrópicos se puede proporcionar información crítica acerca de los mecanismos de transferencia de electrones en general. También se discuten las limitaciones potenciales y la dirección futura del aspecto termodinámico de las reacciones de transferencia de electrones en la fotosíntesis.

En la revista "Entropy", 2010, 12 (8), 1921-1935, fue publicado el artículo
A Statistical Thermodynamical
Interpretation of Metabolism", cuyos autores son Friedrich Srienc y Pornkamol Unrean.

Anexos

En los anexos se han incluido publicaciones complementarias al texto, tomadas de diversas fuentes, especialmente de Wikipedia. En no todos los casos se pudo identificar a los autores originales, a quienes pedimos excusas por la omisión.

Anexo 1-Escuelas de la termodinámica

La formación y la interconectividad entre esa docena de escuelas fundadoras de la termodinámica es un tema histórico complejo. La escuela primigenia entre esa docena de fundadores es la École Polytechnique, seguida por la Escuela de Berlín —en termodinámica—, luego por la Escuela de Viena —mecánica estadística— y la Escuela Gibbsiana —termodinámica química—, respectivamente.

École Polytechnique

La escuela de la termodinámica, en primer lugar, que continúa teniendo gran prestigio, fue la École Polytechnique, fundada en 1794 por el ingeniero francés Lazare Carnot, padre del fundador de la termodinámica, Sadi Carnot, junto con el matemático francés Gaspard Monge. Durante el período de 1800 a 1840, tuvo el foco de la investigación sobre la naturaleza del calor y fue el hogar de muchos de los matemáticos, físicos e ingenieros más famosos del mundo, entre ellos Joseph Fourier, Gustave Coriolis, Émile Clapeyron y Henri Regnault, entre muchos otros. El baluarte fue Sadi Carnot.

UNIVERSIDAD DE GLASGOW

La segunda escuela de la termodinámica, que fue un foco de desarrollo, estuvo ubicada en la Universidad de Glasgow durante los años 1840 y hasta 1860, cuando se creó la Sociedad Filosófica de Glasgow. Personas vinculadas a esta escuela o a la sociedad instrumental en

William Thomson el desarrollo de la termodinámica fueron John Nichol, Gordon Lewis, James Thomson, William Thomson y William Rankine, entre otros. El baluarte fue William Thomson. Publicaciones posteriores de esta escuela sobre termodinámica incluyen el trabajo, en 1892, del matemático Peter Alexander.

LA ESCUELA DE LA TERMODINÁMICA DE BERLÍN

Rudolf Clausius

En el período de 1871 a 1931, la Universidad de Berlín fue el principal instituto mundial para la termodinámica, y esta llegó a ser conocida como la *Escuela de Berlín de la Termodinámica*. Los tres principios fundamentales, la conservación de energía por Hermann Helmholtz, el principio de la entropía por Rudolf Clausius y la condición de entropía cero a la temperatura del cero absoluto por Walther Nernst, se instituyeron allí; también sus inventores estuvieron conectados con este instituto.

Helmholtz, junto con Clausius, fundó la Escuela de Berlín de la Termodinámica, donde aquel reemplazó a Heinrich Magnus como director del Instituto de Física. La influencia de esta escuela en el desarrollo de la termodinámica es fundamental. Solo por nombrar algunos otros famosos científicos relacionados con esta escuela: August Horstmann, un antiguo alumno de Helmholtz, fue el primero en incorporar las teorías termodinámicas de Clausius en la química; Max Planck, que incorporó la revolución cuántica de la termodinámica estadística de Boltzmann; Albert Einstein, Erwin Schrödinger y Leo Szilard. Entre 1866 y 1869, el ingeniero matemático americano Willard Gibbs pasó un año en cada una, París, Berlín y Heidelberg, donde entró en contacto con Helmholtz y Clausius.

Universidad de Edimburgo

A finales de la década de 1840 y en la de 1860, la Universidad de Edimburgo y la Sociedad Filosófica de Edimburgo fueron punto focal para una serie de investigadores relacionados con la termodinámica, incluyendo a William Hamilton, James Maxwell, Peter Tait y James Forbes, entre otros. Los baluartes fueron Peter Tait y James Maxwell.

James Maxwell

Escuela de Viena

La *escuela vienesa* se refiere a la termodinámica y a las obras sobre termodinámica estadística, teorías y enseñanzas desarrolladas en o en relación con la Universidad de Viena, Austria, a partir de 1863. La Escuela de Viena originó conceptos tales como la producción de energía y el flujo de la entropía. Entre los termodinamicistas asociados con esta escuela se incluye a Ludwig Boltzmann, Josef Loschmidt y Joseph Stefan.

Ludwig Boltzmann

Escuela de Yale

Puesta en marcha en 1873, está asociada con el trabajo del ingeniero estadounidense Willard Gibbs y sus estudiantes en la Universidad de Yale. La mayoría de los alumnos de Gibbs eran indirectos, a través del estudio de su obra. Uno de los directos fue Edwin Wilson, además de su alumno Paul Samuelson, quien utilizó la termodinámica en la economía.

Willard Gibbs

Escuela Holandesa de la Termodinámica

Johannes der Waals

La Escuela Holandesa de la Termodinámica, que comenzó en 1876, está asociada con el trabajo del físico-químico Johannes van der Waals y el químico holandés Bakhuis Roozeboom, de la Universidad de Ámsterdam, quienes se basaron en los trabajos del físico alemán Rudolf Clausius y del ingeniero norteamericano Willard Gibbs. Otros relacionados con la escuela holandesa, hasta cierto punto, son F. A. H. Schreinemakers y Jacobus Van't Hoff.

Escuela de Dresde de la Termodinámica

Gustav Zeuner

El físico alemán Gustav Zeuner, autor de la *Termodinámica técnica*, en dos volúmenes, que circuló con cinco ediciones, es considerado el fundador de la *Escuela de Dresde de la Termodinámica*. En realidad, Zeuner asumió, en 1873, el cargo de director en el Royal Saxon Polytechnicum, en Dresde —ahora Technische Universität Dresden—, en el este de Alemania, en donde, además de la termodinámica, introdujo también las humanidades. La ampliación de la gama de materias impartidas allí originó el ascenso del politécnico hasta convertirse en una universidad politécnica a gran escala, en 1890. En 1889, a los 61 años, Zeuner renunció a su puesto como director del politécnico para trabajar como profesor hasta su jubilación, en 1897.

Zeuner fue sucedido en 1897, en Dresde, por el físico alemán Richard Mollier, como profesor de Ingeniería Mecánica, famoso por sus diagramas de entalpía-entropía para el vapor. Publicó tratados tales como *La entropía del calor* (1895) y *Nuevos gráficos de termodinámica técnica* (1904). En el año 1923, la Conferencia sobre Termodinámica de Los Ángeles decidió que cualquier diagrama termodinámico que tuviera entalpía como una de sus coordenadas a partir de entonces debería ser llamado *diagrama de Mollier*.

ESCUELA DE LA ENERGÉTICA

Se atribuye al químico alemán Wilhelm Ostwald —fundador—, de 1890 a 1908, a Pierre Duhem y al físico austríaco Ernst Mach, que en un discurso de lógica rechazaran la hipótesis atómica, centrándose en su lugar, sobre todo, en la ley de conservación de la energía y la creencia de que los niveles de energía macroscópica eran la única realidad. Con el descubrimiento del átomo, entre 1897 y 1909, esta escuela, sin embargo, pronto dejó de existir.

Wilhelm Ostwald

ESCUELA DE BRUSELAS DE LA TERMODINÁMICA

En la Universidad Libre de Bruselas está la escuela de lógica termodinámica, llamada *Escuela de Bruselas de la Termodinámica*, que tuvo su *nacimiento* en 1918 y duró hasta la década de 1950, en torno a la obra del químico ruso-belga Ilya Prigogine y el físico matemá-

Théophile de Donder

tico Théophile de Donder, quienes se fundaron en el trabajo del físico alemán Rudolf Clausius.

Esa universidad ahora se divide entre los de habla francesa —Université Libre de Bruxelles— y los de habla holandesa —Vrije Universiteit Brussel—.

En la Universidad Libre de Bruselas está la escuela de lógica termodinámica, llamada *Escuela de Bruselas de la Termodinámica*, que tuvo su *nacimiento* en 1918 y duró hasta la década de 1950, en torno a la obra del químico ruso-belga Ilya Prigogine y el físico matemático Théophile de Donder, quienes se fundaron en el trabajo del físico alemán Rudolf Clausius.

Esa universidad ahora se divide entre los de habla francesa —Université Libre de Bruxelles— y los de habla holandesa —Vrije Universiteit Brussel—.

ESCUELA DE LA TERMODINÁMICA DE LEWIS

Gilbert Lewis

La *escuela de Lewis*, un término que se utilizaba ya en 1923, o *G. N. Lewis School*, que entró en uso común en la década de 1950, se refiere a cualquier persona educada bajo la lógica del físico-químico americano Gilbert Lewis. En el siglo XX, el texto más citado en la termodinámica fue el de 1923, *La termodinámica y la energía libre de sustancias químicas*, escrito por Lewis y el físico-químico estadounidense Merle Randall. Esta actividad se centra en la Universidad de California, Berkeley, al inicio de 1912, cuando Lewis fue decano de la Facultad de Química.

A partir de alrededor de 1895, basado en el trabajo del ingeniero estadounidense Willard Gibbs, Lewis estaba consciente de que las reacciones químicas alcanzaban un equilibrio determinado por la energía libre de las sustancias que intervienen.

Lewis trabajó veinticinco años para determinar la energía libre de varias sustancias, por medio de mediciones experimentales. En 1923, él y Randall publicaron los resultados de este estudio, que contribuyó a formalizar la termodinámica química moderna. Uno de sus alumnos notables fue Federico Rossini. Herman Kalckar, que había pasado un año en el Instituto Tecnológico de California (California Institute of Technology), en Pasadena, era famoso y decía que estaba en *la órbita de la gran escuela de G. N. Lewis de la termodinámica*.

Fritz Lipmann, bioquímico estadounidense de origen alemán, que trabajó con Kalckar, también se podría decir que se asocia con la escuela de Lewis, aunque fue educado en Berlín, ya que su teoría libre de acoplamiento de energía se basa en la termodinámica de Lewis.

ESCUELA DE LA TERMODINÁMICA DEL MIT

Joseph Keenan

La Escuela del MIT, o *Escuela Keenan de la Termodinámica*, se centra en las publicaciones del ingeniero mecánico estadounidense Joseph Keenan y del físico estadounidense László Tisza, de origen húngaro.

Entre 1934 y 1961, el americano Joseph Keenan fue profesor y más tarde jefe del Departamento de Ingeniería Mecánica, en el Massachusetts Institute of Technology (MIT).

Keenan es conocido por su cálculo de tablas de vapor, la investigación en cohetes de propulsión a reacción y su trabajo de promoción sobre la comprensión de las leyes de la termodinámica. Su clásico libro de texto, *Termodinámica*, de 1941, sirvió como una herramienta de enseñanza fundamental en los programas de ingeniería entre 1940 y 1950.

Keenan llevó a la profesión de la ingeniería mecánica la obra fundamental de Willard Gibbs.

El cuerpo docente del MIT, durante la sesión de verano de 1953, bajo la dirección de Keenan, organizó el Curso Rumford de Termodinámica, en la celebración del bicentenario del Conde Rumford (Benjamin Thomson).

Entre los asociados notables a esta escuela se encuentran George Hatsopoulos y Gian-Paolo Beretta, el último de los cuales afirma que tenía una *termodinámica de reflexión* en el MIT, en la década de 1990. El sitio web QuantumThermodynamics. org, administrado por Beretta, ofrece listas de las publicaciones de los miembros de la *Escuela Keenan de la Termodinámica*.

De origen húngaro, László Tisza, físico estadounidense, profesor de Física en el MIT desde 1941 hasta 1973, con su libro de texto de 1966, *Termodinámica generalizada*; y su estudiante de doctorado, Herbert Callen, con su popular *Termodinámica e introducción a la termoestadística*, de 1985, son de la Escuela de la Termodinámica del MIT

Gonzalo J. Morales M.

Otras escuelas, que comprenden temas diversos

Una de las escuelas, discutida en el contexto de la energética y la psicología, es la Escuela de Helmholtz, y otra, discutida en el contexto de la física, la energía, la termodinámica y la economía, es la Escuela de Lausanne.

La escuela rusa de la mecánica estadística se dice que está basada en las ideas de Nikolay Bogolyubov, y desarrolladas más tarde por Dimitri N. Zubarev, S. V. Peletminskii y otros.

En la *termodinámica de la información*, la Escuela MaxEnt, de máxima entropía de la termodinámica, o la Escuela Jaynes, tienen como fundamento la *teoría de la información y la termodinámica estadística*, derivada del trabajo de 1957, presentado por el físico estadounidense Edwin Jaynes, que ha intentado conectarse a la termodinámica del equilibrio, con la mecánica estadística del ingeniero Willard Gibbs, en base a las interpretaciones de la información. Esta escuela es generalmente rechazada por la mayoría de los termodinamicistas, calificándola como un artificio matemático sin fundamento.

Entre otros grupos de las llamadas *escuelas termodinámicas* se incluyen: la Escuela Catalana de la Termodinámica, centrada en el tema de la ampliación de la termodinámica irreversible desarrollada por J. Casas-Vázquez, D. Jou y G. Lebon, y la Escuela Mexicana de la Termodinámica, sobre el tema de un enfoque cinético generalizado, desarrollada por el químico y físico mexicano Leopoldo García-Colín.

A partir de la década de 1970 y hasta los años de 1990, hubo una serie de conferencias celebradas en lo que se llama la Escuela de Bellaterra de la Termodinámica, en la Universidad Autónoma de Barcelona, España.

También existe lo que se llama la *escuela japonesa*, *Escuela Japonesa de la Entropía* o del análisis económico japonés, asociado a un número de sus miembros, liderado por el físico japonés y el economista Atsushi Tsuchida, autor de la

Introducción a la entropía de la economía, en la Universidad Meijou, relacionada con su trabajo de 1984.

OTRAS SOCIEDADES E INSTITUCIONES

En 1986, los investigadores americanos sobre bioquímica, biofísica y genética, Gary Ackers, Wayne Bolen, Ernesto Freire, Stan Gill y Jim Lee se reunieron en Vail, Colorado, para discutir la disciplina de la termodinámica en los sistemas biológicos, que antes de este tiempo, de acuerdo con Ackers y Bolen, fue ampliamente percibido solo como un *sistema de contabilidad de la energía*, ocupado solo en el recuento del número de hidrólisis de ATP que *pagaba* por cada una de las síntesis bioquímicas. Al año siguiente se celebró la 1ª Conferencia Anual de Gibbs sobre la Termodinámica Biológica, un evento que se ha mantenido anualmente. La Sociedad Gibbs de la Termodinámica Biológica (The Gibbs Society of Biological Thermodynamics) incluye a los organizadores y asistentes, que suman hasta doscientos, de la conferencia anual.

La Sociedad India de Termodinámica (ITS) se estableció en 2001, con sede en la Universidad Guru Nanak Dev, Amritsar, con la finalidad de fortalecer la investigación y la enseñanza de la termodinámica en la India. El ITS organizó tanto en 2005 —primer año— como en 2006 —segundo año— la Conferencia Nacional sobre la Termodinámica de Sistemas Químicos y Biológicos.

El Instituto de Termodinámica Humana (IoHT) fue establecido en 2002 por el ingeniero químico estadounidense Libb Thims, centralizado en Chicago, Illinois, como comunidad en línea de intercambio para los investigadores interesados en el estudio de la aplicación de la termodinámica a la operación de los sistemas de los seres humanos.

Personas notables asociadas con este último instituto son: Georgi Gladyshev, Jing Chen, Elizabeth Porteus y Gerard Nahum, entre otros. Desde su creación, la sinergia de la IoHT ha sido el promulgador de muchas proposiciones positivas, incluyendo la JHT, EoHT, el canal de YouTube Human Chemistry101, donaciones de materiales de enseñanza —por ejemplo, *La molécula humana*, a las escuelas locales— y las publicaciones de artículos en línea gratis y materiales sobre la termodinámica humana.

INSTITUTE OF HUMAN THERMODYNAMICS & IoHT PUBLISHING LTD.

El Institute of Human Thermodynamics es un órgano profesional internacional y sociedad científica, que promueve el avance y la difusión de conocimientos y educación en la ciencia de la termodinámica humana, pura y aplicada. El Instituto de Termodinámica Humana (IoHT) fue creado en 2002, con el objetivo general de vincular a las personas interesadas de todo el mundo, con énfasis en el tema de la termodinámica química y la vida humana.

Libb Thims, autor, ingeniero, MS en Física, MD en Neurociencia. Libros: *Termodinámica humana VI-VIII* y *La molécula humana*.

INVESTIGADORES SOBRE TERMODINÁMICA HUMANA, CONTRIBUYENTES, ASOCIADOS:

Libb Thims, Lawrence Chin, Georgi P. Gladyshev, Elizabeth Dole Porteus, Jing Chen Andrew Maxwell, Lynn Liss, Viktor Minkin.

Jing Chen, investigador sobre termoeconomía, matemático, profesor de finanzas, escritor, PhD en Matemática, Universidad de Michigan. Libros: *Los fundamentos físicos de la economía. Una teoría de análisis termodinámico.*

Lawrence Chin, investigador, escritor, filósofo. Libros: *Una interpretación termodinámica de la historia.*

Elizabeth Dole Porteus, escritora, filósofa.

Georgi P. Gladyshev, investigador, físico-químico, profesor, escritor, PhD en Química de Polimeros State University, Alma-Ata. Presidente de la International Academy of Creative Endeavors. Investigador principal del Institute of Chemical Physics (RAS). Director del Institute of Physico-Chemical Problems of Evolution. Libros: *Teoría termodinámica de la evolución de los seres vivos.*

Viktor Minkin, HT Biometrist, Imaging and Fingerprint Technologies Developer. BS Measurement and Information Technologies MS Photosensitive Devices

The Gibbs conference on biothermodynamics: Origins and evolution.

Gary K. Ackers aT*, D. Wayne Bolen, Departamento de Bioquímica y Biofísica molecular, Universidad de Washington, Escuela de Medicina, St. Louis, Mo., USA; Departamento de Química Humana Biológica y Genética, Universidad de Texas, Medical Branch, Galveston, TX, USA.

Resumen

La Conferencia Gibbs sobre Biotermodinámica surgió a finales de los años 80 como un esfuerzo auto-organizado por investigadores de once instituciones de los Estados Unidos. Durante un período de diez años, estas conferencias anuales han crecido constantemente en tamaño. Ellas han fomentado el desarrollo de nuevos enfoques termodinámicos y sus aplicaciones en bioquímica. Haciendo hincapié en la participación de estudiantes y becarios posdoctorales, han contribuido significativamente al desarrollo de la carrera de jóvenes científicos en este campo.

A mediados de los 1980, el papel de la termodinámica en bioquímica era percibido ampliamente, en esencia, como una *contabilidad del sistema energético* —por ejemplo, contando el número de hidrólisis de ATP que corresponde por cada síntesis bioquímica—. Un número relativamente pequeño de investigadores en los Estados Unidos opinó que la termodinámica era igualmente importante como una *herramienta de lógica*, tal como lo ejemplifica la *teoría Wyman de funciones vinculadas* y que deben promoverse nuevos enfoques para fomentar y desarrollar esta visión más amplia de lo que la termodinámica tiene que ofrecer en el estudio de los sistemas biológicos. La opinión prevaleciente de muchos bioquímicos del momento era que las nuevas herramientas de la biología molecular, en combinación con los análisis de estructura de rayos x, podrían proporcionar todos los elementos de la lógica molecular y reactividad funcional que se necesitaban. Una opinión generalizada de la termodinámica fue que:

- (1) Los enfoques termodinámicos eran arcaicos, y cuanto más, auxiliares de los problemas centrales de la bioquímica, reforzados por el lema comúnmente escuchado de que *la termodinámica nada puede decir acerca de los mecanismos.*
- (2) El tema fue enseñado pobremente, en general, en los departamentos de química y bioquímica.
- (3) Una larga tradición de equiparar la termodinámica con solo una única técnica —es decir, calorimetría— había contribuido a la percepción estrecha e insular del campo y su potencial.
- (4) La termodinámica rara vez había sido fusionada con los adelantos modernos de análisis estructural y química computacional.

En la década inicial de Conferencias Gibbs también se presenció una maduración y fusión entre disciplinas y tecnologías que alguna vez se percibieron alejadas del análisis termodinámico: los usos habituales de la mutagénesis dirigida in situ para diseñar y modificar las estructuras de la proteína ha proporcionado nuevos modelos fascinantes y preguntas para la investigación termodinámica. Técnicas modernas de determinación de la estructura macromolecular son cada vez más compartidas con análisis termodinámicos y modelado computacional; y desarrollos continuos en la evolución molecular y biología celular han revelado numerosas máquinas macromoleculares —y submáquinas—, cuyas propiedades mecanoquímicas exigen un tratamiento termodinámico. Un compendio de estos y otros ejemplos recientes ha puesto de relieve el interés actualmente acelerado en aspectos termodinámicos de la biología.

Gibbs Society of Biological Thermodynamics, c/o Dr. John J. "Jack" Correia.

Departamento de Bioquímica, University of Mississippi Medical Center.

2500, North State Street, Jackson, MS, 39216.

Otra institución especializada en termodinámica es la Indian Termodynamic Society C/O Department of Chemistry, Guru Nanak Dev University, Amritsar (Pb.) - 143 005.

ALGUNOS PROFESIONALES DISTINGUIDOS

LEOPOLDO GARCÍA-COLÍN SCHERER

Leopoldo García-Colín Scherer nació en la ciudad de México, en 1930.

Se graduó de químico en la UNAM, en 1953, y recibió su Doctorado en Física de la Universidad de Maryland, en 1959.

Es doctor *Honoris Causa* por varias universidades mexicanas; en particular, fue nombrado con este título por la Universidad Nacional Autónoma de México, en septiembre de 2006.

Fue fundador y profesor de la Escuela Superior de Física y Matemáticas del IPN (1960-1963), de la Universidad Autónoma de Puebla (1964-1966) y de la Facultad de Ciencias de la UNAM (1967-1984); investigador en el Centro Nuclear de Salazar, subdirector del Instituto Mexicano del Petróleo, a cargo de la Subdirección de Investigación Básica de Procesos (1967-1974); fundador y jefe del Departamento de Física y Química de la UAM-Iztapalapa (1974-1978) e investigador del Instituto de Investigación en Materiales de la UNAM (1984-1988). En 2003, fue nombrado *Investigador Nacional de Excelencia*. Además, es Profesor Distinguido de la UAM-I desde 1983. Fue nombrado Profesor Emérito en noviembre de 2006.

El doctor García-Colín ha sido presidente (1972-1973) de la Sociedad Mexicana de Física. Ha recibido numerosas distinciones y reconocimientos, entre ellos, el Premio de Física de la Universidad de Maryland (1956-1957), el Premio de Ciencias otorgado por la Academia de la Investigación Científica (1965) y la Medalla al Mérito otorgada por la Universidad Autónoma de Puebla (1965). Ocupó la cátedra J. D. Van der Waals de la Universidad de Ámsterdam, Holanda (1976), y obtuvo el Premio Nacional de Ciencias y Artes (1988).

Ingresó al Colegio Nacional el 12 de septiembre de 1977. Su conferencia inaugural fue "Ideas modernas sobre la transición líquido-gas".

Sus intereses profesionales incluyen la física estadística de sistemas fuera de equilibrio, la termodinámica irreversible no lineal y sus aplicaciones astrofísicas y cosmológicas, la hidrodinámica, la superfluidez y la transición vítrea.

Ha publicado alrededor de 250 trabajos de investigación, 65 de divulgación y ha escrito más de 17 libros sobre diversos temas. La idea central detrás de toda esta obra se encuentra en una idea básica: ¿por qué la película del universo rueda en una sola dirección? ¿Existe la flecha del tiempo?

"Parafraseando a Copérnico, ni somos el centro del universo, ni estamos compuestos de la materia predominante en él, y menos entendemos la naturaleza de la energía que lo gobierna", dijo.

Nikolay Bogolyubov

Nikolay Bogolyubov (1909-1992) nació en Nizhni Nóvgorod. Su padre era profesor de Teología, y su madre, profesora de Música. Aprendió sin ayuda las matemáticas y la física y, a los catorce años de edad, participó en seminarios del Departamento de Física Matemática de la Universidad de Kiev. En 1924, a la edad de quince años, escribió su primer trabajo científico, y al año siguiente se le permitió preparar una tesis doctoral, que defendió en 1929, convirtiéndose en doctor en Matemáticas.

En 1929, trabajó como investigador de la Academia de Ciencias de Ucrania. En 1934, el matemático inició sus clases en la Universidad de Kiev, alcanzando la cátedra en 1936.

Desde 1948, Nikolay, en Moscú, dirigió el Departamento Thery en el Instituto de Química-Física de la Academia Soviética de Ciencias. También trabajó en el Instituto de Matemáticas y en la Universidad Estatal de Moscú, donde fundó el Departamento de Estadística Cuántica y de Teoría de Campo, que dirigió hasta sus últimos días.

En el Instituto Conjunto de Investigación Nuclear, en Dubna, participó activamente: abrió y dirigió el Laboratorio de Física Teórica. En 1966, se convirtió en director del Instituto de Física Teórica, en Kiev; luego, también dirigió el Instituto de Matemáticas de Moscú.

Los principales campos de investigación de Bogolyubov son las matemáticas y la mecánica: el cálculo de variaciones, los métodos aproximados de análisis matemático, las ecuaciones diferenciales, las ecuaciones de la física matemática, los métodos asintóticos de la mecánica no lineal y la teoría de sistemas dinámicos.

En los años 50, Bogolyubov se dirigió a la teoría cuántica del campo. Creó la primera versión de la construcción axiomática de la matriz de dispersión, en base a condición de causalidad original. Sugirió una variante matemáticamente correcta de la teoría de la renormalización y desarrolló una técnica para mejorar las soluciones de campo cuántico.

Bogolyubov es autor del método para los sistemas con simetría espontáneamente rota. En los años 60, el científico se interesó por la simetría y la dinámica del modelo de quarks, y presentó nuevo número cuántico del *color*, en 1965.

Léon Walras (Évreux, Francia, 1834-Clarens-Montreux, Suiza, 1910)

Es considerado el fundador de la economía matemática. Walras fue el primero en analizar y describir el equilibrio general de la competencia perfecta para explicar cómo los precios se pueden determinar por las interacciones entre los mercados para diversas mercancías.

Diplomado como Bachiller en Letras en 1851 y como Bachiller en Ciencias en 1853. No continuó estudiando en la École Polytechnique. En 1854, ingresó a la École des Mines, de París, pero la abandonó. En 1859, escribió su primer trabajo económico, polemizando contra las tesis de Proudhon. En 1860, participó en el Congreso Internacional Tributario y diez años después ocupó la cátedra de Economía de la Facultad de Derecho, en la Universidad de Lausana.

En 1869, esa casa de altos estudios estableció la carrera de Economía Política. Fue nombrado profesor de Economía Política, cargo que desempeñó de 1870 a 1892. Creó la Escuela de Matemáticas.

Para expresar matemáticamente los factores de los que depende la oferta, usó la teoría de los servicios productivos de Jean Baptiste Say —la venta de una unidad de un servicio comporta para su poseedor una privación de utilidad—.

Walras construyó entonces un sistema de ecuaciones que define el equilibrio estático de este sistema de cantidades interdependientes.

PAUL ANTHONY SAMUELSON (1915-2009)

Samuelson nació en Gary, Indiana, el 15 de mayo de 1915. Como estudiante graduado en Harvard, estudió economía bajo la tutela de Joseph Schumpeter, Wassily Leontief, Gottfried Haberler y el *Keynes norteamericano*, Alvin Hansen. Fue el primer estadounidense en ganar el Premio Nobel en Ciencias Económicas.

Recibió su Doctorado en Economía en Harvard. Profesor de Economía en el Massachusetts Institute of Technology (MIT). En 1966, fue nombrado profesor de esa institución. En el MIT, jugó un papel decisivo para convertir su Departamento de Economía en una institución de renombre mundial, al atraer a otros notables economistas a unirse a la facultad, incluyendo a Robert M. Solow, Paul Krugman, Franco Modigliani, Robert C. Merton y Joseph E. Stiglitz, todos los cuales ganaron el Premio Nobel. Samuelson fue también decisivo en el desarrollo inicial del Instituto de Gerencia de Calcuta, la India.

Fue autor del libro de texto de economía de mayor venta de todos los tiempos: *Economía: un análisis preliminar*, publicado por primera vez en 1948. Fue el segundo libro estadounidense que explicó los principios de la economía keynesiana y cómo pensar sobre la economía. En la adjudicación del Premio Nobel en Ciencias Económicas, el Comité declaró: "Más que cualquier otro economista contemporáneo, Samuelson ha ayudado a elevar el nivel general analítico y metodológico en la ciencia económica. Él simplemente ha reescrito parte

Gonzalo J. Morales M.

considerable de la teoría económica. También ha mostrado la unidad fundamental de los problemas y las técnicas analíticas en economía, parcialmente, por una aplicación sistemática de la metodología de maximización a un amplio conjunto de problemas. Esto significa que las contribuciones de Samuelson gravitan en un gran número de campos diferentes".

Termodinámica y economía

Samuelson fue uno de los primeros economistas en generalizar y aplicar métodos matemáticos desarrollados para el estudio de la termodinámica a la economía. Como estudiante graduado en Harvard, fue el único protegido del polímata Edwin Bidwell Wilson, quien había sido un estudiante del físico de Yale Willard Gibbs, fundador de la termodinámica química; también fue mentor del economista norteamericano Irving Fisher y ambos influyeron con sus ideas sobre el equilibrio de los sistemas económicos.

Samuelson también publicó uno de los primeros documentos sobre la dinámica no lineal en el análisis económico.

El opus magnum de Samuelson, *Foundations of Economic Analysis*, de 1947, tomado de su tesis doctoral, se basa en los métodos clásicos de la termodinámica del termodinamicista americano Willard Gibbs, específicamente de su trabajo de 1876, *On the Equilibrium of Heterogeneous Substances*.

Basado en el *principio de Le Châtelier* de la termodinámica, un principio enseñado a Samuelson por Wilson en sus conferencias, estableció el método de estática comparativa en la economía. Este método explica los cambios en la solución de equilibrio en un problema de maximización restringida —económico o termodinámico— cuando uno de los limitantes es marginalmente tensado o relajado.

El *principio de Le Châtelier* fue desarrollado por el químico francés Henri Louis le Châtelier, famoso por ser uno de los primeros en traducir los trabajos sobre equilibrio de Gibbs —en francés, 1899—.

El uso del *principio de Le Châtelier* por Samuelson ha demostrado ser un instrumento muy poderoso y ha tenido un uso extendido en la economía moderna. Los intentos de establecer analogías en el equilibrio de la economía neoclásica con la termodinámica, en general, se basan en Guillaume y Samuelson.

Miembro de la National Academy of Sciences, Fellow de la Royal Society de Londres y de la British Academy. Miembro y anterior Presidente (1961) de the American Economic Association.[51]

---

51 Tomado de Wikipedia.

Anexo 2-Alquimia y química en el Islam
medieval

La alquimia y la química en el Islam se refiere al estudio de la alquimia tradicional y la química práctica temprana —la investigación química temprana de la naturaleza en general— por los investigadores en el mundo islámico medieval. La palabra alquimia deriva de la palabra árabe الكيمياء, **al-kīmīā**. **El término árabe proviene del griego** χημία o χημεία, y, en última instancia, puede derivar de la antigua palabra egipcia *kemi*, que significa negro.

Después de la caída del Imperio romano, el foco del desarrollo alquímico se trasladó al Imperio árabe y a la civilización islámica. Se sabe mucho más acerca de la alquimia islámica, pues fue mejor documentada; de hecho, la mayoría de los escritos anteriores que han aparecido en los últimos años fueron preservados como traducciones árabes.

Los estudios de la alquimia y la química estuvieron a menudo superpuestos en el mundo islámico temprano, pero posteriormente hubo disputas entre los alquimistas tradicionales y los químicos prácticos que desprestigiaban la alquimia. Los alquimistas y químicos musulmanes llevaron a cabo experimentación, mientras que los primeros también desarrollaron teorías sobre la transmutación de los metales, la piedra filosofal y el Takwin —creación artificial de la vida en el laboratorio—, al igual que en la posterior alquimia medieval europea, aunque estas teorías alquímicas fueron rechazadas por los químicos prácticos musulmanes del siglo IX.

Orígenes

La alquimia islámica medieval se basó en escritores alquímicos anteriores, en primer lugar, los escritos en griego, pero también mediante fuentes egipcias, indias, judías y cristianas. Según Anawati, la alquimia practicada en Egipto en el siglo II a.C. fue una mezcla de elementos herméticos o gnósticos, y filosofía griega. Más tarde, con Zósimo de Panópolis, la alquimia adquirió elementos místicos y religiosos.

Las fuentes de la alquimia islámica fueron transmitidas al mundo musulmán, principalmente en Egipto y en especial en Alejandría, pero también en las ciudades de Nisibin, Harran y Edessa, en la Mesopotamia occidental.

Algunos alquimistas y sus trabajos

Khālid ibn Yazīd

Según el biógrafo Ibn al-Nadīm, el primer musulmán alquimista fue Khālid ibn Yazid, de quien se dice que estudió alquimia bajo el cristiano Marianos de Alejandría. La autenticidad de esta historia no es clara; según M. Ullmann, es una leyenda.

De acuerdo con Ibn al-Nadīm y Ḥajji Khalīfa, él es autor de los trabajos sobre alquimia *Kitāb al-kharazāt* (*The Book of Pearls*), *Kitāb al-Ṣaḥīfa al-kabīr* (*The Big Book of the Roll*), *Kitāb al-Ṣaḥīfa al-saghīr* (*The Small Book of the Roll*), *Kitāb Waṣiyyatihi ilā bnihi fī-l-Ṣan□a* (*The Book of his Testament to his Son about Alchemy*), y *Firdaws al-ḥikma* (*The Paradise of Wisdom*).

JAAFAR AL-ṢĀDIQ

Jaafar al-Ṣādiq, hijo de Muḥammad al-Bāqir, vivió en Medina. Se dice que fue el maestro de Jābir ibn Ḥayyān. Un número de trabajos pseudopigráficos han sido atribuidos a él.

JĀBIR IBN ḤAYYĀN

Jābir ibn Ḥayyān (جابر بن حيان. En latín, Geberus; generalmente conocido en inglés como Geber) puede haber nacido en 721 o 722, en Tus, hijo de Ḥayyan, farmacéutico de la tribu de al-Azd vivía en Kufa. Jābir estudió en Arabia bajo Harbi al-Himyari. Luego, vivió en Kufa, se convirtió en alquimista para Hārūn al-Rashīd, en Bagdad. Regresó a Kufa, donde luego se dice que murió en Tus en 815.

Una gran cantidad de trabajos han sido atribuidos a Jābir, tantos que es difícil aceptar que él los hubiese escrito. De acuerdo con la teoría de Kraus, muchos de dichos trabajos podrían atribuirse a autores *ismailies* posteriores. Se podrían incluir los siguientes grupos de trabajos: *The Hundred and Twelve Books*, *The Seventy Books*, *The Ten Books of Rectifications* y *The Books of the Balances*.

Impresión europea de *Geber*, siglo XV.

ABŪ BAKR AL-RĀZĪ

Abū Bakr al-Rāzī —en latín, Rhazes—, nació en Rey, alrededor del 864. Fue conocido principalmente como doctor. Escribió varios trabajos sobre alquimia, incluyendo *Sirr al-asrār* —en latín, *Secretum secretorum*—.

IBN UMAYL

Muḥammad ibn Umayl al-Tamīmī fue un alquimista del siglo XI. Uno de sus trabajos conocidos es *Kitāb al-māʾ al-waraqī wa-l-arḍ al-najmiyya* (*The Book on Silvered Water and Starry Earth*). Este trabajo es un comentario sobre su poema *"Risālat al-shams wa-t-hilāl"* (*"The Epistle on the Sun and the Crescent"*), que contiene numerosas transcripciones de autores antiguos.

Teoría alquimista y química

Esquema elemental utilizado por Jābir

	Caliente	Frío
Seco	Fuego	Tierra
Húmedo	Aire	Agua (los cuatro elementos)

Jabir analizó cada elemento aristotélico en términos de cuatro cualidades básicas de calor, frialdad, sequedad y humedad. Por ejemplo, el fuego es una sustancia que es caliente y seca, como se muestra en la tabla —este esquema también fue usado por Aristóteles—. Según Jabir, en cada metal, dos de esas cualidades eran interiores y dos exteriores. Por ejemplo, el plomo era externamente frío y seco, pero internamente caliente y húmedo; el oro, por el contrario, era externamente caliente y húmedo, pero internamente frío y seco. Creía que los metales se habían formado en la Tierra por fusión del azufre —que daba las cualidades caliente y seco— con el mercurio —que daba las de frío y húmedo—. Estos elementos, el mercurio y el azufre, deben considerarse diferentes a los elementos comunes, como sustancias ideales, hipotéticas. Cada metal se forma dependiendo de la pureza del mercurio y el azufre, así como también de la proporción en que se juntan. El posterior alquimista al-Rāzī continuó la teoría mercurio-azufre de Jabir, pero añadió un tercer componente: salado.

Por lo tanto, Jabir teorizó que al reorganizar las cualidades de un metal resultaría un metal diferente. Razonando así, la búsqueda de la piedra filosofal fue introducida a la alquimia occidental. Jabir desarrolló una numerología elaborada, mediante la cual las letras de la raíz del nombre de una sustancia en árabe, cuando era tratada por medio de diversas transformaciones, tenían una correspondencia con las propiedades físicas del elemento.

PROCESOS Y EQUIPOS

Al-Rāzī menciona los siguientes procesos químicos:
- Destilación.
- Calcinación.
- Solución.
- Evaporación.

- Cristalización.
- Sublimación.
- Filtración.
- Amalgamación.
- Ceración —proceso para preparar sólidos pastosos o fusibles—.

Se sabe que algunas de estas operaciones —calcinación, solución, filtración, cristalización, sublimación y destilación— también habían sido practicadas por alquimistas alejandrinos preislámicos.

En su *Secretum secretorum*, Al-Rāzī menciona los siguientes equipos:

- Herramientas para fundir sustancias (li-tadhwīb): hogar (kūr), fuelle (minfākh aw ziqq), crisol (bawtaqa), el būt bar būt —en árabe— o botus barbatus —en latín—, cucharón (mighrafa aw milʿaqa), pinzas (māsik aw kalbatān) y tijeras (miqrāḍ).

- Herramientas para la preparación de medicamentos (li-tadbīr al-ʿaqāqīr): cucurbit y aún con tubo de evacuación (qarʿ aw anbīq dhū-khatm), retortas receptoras (qābila), destilador —sin tubo de evacuación— (al-anbīq al-aʿmā), aludel (al-uthāl), copas (qadaḥ), frascos (qārūra, plural quwārīr), frascos de agua de rosas (māʾ wariyya), caldera (marjal aw tanjīr), vasijas de cerámica barnizadas en el interior con sus tapas (qudūr wa makabbāt), baño de agua o baño de arena (qadr), horno —al-tannūr, en árabe; athanoren, en latín—, pequeño horno cilíndrico para calefacción aludel (mustawqid), embudos, tamices, filtros, etcétera.

- .

ANEXO 3-LA FORMACIÓN DE INGENIEROS: UNIVERSIDADES, INSTITUTOS DE TECNOLOGÍA, POLITÉCNICOS

Los institutos tecnológicos y politécnicos han existido desde al menos el siglo XVIII, pero se intensificaron después de la Segunda Guerra Mundial, con la expansión de la enseñanza de la ciencia aplicada, asociada a las nuevas necesidades creadas por la industrialización.

En algunos casos, los politécnicos o institutos de tecnología son escuelas de ingeniería o colegios técnicos. Sin embargo, estas tempranas *escuelas de tecnología*, en los inicios, no formaban parte de la educación superior. La llamada Universidad BME de Hungría —fundada como *Institutum Geometricum-Hydrotechnicum*, en 1782— es considerada la institución mundial más antigua de tecnología que tenga rango y estructura de universidad.

Los institutos de tecnología son considerados, a veces, universidades de ingeniería y de investigación científica intensiva cuando reúnen las condiciones necesarias para ser reconocidos formalmente como una universidad, tales como autonomía para ofrecer maestrías y doctorados, e independencia como instituciones de investigación. En los Estados Unidos, ejemplos famosos incluyen al California Institute of Technology Caltech, Massachusetts Institute of Technology (MIT), New York Institute of Technology

(NYIT), Virginia Institute of Technology, Georgia Institute of Technology, Illinois Tech, Worcester Polytechnic Institute, Rensselaer Polytechnic Institute, Rose-Hulman Institute of Technology y Rochester Institute of Technology. Los institutos de tecnología de la India eran de élite específicos, que se basaban en una recomendación post Segunda Guerra Mundial para reforzar la industrialización.

En varios países, tales como Alemania, Holanda, Suiza y Turquía, los institutos tecnológicos y politécnicos son instituciones de educación superior, y han sido acreditados para otorgar grados académicos y doctorados. Ejemplos famosos son la Universidad Técnica de Estambul, ETH Zurich, İYTE, Universidad Técnica de Delft y RWTH Aachen, todas consideradas universidades.

En países tales como Irán, Finlandia, Malasia, Portugal, Singapur o el Reino Unido, a menudo hay una distinción importante y confundida entre politécnicos y universidades. En el Reino Unido, los politécnicos ofrecen títulos equivalentes a los de licenciatura, maestría y doctorado, que fueron validados por el Consejo Independiente del Reino Unido para los grados académicos nacionales. Allí, en 1992, los politécnicos fueron designados universidades.

La primera escuela politécnica del Reino Unido, la Real Institución Politécnica —ahora Universidad de Westminster—, fue fundada en 1838, en Regent Street, Londres. En Irlanda, el término *instituto de tecnología* es el sinónimo más aceptado para un colegio técnico regional, aun cuando este último es el término legal correcto; sin embargo, el Instituto de Tecnología de Dublín es una universidad en toda la acepción, excepto el nombre, ya que puede conferir grados de conformidad con la ley. El Instituto de Tecnología de Cork y otros del mismo rango han delegado en la autoridad de HETAC conceder títulos, incluyendo el nivel de maestría —nivel 9 del *National Framework for Qualifications* (NFQ)— para todas las áreas de estudio y el nivel de doctorado.

En ciertos países, aunque hoy en día sean generalmente consideradas instituciones similares de enseñanza superior, los politécnicos y los institutos de tecnología solían tener un estatuto muy diferente entre sí, así como sus competencias docentes e historia de la organización. En muchos casos, *politécnico* fue una antigua designación para una institución vocacional antes de que se le hubiera concedido el derecho exclusivo para otorgar grados académicos y pudiese llamarse verdaderamente *instituto de tecnología*. Un número de politécnicos que proporcionaban educación superior era simplemente el resultado de una actualización formal desde su papel original e histórico de escuelas de educación técnica intermedia. En algunas situaciones, los politécnicos u otras instituciones no universitarias han surgido únicamente a través de un cambio administrativo de estatutos, que a menudo incluyó un cambio de nombre, con la introducción de nuevas designaciones, tales como *instituto de tecnología*, *universidad politécnica*, *universidad de ciencias aplicadas* o *universidad de tecnología*.

Esa aparición de tantos politécnicos reformados, antiguas escuelas vocacionales y técnicas convertidas en instituciones equivalentes a la universidad ha causado preocupación, donde la falta de profesionales técnicos intermedios especializados conduce a la escasez de habilidades industriales en algunos campos, también asociado a un aumento en la tasa de desempleo de graduados. Esto ocurre principalmente en esos países, donde el sistema educativo no está controlado por el Estado y se pueden otorgar grados con control estatal limitado. Las evidencias también han demostrado una disminución en la calidad de la enseñanza y en la preparación de los graduados para el trabajo, debido a la acelerada conversión de instituciones técnicas a formas más avanzadas de establecimientos de nivel superior.

A continuación se presentará una enumeración cronológica reducida de la creación de instituciones técnicas para los primeros países europeos que los instituyeron, desde 1735.[52]

Austria

El primer instituto técnico mundial es la Schola Berg, fundada en el Imperio austro-húngaro, en 1735, por la Cámara de Viena.
Estas instituciones pueden conceder habilitación y doctorados y centrarse en investigación.

- Graz University of Technology —fundada en 1811, Hochschule desde 1865, otorga grados doctorales desde 1901. Universidad desde 1975—.
- Vienna University of Technology —fundada en 1815, Hochschule desde 1872, otorga grados doctorales desde 1901. Universidad desde 1975—.
- University of Natural Resources and Applied Life Sciences Vienna, enfocada en la agricultura —fundada como Hochschule en 1872, otorga grados doctorales desde 1906. Universidad desde 1975—.
- University of Leoben, especializada en minería, metalurgia y materiales —fundada en 1840, Hochschule desde 1904, otorga grados doctorales desde 1906. Universidad desde 1975—.

---

52   Tomado de Internet.

República Checa

- Czech Technical University in Prague (ČVUT) —fundada en 1707, está entre las más antiguas universidades técnicas mundiales—.
- Technical University of Ostrava (VŠB TUO) —fundada en 1849—.
- Brno University of Technology (VUT) —fundada en 1899—.

Instituciones de investigación

- La Academy of Sciences de la República Checa (AV ČR), creada hacia 1784, con 14 mil empleados de investigación —para esta fecha—.

Áreas de lengua francesa

Las universidades colegiadas agrupan varias escuelas de ingeniería o *clusters* en múltiples sitios de las *grandes écoles* francesas. Proporcionan programas de tecnología y ciencias, con el carácter de institutos autónomos de educación superior de ingeniería. Ellos incluyen:
- Centrale Graduate School.
- Grenoble Institute of Technology.
- Institut National des Sciences Appliquées.
- Paris Institute of Technology.
- Proporcionan maestrías y doctorados en ciencia y tecnología.

Universidades tecnológicas, institutos universitarios de

tecnología, politécnicos

El sistema de educación de Francia también incluye tres universidades de tecnología:

- Université de Technologie de Belfort-Montbéliard.
- University of Technology of Compiègne.
- University of Technology of Troyes.

Además, el sistema reeducativo francés incluye muchos institutos de tecnología dentro de sus universidades. Están contemplados como *Institut Universitaire de Technologie* (IUT). Estos ofrecen programas de pregrado en tecnología. Los *institutos de polytech*, incorporados como parte de once universidades francesas, ofrecen planes de estudios de ingeniería de pregrado y posgrados.

En la región de habla francesa de Suiza también existe el término *Haute École Specialisée* para un tipo de institución denominada *Fachhochschule* —también en la parte de habla alemana del país—.

Écoles polytechniques

Los sistemas de educación superior, que fueron influenciados por el sistema de educación francés a finales del siglo XVIII, utilizan una terminología derivada por referencia a la *École Polytechnique* francesa. Entre estos se incluyen las *écoles polytechniques* (Argelia, Bélgica, Canadá, Francia, Suiza, Túnez), *escola politécnica* (Brasil, España), *Raisz* (Europa oriental) e *instituto politécnico* (Venezuela).

En la lengua francesa, la educación superior se refiere a *écoles polytechniques*, proporcionando los planes de estudio de ciencia e ingeniería:

- École Polytechnique o X (cerca de París).

- École Polytechnique de Bruxelles.
- École Polytechnique de Montréal.
- École Polytechnique Fédérale de Lausanne.
- National Polytechnic Institute of Lorraine.
- National Polytechnic Institute of Toulouse.

Alemania

Las *Fachhochschulen* y *Hochschulen* comenzaron a fundarse en la década de 1970. No se centran exclusivamente en la tecnología; también pueden ofrecer cursos en ciencias sociales, medicina, negocios y diseño. Otorgan licenciaturas y maestrías, y se centran en la enseñanza de la investigación y más en determinadas profesiones que sobre la ciencia.

En el período 2009-2010 existían unas doscientas *Fachhochschulen* en Alemania.

Universidades técnicas (*Technische Universität*)

Technische Universität —abreviatura: TU— es el término más común para las universidades de tecnología o universidad técnica. Estas instituciones pueden conceder habilitación y doctorados, y centrarse en la investigación.

Las nueve más grandes y más renombradas *Technische Universitäten* en Alemania han formado nueve *institutos de tecnología* alemanes como una comunidad de intereses mutuos. Las *Technische Universitäten* normalmente tiene facultades o departamentos de Ciencias Naturales y, a menudo, de Economía, pero también pueden tener unidades de Cultura y Artes, y Ciencias Sociales. RWTH Aachen, TU Dresden y TU München también tienen una Facultad de Medicina asociada a hospitales universitarios —Klinikum Aquisgrán, University Hospital of Dresde y Rechts der Isar Hospital—.

Gonzalo J. Morales M.

Hay diecisiete universidades de tecnología en Alemania, con unos 290 mil estudiantes matriculados. En los cuatro estados de Bremen, Mecklemburgo-Pomerania occidental, Sajonia-Anhalt y Schleswig-Holstein no funciona una *Technische Universität*. Sajonia y Baja Sajonia otorgan la mayor importancia a las TUs, mientras que en Sajonia, tres de cada cuatro universidades son de tecnología.

Las *Technische Universitäten* en Alemania

Nombre	Estado	Fundación
Rheinisch-Westfälische Technische Hochschule (RWTH Aachen)	North Rhine-Westphalia	1870
Berlín Institute of Technology	Berlín	1770
Brandenburg Technical University	Brandenburg	1991
Technische Universität Braunschweig *Carolo-Wilhelmina*	Baja Sajonia	1745
Chemnitz University of Technology	Saxony	1836
Clausthal University of Technology	Baja Sajonia	1775
Technische Universität Darmstadt	Hesse	1877
Technische Universität Dresden	Saxony	1824
Dortmund University of Technology	North Rhine-Westphalia	1968
Technische Universität Bergakademie Freiberg	Saxony	1765
Technische Universität Hamburg-Harburg	Hamburg	1978
Gottfried Wilhelm Leibniz Universität Hannover	Baja Sajonia	1831
Technische Universität Ilmenau	Thuringia	1894
Technische Universität Kaiserslautern	Rhineland-Palatinate	1870
Karlsruhe Institute of Technology *Fridericiana*	Baden-Württemberg	1825
Technische Universität München	Bavaria	1868
University of Stuttgart	Baden-Württemberg	1829

HUNGRÍA

El primer instituto mundial de tecnología fue la Berg-Schola, establecida en Hungría —hoy Universidad de Miskolc—. Fue fundada en Selmecbánya como la Academia Húngara de Minería y Forestal, en 1735.

La Universidad de Budapest de Tecnología y Economía es otra de las más antiguas de tecnología del mundo —estimada su fundación en 1782—.

TURQUÍA

Lista de universidades técnicas en Turquía

Nombre	Ciudad	Año de	Número de estudiantes
Istanbul Technical University (ITU)	Estambul	1773	21 000
Yıldız Technical University (YTU)	Estambul	1911	
Karadeniz Technical University (KTU)	Trabzon	1955	
Middle East Technical University (ODTU)	Ankara	1956	
Gebze Institute of Technology (GYTE)	Kocaeli	1992	
İzmir Institute of Technology (IYTE)	Izmir	1992	

En Turquía y el Imperio otomano, la historia de la ingeniería es la historia de la Universidad Técnica de Estambul. Sus graduados construyeron presas, carreteras y edificios.

A mediados de la década de 1950, se abrieron dos universidades técnicas en Ankara y Trabzon. En los últimos años, la Universidad Yildiz fue reorganizada como Universidad Técnica de Yildiz y se fundaron dos institutos de tecnología en Kocaeli e Izmir. En 2010, las universidades técnicas denominadas Bursa Técnica Universitaria y Universidad Técnica de Konya anunciaron su apertura en Bursa y Konya, respectivamente.

REINO UNIDO

Los politécnicos fueron instituciones de educación de enseñanza terciaria en Inglaterra, Gales e Irlanda del Norte. Ofrecen grados universitarios equivalentes, validados por el Consejo Nacional de Grados Académicos (CNAA) —licenciaturas, maestrías y doctorados—. Se destacan especialmente en cursos de ingeniería y ciencias aplicadas, similares a las universidades tecnológicas en los Estados Unidos. Las instituciones comparables en Escocia se denominan *instituciones centrales*.

La primera escuela politécnica de Gran Bretaña, la Royal Polytechnic Institution, más tarde conocida como Polytechnic of Central London —ahora Universidad de Westminster—, se estableció en 1838, en la Regent Street, Londres, y su objetivo era formalizar la ingeniería y el conocimiento de la ciencia en la Gran Bretaña victoriana.

La creación de los *institutos mecánicos* —1800 a 1850— fue, en muchos sentidos, el primer intento para crear oportunidades de aprendizaje para los trabajadores que deseaban conocer los principios científicos y técnicos básicos de los procesos que se estaban utilizando.

El Finsbury Technical College, el primer colegio técnico verdadero en Inglaterra, desde noviembre de 1879 ofreció clases de día y de noche. Tuvo su apertura oficial en 1883.

Universidades o *colleges* que después se convertirían en universidades fueron creados a partir de la segunda década del siglo XIX, incluyendo: University College (Londres, 1826), St. David (Gales, Lampeter, 1827), King's College (Londres, 1828), Durham (1832), Universidad de Londres (1836), Queen's College (Birmingham, 1842), Owen College (Manchester, 1851) y School of Mining (Londres, 1852).

El Imperial College of Science and Technology fue fundado por el Estado para ofrecer entrenamiento avanzado de nivel universitario en ciencia y tecnología, en todo el Imperio británico, así como también para la promoción de investigaciones en apoyo de la industria. Fue una institución que surgió en 1907, con la federación de tres colegios más antiguos.

El City and Guilds of London Institute (CGLI), otra iniciativa clave que contribuyó a conformar un sistema nacional de educación técnica, fue tomada por un comité de varias compañías destacadas, dando como resultado la creación del Instituto de la Ciudad y Gremios de Londres (CGLI).

Posteriormente, la Compañía de los Orfebres proporcionó una muy generosa financiación para ampliar los edificios e instalaciones del colegio, que eventualmente se convirtió en la Escuela Superior Técnica Central y, finalmente, en 1909, la sección de ingeniería del Imperial College of Science and Technology (Universidad Imperial de Ciencia y Tecnología), bajo el título de Colegio CGLI —ingeniería—.

En 1956, algunos institutos de tecnología recibieron la designación de *College of Advanced Technology*. Se convirtieron en universidades en la década de 1960.

La designación *Institute of Technology* fue usada ocasionalmente por politécnicos —Bolton—, instituciones centrales —de Dundee, Robert Gordon— y universidades para postgrados —Cranfield y Wessex—, la mayoría de los cuales recibió más tarde la aprobación y la designación de universidad. Hubo dos *Institutes of Science and Technology*: UMIST y UWIST, de la Universidad de Gales.

La Universidad de Loughborough fue llamada Loughborough University of Technology de 1966 a 1996, la única institución en el Reino Unido que haya tenido tal designación.[53]

---

53   Tomado de Wikipedia.

Anexo 4-École Polytechnique

La École Polytechnique es una institución estatal de educación superior e investigación en Palaiseau, cerca de París, creada durante la Revolución

La École tiene más de doscientos años de tradición:

- 1794: la École Centrale des Travaux Publics fue fundada por Lazare Carnot y Gaspard Monge, en el momento de la Convención Nacional. Un año más tarde, fue renombrada *École Polytechnique.*
- 1805: Napoleón Bonaparte instala la École en la Montagne Sainte-Geneviève, en el Quartier Latin, París central, como una academia militar, y le concedió su lema: *"Pour la Patrie, les Sciences et la Gloire"* (*"Para la nación, la ciencia y la gloria"*).[54]

Premio Nobel

Henri Becquerel
(1852-1908)

Premio Nobel en Física, 1903, por su descubrimiento de la radiactividad.

---

54   Tomado de Wikipedia.

Maurice   Allais
(1911-2010)

Economista. Premio Nobel
en Economía, 1988.

ANEXO 5-LA INGENIERÍA Y LA SEGUNDA REVOLUCIÓN INDUSTRIAL

La Segunda Revolución Industrial, representada por la llegada de la electricidad y la producción en masa, fue impulsada por muchas ramas de la ingeniería.

Las ingenierías química y eléctrica se habían desarrollado en estrecha colaboración con la física y la química, y habían desempeñado un papel vital en el aumento de productos químicos, eléctricos y las industrias de telecomunicaciones. Los ingenieros marinos habían domado el peligro de la exploración de los océanos. Los ingenieros aeronáuticos convirtieron el antiguo sueño del vuelo en una ventaja de viaje para la gente. Los ingenieros de control aceleraron el ritmo de la automatización. Los ingenieros industriales diseñaron y administraron los sistemas de distribución y producción en masa.

Se establecieron programas de ingeniería en instituciones varias y surgieron las escuelas de posgrado. Los talleres se convirtieron en laboratorios, las reparaciones se transformaron en investigación industrial y las invenciones individuales se organizaron en innovaciones sistemáticas.[55]

---

55   Tomado de Wikipedia.

Gonzalo J. Morales M.

Penetration of Technologies

Engineering Student Bodies

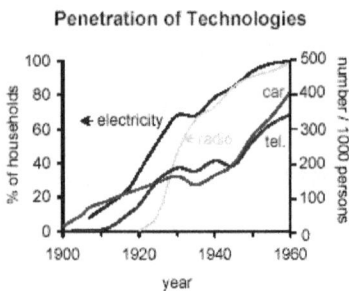

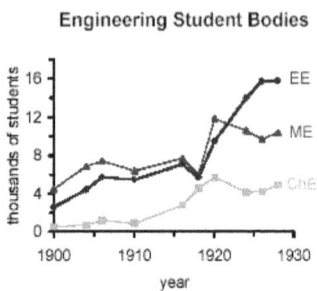

La tasa de crecimiento de algunas tecnologías durante el siglo XX y el alza del número de estudiantes de Ingeniería.

Anexo 6-Museos técnicos

Como complemento importante, hemos incluido una breve reseña de algunos de los museos técnicos más significativos. En cada uno se pueden apreciar aportes de investigadores, la influencia de la ingeniería y su desarrollo histórico.

Musée des Arts et Métiers (París)

El Musée des Art et Métiers (Museo de Arte y Oficios) es, de hecho, el museo dedicado a la ciencia más antiguo de Europa.

Fundado en 1794 por el obispo constitucional Henri Grégoire, su propósito inicial era el de educar a la industria manufacturera de Francia en las técnicas científicas de utilidad. Ubicado en el antiguo priorato benedictino de St-Martin-des-Champs, se convirtió en un verdadero museo en 1819, transformándose en un lugar fascinante y atractivo, donde se exhibe una vasta colección de tesoros.

Entre sus interesantes exposiciones, hay astrolabios, esferas celestes, barómetros, relojes, dispositivos de pesaje y algunos de los dispositivos de cálculo de Pascal, así como maquetas de asombrosos edificios y máquinas —que deben haber exigido al menos tantos conocimientos de ingeniería como los originales—.

También se puede admirar el cinematógrafo de los hermanos Lumière, un enorme televisor de 1938 y muestras aún más grandes, como el *Fardier* de 1770, de Cugnot —el primer vehículo motorizado—, y el *Avión 3* a vapor, de Clément Ader. La visita concluye en la capilla, que ahora contiene coches antiguos, un modelo a escala de la Estatua de la Libertad, el monoplano en que Blériot cruzó el Canal de la Mancha en 1909 y un péndulo de Foucault.

SCIENCE MUSEUM (LONDRES)

Un museo fue fundado en 1857, bajo Woodcroft Bennet, de la colección de la Royal Society of Arts y elementos sobrantes de la *gran exposición*, como parte del Museo de South Kensington, junto con lo que ahora es el Victoria and Albert Museum.

Incluyó una colección de maquinaria que se convirtió en el Museo de Patentes en 1858 y el Museo de Oficina de Patentes en 1863. Esta colección contiene muchas de las exposiciones más famosas de lo que hoy es el Museo de la Ciencia. En 1883, el contenido del Museo de la Oficina de Patentes fue trasladado al Museo de South Kensington.

En 1885, se cambió el nombre de las Colecciones de Ciencias al de Museo de Ciencia, y en 1893 fue nombrado un director independiente. Se cambió el nombre de las colecciones del Museo de Arte, que eventualmente se convirtió en el Victoria and Albert Museum.

DEUTSCHES MUSEUM (MUNICH)

El Deutsches Museum se fundó en 1903 y abrió sus puertas por primera vez en unas salas provisionales en 1906. El edificio principal se inauguró en 1925, con un retraso de diez años. En 1932, siguió la biblioteca, y en 1935, el edificio de congresos.

Tras importantes destrozos sufridos durante la Segunda Guerra Mundial, se reabrió en 1948.

En 1984, se añade una nueva sala para aviación y ciencias espaciales.

Su propósito es el de brindar al aficionado un acceso didáctico a la ciencia, la ingeniería y la técnica, por lo que desde la fundación del museo por Oskar von Miller, en cada parte del establecimiento se encuentran objetos interactivos con los visitantes, simuladores, pantallas táctiles, puntos de información y presentaciones de fenómenos físicos en determinados horarios. Para este fin, dispone de muestras destacadas que ilustran el progreso técnico y científico, resaltando los aportes de Alemania en el desarrollo humano.

En total, hay más de 18 mil objetos catalogados en cincuenta categorías de la técnica y las ciencias naturales, expuestos en la sede principal. En sus fondos se hallan más de 60 mil objetos y más de 850 mil libros y textos originales. Los principales temas que aborda son las ciencias, los materiales y la producción, la energía, el transporte, las comunicaciones y la información.

TechnischesMuseumWien (Viena)

Inaugurado en 1918, el Museo de Tecnología de Viena alberga más de 80 mil objetos del mundo de la tecnología, la energía y la industria pesada. Las colecciones incluyen muchas rarezas por inventores austríacos, entre ellos, la primera turbina del mundo, por Viktor Kaplan (1919), y la primera máquina de coser funcional, por Josef Madersberger (1814).

El TechnischesMuseumWien, el único museo técnico universal en Austria, está ubicado frente al Palacio de Schönbrunn y ofrece información y entretenimiento del mundo caleidoscópico de la tecnología y logros técnicos.

Gonzalo J. Morales M.

El establecimiento tiene una enorme diversidad e incluye las colecciones más importantes de los Habsburgo Francisco I y Fernando I; e incluso, un estudio de televisión moderna. Entre los más destacados se encuentra la berlina imperial, perteneciente a la emperatriz Isabel, el Mercedes *Silverpfeil*, la máquina de escribir de Peter Mitterhofer, el reloj astronómico por Imsser y el departamento de instrumentos musicales históricos.

La exposición permanente del TechnischesMuseumWien abarca los temas naturaleza y conocimiento, imágenes técnicas, industria pesada, energía, transporte, música, media.welten y vida cotidiana: instrucciones de uso.

MUSEUM OF SCIENCE AND TECHNOLOGY (ESTOCOLMO)

Este gran museo de inventos, experimentos y exposiciones de ciencia es el más grande de su tipo en Suecia y está situado al sur de Gärdet, en Östermalm, Estocolmo. Fue fundado en 1923.

Su colección consiste en 55 mil objetos, asentados en una superficie de 10 mil metros cuadrados. Además, sus archivos almacenan 200 mil dibujos, un millón de fotografías y más de 56 mil libros.

MUSEO NACIONAL DE CIENCIA Y TECNOLOGÍA "LEONARDO DA VINCI" (MILÁN)

Se encuentra ubicado en Milán (Italia), en el antiguo monasterio de San Vittore al Corpo, en la calle San Vittore 21, cerca del lugar donde Leonardo da Vinci tenía terrenos plantados de vid, en las afueras de la ciudad antigua. Se sitúa bastante cerca de la iglesia de Santa Maria delle Grazie, donde se encuentra la famosa Última cena y la basílica de San Ambrosio.

El museo, con sus 40 mil metros cuadrados, es ahora el mayor museo científico-técnico en Italia, y tiene la mayor colección del mundo de los modelos de máquinas a partir de dibujos de Leonardo da Vinci.

National Technical Museum (Praga)

El Museo Nacional Técnico, en Praga, es la mayor institución dedicada a la conservación de la información y artefactos relacionados con la historia de la tecnología en la República Checa. Fue fundado en 1908, ubicado adyacente al parque Letna, desde 1941. Tiene grandes exposiciones que representan aproximadamente el 15 por ciento de su colección total.

El museo también administra archivos importantes, que constan aproximadamente de 3500 metros lineales de estantería, unos 250 mil libros y material de archivo. En 2001 se inauguró en el establecimiento el Museo del Ferrocarril, que contiene unos cien vehículos ferroviarios.

Museum of Science and Industry (Chicago)

El Museo de Ciencia e Industria (MSI) se encuentra en Chicago, Illinois, Estados Unidos, en Jackson Park, en el barrio Hyde Park, junto al lago Michigan. Se ubica en el antiguo Palacio de Bellas Artes de la Exposición Colombina Mundial, de 1893. Donado inicialmente por el presidente de Sears, Roebuck and Company, y filántropo, abrió en 1933, durante la Exposición del Siglo de Progreso. También es el mayor museo de ciencia en el hemisferio occidental.

Entre sus diversas exposiciones, cuenta con una mina de carbón en operación, un submarino alemán —*U-505*—, un ferrocarril modelo en un área de 330 metros cuadrados, el primer tren de pasajeros de acero inoxidable optimizado e impulsado por motor Diésel —*PioneerZephyr*— y la nave *Apolo 8*, donde voló el primer hombre a la Luna.

DeutschesTechnikmuseum (Berlín)

Se abrió primero bajo el nombre de Museo de Transporte y Tecnología, en 1983, que mantuvo hasta 1996. Las colecciones se ven como una institución sucesora de las más de cien colecciones técnicas que existían en los siglos pasados en Berlín, en el Museo del Transporte de Alemania oriental —en el HamburgerBahnhof—. Tiene un espacio para la gran exposición en el sitio de una antigua fábrica de hielo, con más de 25 mil metros cuadrados. Se centra en el transporte fluvial y ferroviario a Berlín.

ANEXO 7-HOMEOSTASIS: REGULACIÓN Y HOMEOSTASIS

Homeostasis —del griego Ὅμοιος, *hómoios*, *similar*, y permanezca, *stásis*, *parados*— es la propiedad de un sistema que regula su ambiente interno y tiende a mantener una condición estable y constante de propiedades como temperatura o pH. Puede ser un sistema abierto o cerrado.

Fue definido por Claude Bernard y posteriormente por Walter Bradford Cannon, en 1926, 1929 y 1932. Normalmente, se utiliza para referirse a un organismo vivo. El concepto provenía del *milieu interieur* —entorno interior—, creado por Claude Bernard y publicado en 1865. Múltiples mecanismos de ajuste y regulación de equilibrio dinámico hacen la homeostasis posible.

Todo ser vivo, tanto los organismos simples como los ya evolucionados, realizan una serie de funciones que deben ser coordinadas y reguladas para que se desarrollen adecuadamente. Esta regulación es necesaria para responder a los estímulos y adaptarse a los cambios del medio ambiente. Esto permite a los seres vivos vivir en armonía con su medio ambiente.

Una característica sorprendente del medio interno es la de permanecer constante, sin importar los cambios, algunas veces severos, con las condiciones externas. La temperatura del ambiente externo puede variar desde el punto de congelación hasta más de 38°C; sin embargo, la temperatura interna permanece cerca de los 37°C.

El fisiólogo francés Claude Bernard (1813-1878) dijo: "Todos los mecanismos vivientes, tan variados como son, tienen un solo objeto: el de preservar constantes condiciones de la vida en el medio interno".

El *principio de Bernard* dice que el ambiente interno provee una forma de considerar la multitud de actividades fisiológicas dentro de un organismo complejo; como consecuencia, muchos controles fisiológicos han evolucionado para mantener el medio interno sin variaciones.

Una de las características más importantes de los mecanismos fisiológicos de control es la de estar dentro del sistema que regulan. Estos controles manifiestan el sistema de equilibrio, que es aquel cuyas características totales no cambian.

REGULACIÓN DE LA TEMPERATURA

La homeostasis es el método por medio del cual se man-tiene constante la temperatura del cuerpo de un ani-mal de sangre caliente. Si se eleva la temperatura del ambiente externo, una región especial del encéfalo, el hipotálamo, estimula la transpiración de las glándulas sudoríparas. El hipotálamo está formado por un tejido particularmente sensitivo a los cambios de temperatura de la sangre que pasa por él.

El aumento en la transpiración enfría el cuerpo; esto se debe al hecho de que las moléculas de agua absorben calor del cuerpo cuando se evaporan de la superficie de la piel. A medida que la temperatura del cuerpo desciende, disminuye la estimulación del hipotálamo; esto produce una reducción en la velocidad de transpiración.

FUNCIÓN DEL HIPOTÁLAMO

La constante de la temperatura se mantiene gracias a un sistema automático llamado termostato, que se encuentra en el hipotálamo, que controla la temperatura corporal y dispara los mecanismos apropiados de regulación.

Aunque la superficie de la piel está cubierta de receptores para el calor y el frío, estos no se encuentran directamente implicados en la regulación de la temperatura interna. Los receptores de la piel únicamente señalan cambios de temperatura externa y estas señales se dirigen a los centros conscientes del cerebro, no pasando por el centro inconsciente del hipotálamo.

La hormona tiroidea aumenta el ritmo metabólico. La piel de una persona cuyas glándulas tiroideas no funcionan normalmente siempre está fría y se quejan de la falta de calor en su cuerpo. Las glándulas tiroideas, como las sexuales, se encuentran bajo el control de la hipófisis, que a su vez está regulada por el hipotálamo. Si sigue en descenso la temperatura, la glándula suprarrenal produce adrenalina, que también eleva el ritmo metabólico del cuerpo, aumentando la producción de calor.

En los sistemas homeostáticos, funciona un mecanismo de retroalimentación, mediante el cual lo que sale del sistema entra nuevamente, girando las instrucciones o provocando la respuesta adecuada para mantener el equilibrio.

LOS DOS TIPOS DE RETROALIMENTACIÓN EN LOS SISTEMAS AUTORREGULADORES

La *retroalimentación negativa* es la que produce un cambio en la dirección del sistema y lo dirige en otro sentido. Se llama también retroalimentación correctiva. Por ejemplo, en el caso humano, el aumento de sudor por efecto de un ejercicio físico continuo trae como respuesta la disminución de la temperatura del cuerpo.

Los mecanismos de retroalimentación negativa consisten en reducir la producción o actividad de cualquier órgano o sistema a su rango normal de funcionamiento. Regular la presión sanguínea es un buen ejemplo. Los vasos sanguíneos puede percibir la resistencia del flujo de sangre contra las paredes cuando aumenta la presión arterial. Los vasos sanguíneos actúan como receptores y transmiten este mensaje al cerebro. Luego, el cerebro envía un mensaje a los efectores, tales como el corazón y los vasos sanguíneos. La frecuencia cardíaca disminuye con el aumento del diámetro de los vasos sanguíneos —conocida como vasodilatación—. Este cambio provoca que la presión arterial regrese a su rango normal. Lo contrario podría ocurrir cuando disminuye la presión y se provoca la vasoconstricción.

Por ejemplo, cuando el cuerpo es privado de alimentos, restablece el punto metabólico a un valor menor que el normal. Esto permite que el cuerpo siga funcionando, a un ritmo más lento, aunque esté hambriento.

El control de temperatura es otro ejemplo del mecanismo de retroalimentación negativa. El hipotálamo, que controla la temperatura corporal, es capaz de determinar incluso la más mínima variación de temperatura corporal normal —37 grados Celsius—. Respuesta a tal variación podría ser la estimulación de las glándulas sudoríparas para reducir la temperatura o que varios músculos tiemblen al aumentar la temperatura corporal.

La *retroalimentación positiva*, en tanto, trabaja en la misma dirección del sistema y más bien es reforzada.

Cuando aumenta la temperatura se excita el nervio vago y los procesos de combustión disminuyen; se dilatan los vasos cutáneos para aumentar la irradiación de calor, incrementando, además, la sudoración.

La retroalimentación positiva es un mecanismo por el cual una salida se ha realzado, tal como los niveles de proteína. Sin embargo, a fin de evitar cualquier fluctuación en el nivel de proteína, el mecanismo es inhibido estocásticamente (I); por lo tanto, cuando la concentración de la proteína activada (A) traspasa el umbral ([I]) se activa el mecanismo de bucle y la concentración de A aumenta exponencialmente: d [A] = k [A].

Los mecanismos de retroalimentación positiva sirven para acelerar o aumentar la salida creada por un estímulo que ha sido activado. A diferencia de los mecanismos de retroalimentación negativa, que se inician para mantener o regular funciones fisiológicas dentro de un conjunto predeterminado y estrecho, los mecanismos de retroalimentación positiva están diseñados para impulsar niveles fuera de los rangos normales.

Ambas retroalimentaciones son igualmente importantes para el buen funcionamiento de nuestro cuerpo. Si cualquiera de las dos es afectada o alterada de alguna manera, pueden surgir complicaciones.

REGULACIÓN DEL AZÚCAR EN LA SANGRE

La glucosa es el principal carbohidrato combustible presente en la sangre y, en el caso de muchos órganos, el combustible básico. El plasma sanguíneo lo conduce a todas partes del cuerpo.

El tejido adiposo es la materia prima de la síntesis de ácidos grasos —lipogénesis— y del glicerol activado necesario para convertir los ácidos grasos inestables en grasas neutras más estables —esterificación—. El metabolismo de la glucosa es importante en el uso, la restitución y la distribución de todos los mecanismos metabólicos, de manera, pues, que las alteraciones bruscas de las concentraciones de azúcar en sangre afectan el funcionamiento y la salud del organismo, poniendo en peligro su vida. Cuando las concentraciones de azúcar son bajas, se debe a que el encéfalo consume por completo la glucosa como combustible. Varias hormonas actúan conjuntamente para que el azúcar de la sangre se mantenga estable, pero la más importante es la insulina.

Un gran número de órganos están encargados de mantener la glucosa en sangre a un nivel constante; estos son: el hígado, el páncreas, la porción medular de la glándula suprarrenal y el hipotálamo; este último sirve como centro regulador principal.

Cuando se toma alimento, entran grandes cantidades de glucosa a la sangre a través de la vena porta, la cual va al hígado, donde se metaboliza la glucosa a glicógeno, que va a ser almacenado. Para que se mantenga el nivel de azúcar sanguíneo, el hígado libera pequeñas cantidades de glucosa en la vena hepática que va al corazón.

Mecanismos adaptativos para mantener la regulación del medio interno

El organismo se adapta a los excesos de temperatura y busca mecanismos que le permita controlarlos, busca alternativas para protegerse de las temperaturas que afecten su organismo, donde existen sistemas que le posibilitan controlarla y poder mantener el equilibrio con el medio ambiente.

Mecanismo de regulación hormonal

Existen varios mecanismos de regulación, mediante los cuales las hormonas mantienen el equilibrio entre el medio interno y externo del organismo —homeostasis—:

- A- La secreción de algunas hormonas es regulada directamente por la necesidad de disponer de ellas. Un nivel alto de calcio en la sangre suprime la producción de *paratormona*; un nivel bajo la estimula. El nivel de azúcar en la sangre actúa directamente sobre los islotes de Langerhans, promoviendo en ellos la respuesta apropiada. La presión osmótica de la sangre desencadena la producción de *vasopresina* y, por consiguiente, su propio reajuste. Esto se hace con la ayuda del sistema nervioso.

- B- En algunos casos, la respuesta de una glándula a nivel de la sustancia que ella regula tiende a ser lenta. La demora en la respuesta puede causar fluctuaciones nada beneficiosas por encima y por debajo del nivel deseado. Esto se puede corregir con la acción de una segunda hormona que actúa antagónicamente con respecto a la primera. La acción antagónica de un par de hormonas, que serían la *insulina-glucagón* y la *paratormona*, proporciona al organismo un mecanismo de control y regulación para restablecer el equilibrio homeostático cuando ocurra cualquier perturbación.

- C- En tercer lugar, existe otro sistema de autorregulación que produce una relación entre la *tirotropina* y la *tiroxina*. Dondequiera que una hormona estimule la producción de la segunda hormona, se encuentra que la segunda actúa a la vez en el sentido de suprimir la producción de la primera. Podemos decir también que este mecanismo está dado por la manera en que los altos niveles de *estrógeno* mantienen constante la producción de *tirotropina*. Aquí se trata de un sistema de autorregulación para mantener la homeostasis.

Con respecto a un parámetro determinado del sistema vital, un organismo puede ser conformador o regulador. Por una parte, los reguladores intentan mantener el parámetro a un

nivel constante en relación a variaciones ambientales posiblemente amplioambientales. Por otro lado, los conformadores
permiten al entorno determinar el parámetro.

Una ventaja de la regulación homeostática es la de permitir
que un organismo funcione eficazmente en una amplia gama
de condiciones ambientales. La mayor parte de la regulación
homeostática es controlada por la liberación de hormonas en
el torrente sanguíneo. Sin embargo, otros procesos normativos
dependen de la difusión simple para mantener un equilibrio.

La regulación homeostática se extiende más allá del control de
la temperatura: incluye la regulación del pH de la sangre a 7,365
—una medida de alcalinidad y acidez—. Los seres humanos
regulan su glucosa en la sangre, así como la concentración de
su sangre está regulada por la insulina y el glucagón. El cuerpo
humano mantiene los niveles de glucosa constantes casi todo
el día, incluso después de un ayuno de veinticuatro horas. La
insulina, secretada por las células beta del páncreas, transportan
de modo efectivo la glucosa a las células del organismo. Si
la glucosa es alta dentro de las células, estas convertirán el
glucógeno en insoluble para impedir que la glucosa soluble
interfiera con el metabolismo celular. En última instancia, esto
disminuye los niveles de glucosa en la sangre y la insulina ayuda
a prevenir la hiperglicemia. Cuando la insulina es deficiente o
las células se vuelven resistentes a ella, se produce la diabetes.

El glucagón, secretado por las células alfa del páncreas,
impulsa a las células a romper el glucógeno almacenado o
convertir las fuentes de carbono no carbohidratado a glucosa
mediante gluconeogénesis, evitando así la hipoglicemia. Los
riñones se utilizan para eliminar el exceso de agua y los iones
de la sangre. Luego, estos son expulsados como orina. Los
riñones desempeñan una función decisiva en la regulación
homeostática, al eliminar el exceso de agua, sal y urea de la
sangre. Estos son los principales productos de desecho del
cuerpo.

El tiempo de sueño depende del equilibrio entre la propensión de sueño hemostático, la necesidad de dormir como una función de la cantidad de tiempo transcurrido desde el último episodio de sueño adecuado y los ritmos circadianos que determinan el momento ideal de un correctamente estructurado y reparador episodio de sueño.

Todos los mecanismos de control homeostático tienen al menos tres componentes interdependientes para la variable que está regulada: el *receptor* es el componente sensorial que supervisa y responde a los cambios en el entorno. Cuando el receptor detecta un estímulo, envía información a un *centro de control*, que es el componente que establece el rango en el que se mantiene una variable. El centro de control determina una respuesta adecuada a los estímulos. En la mayor parte de los mecanismos homeostáticos, el centro de control es el cerebro. El centro de control, a continuación, envía señales a un *efector*, que pueden ser los músculos, órganos u otras estructuras que reciben señales desde aquel. Después de recibir la señal, se produce un cambio para corregir la desviación, lo cual se logra aumentándola con alimentación positiva o disminuyéndola con alimentación negativa.

DESEQUILIBRIO HOMEOSTÁTICO

Muchas enfermedades son resultado de la perturbación de la homeostasis, condición conocida como desequilibrio homeostático. A medida que envejece, cada organismo perderá eficiencia en sus sistemas de control. Las ineficiencias gradualmente dan como resultado un entorno interno inestable, que aumenta el riesgo de enfermedad. El desequilibrio homeostático es también responsable de los cambios físicos asociados con el envejecimiento. Aún más grave que la enfermedad y otras características del envejecimiento es la muerte. La insuficiencia cardíaca ocurre cuando mecanismos de retroalimentación negativa nominal se sobrecargan y luego aparecen mecanismos de retroalimentación positiva destructiva.

Las enfermedades que resultan de un desequilibrio homeostático incluyen diabetes, deshidratación, gota, hipoglicemia, hiperglicemia y cualquier otra enfermedad causada por una toxina presente en el torrente sanguíneo. Todas estas condiciones son resultado de la presencia de una mayor cantidad de una sustancia en particular. Bajo circunstancias ideales, los mecanismos de control hemostático deben impedir ese desequilibrio.

Cada enfermedad tiene aspectos que son el resultado de la homeostasis perdida.[56]

---

56   Tomado de Wikipedia.

ANEXO 8-ASTROFÍSICA

Astrofísica —del griego *astro, estrella*; y *physis*, φύσις, *natu-raleza*— es la rama de la astronomía que se ocupa de la física del universo, incluyendo las propiedades físicas de los objetos celestes, así como sus interacciones y su comportamiento. Entre los objetos estudiados están las galaxias, estrellas, planetas, exoplanetas, el medio interestelar y el fondo cósmico de microondas. Sus emisiones son examinadas a través de todas las partes del espectro electromagnético, y las propiedades objeto de estudio incluyen luminosidad, densidad, temperatura y composición química. El estudio de la cosmología de la astrofísica aborda cuestiones a escalas mucho más grandes que el tamaño de determinados objetos gravitacionalmente atados en el universo.

Debido a que la astrofísica es un tema muy amplio, los astrofísicos aplican normalmente muchas disciplinas de la física, incluyendo la mecánica, el electromagnetismo, la mecánica estadística, la termodinámica, la mecánica cuántica, la relatividad, la física nuclear y de partículas, y la física atómica y molecular. En la práctica, la investigación astronómica moderna implica una cantidad sustancial de la física.

ASTROFÍSICA TEÓRICA

Los astrofísicos teóricos utilizan una gran variedad de herramientas que incluyen modelos de análisis —por ejemplo, equipos especiales para detectar cambios politrópicos para aproximar el comportamiento de una estrella— y el cálculo de simulaciones numéricas. Cada uno tiene sus ventajas. Modelos de análisis de un proceso son generalmente mejores para dar idea de la esencia de lo que está pasando. Los modelos numéricos pueden revelar la existencia de los fenómenos y efectos que de otro modo no se ven.

Los científicos astrofísicos tratan de crear modelos teóricos e imaginar las consecuencias observacionales de estos. Dicha herramienta ayuda a los observadores a buscar datos que puedan refutar un modelo o una ayuda para elegir entre varios modelos alternativos o contradictorios.

Los científicos también intentan generar o modificar modelos para tener en cuenta nuevos datos. En caso de una inconsistencia, la tendencia general es tratar de hacer modificaciones mínimas al modelo para ajustar los datos. En algunas ocasiones, una gran cantidad de datos inconsistentes, con el tiempo, puede llevar al abandono total de un modelo.

Los temas estudiados por los astrofísicos teóricos incluyen: la dinámica estelar y la evolución; la formación de galaxias; la magnetohidrodinámica; la estructura a gran escala de la materia en el universo; el origen de los rayos cósmicos; la relatividad general y la cosmología física, incluida la cadena de la cosmología y la física de astropartículas. La relatividad astrofísica sirve como una herramienta para medir las propiedades de las estructuras a gran escala para que la gravedad juegue un papel importante en los fenómenos físicos investigados y como base para el agujero negro —astro—, la física y el estudio de las ondas gravitacionales.

Algunas teorías ampliamente aceptadas y estudiadas, y los modelos de la astrofísica, ahora se incluye en el modelo Lambda-CDM son el Big Bang, la inflación cósmica, la materia oscura, la energía oscura y las teorías fundamentales de la física. Los agujeros de gusano son ejemplos de teorías que están aún por demostrar.

HISTORIA

Aunque la astronomía es tan antigua como la historia misma, se separó hace tiempo del estudio de la física. En la cosmovisión aristotélica, el mundo celestial tendía hacia la perfección —los cuerpos en el cielo parecía estar moviéndose en esferas perfectas, moviéndose también en órbitas circulares perfectas—, mientras el mundo terrenal parecía destinado a la imperfección. Estos dos campos no eran vistos como relacionados.

Aristarco de Samos (ca. 310-250 a.C.) propuso por primera vez la noción de que los movimientos de los cuerpos celestes podría explicarse suponiendo que la Tierra y todos los demás planetas del Sistema Solar orbitaban el Sol. Desafortunadamente, en el mundo geocéntrico de la época, la teoría heliocéntrica de Aristarco fue descartada. Durante siglos, la teoría de que el Sol y otros planetas circulaban alrededor de la Tierra se impuso casi sin oposición, hasta la revolución del heliocentrismo de Copérnico, en el siglo XVI. Esto se debió al dominio del modelo geocéntrico de Ptolomeo (ca. 83-161 d.C.), desarrollado por un astrónomo helenizado del Egipto romano, en su tratado *Almagesto*.

Sin embargo, Aristarco fue apoyada por Seleuco de Seleucia, un astrónomo babilonio de quien se dice que demostró el heliocentrismo a través del razonamiento, en el siglo II d.C. Esto puede haber involucrado el fenómeno de las mareas, al sostener correctamente la teoría de que son causadas por la atracción de la Luna, y señala que la altura de las mareas depende de la posición relativa de la Luna con respecto al Sol. Alternativamente, él puede haber determinado las constantes de un modelo geométrico para la teoría heliocéntrica y haber desarrollado métodos para calcular las posiciones planetarias, con la utilización de este modelo, posiblemente usando métodos trigonométricos iniciales que estaban disponibles en su tiempo, al igual que con Copérnico. B. L. van der Waerden ha interpretado los modelos planetarios desarrollados por Aryabhata (476-550), un astrónomo indio, y Abu al-Ma'shar Balkhi (787-886), un astrónomo persa, de haber utilizado modelos heliocéntricos, pero esta visión ha sido fuertemente opuesta por otros expertos.

En el siglo IX, el físico y astrónomo persa Ja'far Muhammad ibn Musa ibn Shakir sostuvo la hipótesis de que los cuerpos celestes y esferas celestes están sujetos a las mismas leyes de la física de la Tierra, a diferencia de los antiguos, que creían que las esferas celestes seguían su propio conjunto de leyes físicas, diferentes a las de la Tierra. También propuso que hay una fuerza de atracción entre los *cuerpos celestes*. A principios del siglo XI, el árabe Ibn al-Haytham (Alhazen) escribió el *Maqala fi daw al-Qamar* (*En la luz de la Luna*), en algún momento antes de 1021. Este fue el primer intento exitoso de combinar la astronomía matemática con la física, y el primero en cuanto a aplicar el método experimental a la astronomía y a la astrofísica.

Se opuso a la opinión universal de que la Luna reflejaba la luz del Sol como un espejo y concluyó correctamente que *emite luz de aquellas partes de su superficie donde incide la luz del Sol*. Con el fin de demostrar que *la luz es emitida desde todos los puntos de la superficie iluminada de la Luna*, construyó un *ingenioso dispositivo experimental*. Ibn al-Haytham había formulado una concepción clara de la relación entre un modelo matemático ideal y el complejo de los fenómenos observables; en particular, fue el primero en hacer un uso sistemático del método de variar las condiciones experimentales en una constante y uniforme manera, en un experimento que muestra que la intensidad de la luz del punto formado por la proyección de la luz de la Luna a través de dos pequeñas aberturas en una pantalla disminuye constantemente a medida que una de las aberturas es poco a poco bloqueada.

En el siglo XIV, Ibn al-Shatir produjo el primer modelo del movimiento lunar, que igualó las observaciones físicas, utilizado más tarde por Copérnico. Entre los siglos XIII y XV, Tusi y Ali Qushji proporcionan la primera evidencia empírica de rotación de la Tierra, usando los fenómenos de los cometas para refutar la afirmación de Ptolomeo de que una Tierra estacionaria se puede determinar mediante la observación. Kuşçu rechazó, además, la física aristotélica y la filosofía natural, lo que permite a la astronomía y a la física convertirse en empíricas y matemáticas, en lugar de filosóficas. A principios del siglo XVI continuó el debate sobre el movimiento de la Tierra por Al-Birjandi (d. 1528), quien en su análisis de lo que podría ocurrir si la Tierra estuviera girando desarrolla una hipótesis similar a la noción de Galileo Galilei de *inercia circular*, que describe en la prueba de la observación siguiente: "La roca grande o pequeña cae a la Tierra a lo largo de la trayectoria de una línea que es perpendicular al plano (*Sat*) del horizonte, lo que es atestiguado por la experiencia (*tajriba*). Y esta perpendicular está lejos del punto de tangencia de la esfera de la Tierra y el plano de percepción (*Hissi*) del horizonte. Este punto se mueve con el movimiento de la Tierra y, por lo tanto, no habrá ninguna diferencia en el lugar de caída de las dos rocas".

Después de que el heliocentrismo fuera revivido por Nicolás Copérnico, en el siglo XVI, Galileo Galilei descubrió las cuatro lunas de Júpiter más brillantes en 1609, y muy bien documentada, de sus órbitas alrededor de ese planeta.

La disponibilidad de datos precisos de observación —sobre todo desde el observatorio de Tycho Brahe— condujo a la investigación para buscar explicaciones teóricas sobre la conducta observada. Al principio, solo fueron descubiertas reglas empíricas, tales como las leyes de Kepler sobre el movimiento planetario, de principios del siglo XVII. Más tarde, ese mismo siglo, Isaac Newton cubrió la brecha entre las leyes de Kepler y la dinámica de Galileo, al descubrir que las mismas leyes que rigen la dinámica de los objetos en la Tierra gobiernan el movimiento de los planetas y la Luna. La mecánica celeste, la aplicación de la gravedad de Newton y las leyes newtonianas para explicar las leyes de Kepler sobre el movimiento planetario fue la primera unificación de la astronomía y la física.

Después de que Isaac Newton publicó su libro *Philosophiæ Naturalis Principia Mathematica*, la navegación marítima se transformó. A partir del 1670, el mundo entero fue medido utilizando esencialmente instrumentos modernos de latitud y los mejores relojes disponibles. Las necesidades de la navegación fueron un motor para obtener observaciones astronómicas e instrumentos cada vez más precisos.

A finales del siglo XIX se descubrió que, cuando se descompone la luz del Sol, se observa una multitud de líneas espectrales —en regiones donde hay menos luz o no hay—. Los experimentos con gases calientes mostraron que se pueden observar las mismas líneas en los espectros de gases, correspondiendo líneas específicas a elementos únicos de la química. De esta manera, se comprobó que los elementos químicos encontrados en el Sol —principalmente hidrógeno— también se hallan en la Tierra. Como ejemplo, el elemento helio fue descubierto primero en el espectro del Sol y solo más tarde en la Tierra; de ahí su nombre. Durante el siglo XX, la espectroscopia avanzó, en especial como consecuencia de la evolución de la física cuántica, pues era necesario comprender las observaciones astronómicas y experimentales.

La astrofísica observacional

La mayoría de las observaciones astrofísicas se realizan utilizando el espectro electromagnético.

La radioastronomía estudia la radiación cuya longitud de onda es mayor que unos pocos milímetros. Áreas de estudio, por ejemplo, son las ondas de radio, generalmente emitidas por objetos fríos, tales como el gas interestelar y las nubes de polvo; la radiación cósmica de microondas posterior, que es la luz del corrimiento al rojo procedente del Big Bang; y los púlsares, detectados por primera vez en frecuencias de microondas. El estudio de estas ondas requiere radiotelescopios de gran tamaño.

La astronomía infrarroja estudia la radiación cuya longitud de onda es demasiado larga para ser visible a simple vista, pero es más corta que las ondas de radio. Las observaciones infrarrojas son, por lo general, realizadas con telescopios similares a los ópticos. Los objetos más fríos que las estrellas —tales como planetas— normalmente se estudian en las frecuencias infrarrojas.

La astronomía óptica es la más antigua clase de astronomía. Los telescopios se combinan con un dispositivo de carga acoplada o espectroscopios —son los instrumentos más utilizados—. La atmósfera de la Tierra interfiere un poco con las observaciones ópticas, por lo cual se utilizan la óptica adaptativa y los telescopios espaciales, a fin de obtener la máxima calidad de imagen. En este rango de longitud de onda, las estrellas son muy visibles, y los espectros de muchas sustancias químicas pueden ser observados para estudiar la composición química de estrellas, galaxias y nebulosas.

La astronomía de los rayos ultravioleta, los rayos X y las radiaciones gamma estudian procesos muy energéticos, tales como los púlsares binarios, los agujeros negros, los magnetares y otros. Estos tipos de radiación no penetran bien la atmósfera de la Tierra. Hay dos métodos utilizados para observar esta parte del espectro electromagnético: los telescopios espaciales y los telescopios Cherenkov (IACT) terrestres. Ejemplos de observatorios del primer tipo son el RXTE, el Observatorio Chandra de Rayos X y el Observatorio Compton de Radiaciones Gamma. Ejemplos de IACTs son los Sistemas Estereoscópicos de Alta Energía (HESS) y el telescopio MAGIC.

Aparte de la radiación electromagnética, pocas cosas se pueden observar desde la Tierra, con origen en grandes distancias. Unos pocos observatorios de ondas gravitacionales se han construido, pero estas ondas son muy difíciles de detectar. También se han levantado observatorios de neutrinos, principalmente para estudiar nuestro Sol. También se pueden observar los rayos cósmicos compuestos de partículas de alta energía golpear la atmósfera terrestre.

Las observaciones pueden también variar en su escala de tiempo. La mayoría de las observaciones ópticas toman minutos u horas, por lo cual los fenómenos cambian más rápido y no pueden ser observados fácilmente. Sin embargo, están disponibles observaciones de radio con datos históricos de algunos objetos que abarcan siglos o milenios. Por otro lado, pueden verse observaciones de radio sobre eventos ocurridos en una escala de tiempo de milisegundos — púlsares de milisegundos— o combinar años de datos —estudios sobre desaceleración de púlsares—. La información obtenida de estas escalas de tiempo diferentes es muy distinta.

El estudio de nuestro Sol tiene un lugar especial en la astrofísica observacional. Debido a la enorme distancia de todas las otras estrellas, el Sol puede ser observado en una especie de detalle sin precedentes para cualquier otro astro de su tipo. Entender nuestro Sol sirve como guía para la comprensión de otras estrellas.

El tema de cómo cambian las estrellas, o la evolución estelar, se modela a menudo al colocar las variedades de tipos de estrellas en sus respectivas posiciones en el diagrama de Hertzsprung-Russell, el cual puede ser visto como la representación del estado de un objeto estelar, desde su nacimiento hasta su destrucción. La composición del material de los objetos astronómicos a menudo se puede examinar utilizando la astrofísica teórica.[57]

57   Tomado de Wikipedia.

Anexo 9-Meteorología

Meteorología es el estudio científico interdisciplinario de la atmósfera. Estudios en este campo se extienden hasta milenios atrás, aunque importantes progresos en la meteorología no ocurrieron hasta el siglo XVIII. El siglo XIX vio avances producidos después de observar y cotejar las redes desarrolladas en varios países. Tras el desarrollo del computador en la segunda mitad del siglo XX, se lograron profundos avances en la predicción del clima.

Los fenómenos meteorológicos son eventos meteorológicos observables que se interpretan y explican por la ciencia de la meteorología. Esos eventos están limitados por las variables que existen en la atmósfera de la Tierra: temperatura, presión del aire, vapor de agua y los gradientes y las interacciones de cada variable, y cómo cambian con el tiempo. Se estudian diferentes escalas espaciales para determinar el impacto que ejercen los sistemas locales, regionales y globales sobre la meteorología y la climatología.

Meteorología, climatología, física atmosférica y química atmosférica son subdisciplinas de las ciencias de la atmósfera. Meteorología e hidrología componen el campo interdisciplinario de hidrometeorología. Las interacciones entre la atmósfera y los océanos son parte de los estudios de acoplamiento océano-atmósfera. La meteorología tiene aplicación en muchos y diversos campos, tales como el militar, la producción de energía, el transporte, la agricultura y la construcción.

La palabra *meteorología* proviene del griego *ìåôÝùñïò*, *metéôros, noble*; alto (en el cielo); (de *ìåôá, meta, arriba*, y *eôr, ἐùñ*, para levantar); y *ëïãßá, logia* o *logía*.

PRONÓSTICO DEL TIEMPO

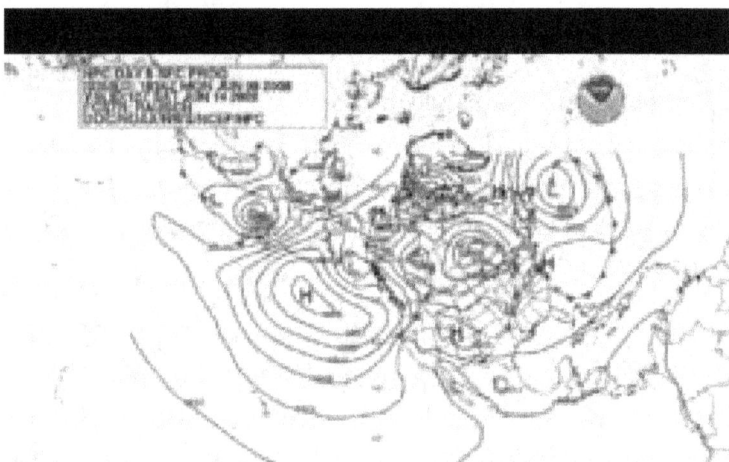

Pronóstico de presiones de superficie para cinco días en el futuro, para el norte del Pacífico, América del Norte y Atlántico Norte.

El pronóstico del tiempo es la aplicación de la ciencia y la tecnología para predecir el estado de la atmósfera para un momento futuro y un lugar determinado. Durante milenios, el hombre ha intentado predecir el clima informalmente y formalmente desde al menos el siglo XIX. Las previsiones meteorológicas se obtienen al recopilar datos cuantitativos sobre el estado actual de la atmósfera y mediante la comprensión científica de los procesos atmosféricos, a fin de proyectar cómo evolucionará la atmósfera.

Una vez realizado un esfuerzo por parte de especialistas, basado principalmente en cambios en la presión barométrica, las condiciones meteorológicas actuales y modelos de predicción de condiciones de cielo, ahora se utilizan para determinar las condiciones futuras. El aporte humano sigue siendo necesario para elegir el mejor modelo posible de previsión para fundamentar las previsiones, lo cual implica habilidades de reconocimiento de patrones, teleconexiones, conocimiento del rendimiento de modelos y conocimiento de limitaciones del modelo. La naturaleza caótica de la atmósfera, el enorme poder computacional necesario para resolver las ecuaciones que describen la atmósfera, el error involucrado en la medición de las condiciones iniciales y una comprensión incompleta de los procesos atmosféricos significan que las predicciones son menos precisas a medida que la diferencia entre el tiempo actual y el tiempo para el cual se está realizando la predicción —el rango del pronóstico— aumenta.

METEOROLOGÍA PARA LA AVIACIÓN

La meteorología para la aviación se ocupa de los efectos del clima sobre la gestión del tráfico aéreo. Es importante que las tripulaciones aéreas comprendan las consecuencias del clima sobre su plan de vuelo, así como de sus aviones, tal como lo señala el Manual de Información Aeronáutica: "Los efectos del hielo en los aviones son acumulativos: el empuje se reduce, la resistencia aumenta, la sustentación disminuye y se incrementa el peso. Los resultados son un aumento en la velocidad de pérdida de sustentación y un deterioro del rendimiento de la aeronave. En casos extremos, se pueden formar dos a tres centímetros de hielo en

el borde de ataque del ala en menos de cinco minutos.
Toma media pulgada de hielo reducir el poder de elevación de algunos aviones en un 50 por ciento y aumenta la
resistencia friccional en un porcentaje igual".[58]

58   Tomado de Wikipedia.

ANEXO 10-CENTROS Y LABORATORIOS DE INVESTIGACIÓN

Las investigaciones dedicadas a los diversos campos relacionados con la producción de energía han ocupado la atención de infinidad de instituciones en muchos países, lo cual por estar tan vinculado a la termodinámica incide de manera efectiva en el desarrollo y profundización de su conocimiento. A continuación, se ofrece un listado de algunas de las organizaciones internacionales que poseen o están relacionadas con laboratorios que se ocupan de esta actividad.

DIRECTORIO INTERNACIONAL DE LABORATORIOS DE INVESTIGACIÓN[59]

Advanced Computational Engineering Lab (ACE)
Department of Aerospace Engineering and Engineering
Mechanics, University of Texas at Austin, Austin, TX, USA.
www.ace.ec.saga-u.ac.jp/

Aero Physical Studies of Subsonic Flows Laboratory
Institute of Theoretical and Applied Mechanics, Russian
Academy of Sciences Siberian Branch, Institutskaya Str., 4/1,
Novosibirsk, Russian Fed.
www.itam.nsc.ru/index.html

---

59   Tomado de Wikipedia.

Gonzalo J. Morales M.

Angewandte Optik
Physik, Univ. Oldenburg, Oldenburg, Germany.
aop.physik.uni-oldenburg.de

Applied Physics Group
Princeton University, Princeton, NJ, USA.
www.princeton.edu/~milesgrp/

Arc Discharge Physics Laboratory
Institute of Theoretical and Applied Mechanics, Russian Academy of Sciences Siberian Branch, Institutskaya Str., 4/1, Novosibirsk, Russian Fed.
www.itam.nsc.ru/eng/labs/lab16_eng.html

Baker Environmental Hydraulics Laboratory
Civil and Environmental Engineering, Virginia Polytechnic Institute and State University, Blacksburg, Virginia, USA.
www.hydraulicslab.cee.vt.edu

Biofluidmechanics Lab (Labor fuer Biofluidmechanik)
Charite, HU Berlin, Spandauer Damm 130, 14050, Berlin, Germany.
www.charite.de/biofluidmechanik/

Center for Computational Visualization
Department of Aerospace Engineering and Engineering Mechanics, University of Texas at Austin, Austin, TX, USA.
www.ticam.utexas.edu/CCV/

Cochlear Fluids Research Laboratory
Department of Otolaryngology, Washington University School of Medicine, St. Louis, MO, USA.
oto.wustl.edu/cochlea/

Combustion Research Facility
NA, Sandia National Laboratory, Livermore, CA, USA.
www.ca.sandia.gov/CRF/

Computational Aerodynamics Laboratory
Institute of Theoretical and Applied Mechanics, Russian
Academy of Sciences Siberian Branch, Institutskaya Str., 4/1,
Novosibirsk, Russian Fed.
www.itam.nsc.ru/ENG/lab7/

**Computational and Experimental Fluid Dynamics
Laboratory**
Department of Mechanical Engineering, Queen's University,
Kingston, ON, Canada.
me.queensu.ca/~ap/

Computational Fluid Dynamics at Cranfield University
School of Engineering, Cranfield University, Cranfield,
Bedfordshire, MK43 0AL, USA.
www.cranfield.ac.uk/sme/cfd/

Computational Fluid Dynamics Lab
Department of Aerospace Engineering and Engineering
Mechanics, University of Texas at Austin, Austin, TX, USA.
www.cfdlab.ae.utexas.edu

Computational Fluid Dynamics Laboratory
Department of Aerospace Engineering, Indian Institute of
Technology, Kanput, India.
home.iitk.ac.in/~tksen/

Computational Fluid Physics Lab
Department of Aerospace Engineering and Engineering
Mechanics, University of Texas at Austin, Austin, TX, USA.
www.ae.utexas.edu/~cfpl/

Gonzalo J. Morales M.

Computational Mechanics Lab
Dept. of Engineering, Arkansas State University, Jonesboro,
Arkansas, USA.
engr.astate.edu/bedgar/Dr.%20Brad%20Edgar,%20
Research.htm

Computational Plasma Dynamics Laboratory
Department of Mechanical Engineering, Kettering University,
Flint, MI, USA.
cpdl.kettering.edu

Control of Fluid and Gas Motion Laboratory
Institute of Theoretical and Applied Mechanics, Russian
Academy of Sciences Siberian Branch, Institutskaya Str., 4/1,
Novosibirsk, Russian Fed.
www.itam.nsc.ru/eng/labs/lab16_eng.html

Department of Fluid Mechanics
Department of Mechanical Engineering, Budapest University
of Technology and Economics, Bertalan Lajos u. 4-6. H-1111,
Budapest, Hungary.
www2.hsu-hh.de/pfs/fsl_e.html

**ECLAT - Experimental and Computational Laboratory
for the Analysis of Turbulence**
Division of Engineering, king's College London, Strand,
London WC2R 2LS, UK.
www.kcl.ac.uk/pgp06/groups/12

Energetics and Combustion (EM2C)
Department of Mechanical Engineering, Ecole Centrale París,
92295 Chatenay-Malabry, France.
www.em2c.ecp.fr

Environmental Technology Laboratory
NOAA, Boulder, Boulder, CO, USA.
www.etl.noaa.gov

Experimental Aerodynamics Laboratory
Institute of Theoretical and Applied Mechanics, Russian
Academy of Sciences Siberian Branch, Institutskaya Str., 4/1,
Novosibirsk, Russian Fed.
www.itam.nsc.ru/eng/labs/lab10_eng.html

Experimental Fluid Mechanics Laboratory
Mechanical Engineering, University of Kentucky, Lexington,
Kentucky, USA.
www.engr.uky.edu/~jdjacob/fml

Flow Physics and Computation Division
Standford University, Stanford, CA, USA.
www-fpc.stanford.edu/Publications/Publications.html

Flow Simulation and Analysis Group
Department of Mechanical and Aerospace Engineering, The
George Washington University, Washington DC, 20052,
USA.
project.seas.gwu.edu/~fsagmae

Flowfield Imaging Laboratory
Department of Aerospace Engineering and Engineering
Mechanics, University of Texas at Austin, Austin, TX, USA.
www.ae.utexas.edu/research/FloImLab/

Fluid Dynamics Laboratory
Department of Applied Mathematics and Theoretical Physics,
Silver Street, Cambridge CB3 9EW, UK.
www.damtp.cam.ac.uk/user/fdl/

Fluid Dynamics Research Center
Department of Mechanical and Aerospace Engineering,
Illinois Institute of Technology, Chicago, IL, USA.
fdrc.iit.edu

Fluid Dynamics Research Laboratories
Department of Mechanical and Aerospace Engineering, 252
Upson Hall, Cornell University, Ithaca, NY, USA.
www.mae.cornell.edu/

Fluid Mechanics and Energetics Branch
ONERA - DSG/MFE, BP72 - 29, Av. de la Division Leclerc,
F-92322 CHATILLON CEDEX, France.
www.onera.fr/dsg-en/mfe.html

Fluid Mechanics Laboratory
MIT, Cambridge, Massachusetts, USA.
www.plymouth.ac.uk/pages/view.asp?page=8403

Fluid Mechanics Laboratory
University of Illinois, Urban Champaign, IL, USA.
www.tam.uiuc.edu/Research/fluids.html

Fluid Mechanics Laboratory (FML)
Dept. of Aeronautics and Astronautics, Kyushu University,
Higashi-ku, Fukuoka, USA.
www.aero.kyushu-u.ac.jp/fml/fluid-e.html

Fluid Mechanics Research Laboratory

Florida State University, Tallahassee, FL, USA.

www.eng.fsu.edu/departments/mechanical/labs/fmrl.html

Fluid Mechanics Research Laboratory

University of Illinois, Urban Champaign, IL, USA.

www.uiuc.edu/

Fluids & Vibration Group

Department of Mechanical and Manufacturing Engineering,

Trinity College, Dublin 2, Ireland.

www.mme.tcd.ie/research/fluids_vibration.php

Fluids and Vibration Group

Dept. of Mech. & Manufg. Engg., Trinity College, Dublin,

Dublin 2, Ireland.

http://www.mme.tcd.ie/~victor/start%20up.htm

Fluids Laboratory - Hydroscience & Engineering (formerly Iowa Institute of Hydraulic Research)

NA, The University of Iowa, Iowa City, Iowa, USA.

www.engineering.uiowa.edu/fluidslab/

Fluids Research Laboratory at Lehigh

Department of Mechanical Engineering and Mechanics,

Lehigh University, Bethlehem, PA, USA.

www.lehigh.edu/~influid/

Gas Dynamics and Turbulence Laboratory

Department of Mechanical Engineering, The Ohio State

University, Columbus, OH, USA.

rclsgi.eng.ohio-state.edu/~samimy/GDTL/GDTL.htm

Gas Dynamics Laboratory
University of Illinois, Urban Champaign, IL, USA.
www.uiuc.edu/

Gas Dynamics Laboratory
University of Michigan, Ann Arbor, MI, USA.
www.engin.umich.edu/dept/aero/research/gas_dyn.html

Gas Dynamics Laboratory
Princeton University, Princeton, NJ, USA.
www.princeton.edu/~gasdyn/

Gas Turbine Combustion Laboratory
University of Illinois, IL, Urban Champaign, IL, USA.
www.uiuc.edu/

Gasdynamics and Laser Diagnostics Research Laboratory
Dept. of Mechanical and Aerospace Engg., Rutgers University,
Piscataway, NJ, USA.
cronos.rutgers.edu/~gelliott/gdldrl.html

Geophysical Fluid Dynamics Laboratory
Department of Commerce, Princeton Forrestal Campus Rte.
1, Princeton, NJ, USA.
www.gfdl.gov

Gharib Research Group (Caltech)
Department of Aeronautics, GALCIT, California Institute of
Technology, Pasadena, CA, USA.
www.gharib.caltech.edu

Graduate Aeronautical Laboratories
California Institute of Technology, Pasadena, CA, USA.
www.galcit.caltech.edu/

Heat Transfer and Fluid Mechanics Laboratory
University of Illinois, Urban Champaign, IL, USA.
www.uiuc.edu/

Hydrodynamics of Multiphase Media Laboratory
Institute of Theoretical and Applied Mechanics, Russian
Academy of Sciences Siberian Branch, Institutskaya Str., 4/1,
Novosibirsk, Russian Fed.
www.itam.nsc.ru/index_eng.html

Hydrology and Fluid Dynamics Group
Department of Environmental Science, Institute of
Environmental and Natural Sciences, Lancaster University,
Lancaster, UK.
www.es.lancs.ac.uk/hfdg/hfdg.html

Hypersonic Flows Laboratory
Institute of Theoretical and Applied Mechanics, Russian
Academy of Sciences Siberian Branch, Institutskaya Str., 4/1,
Novosibirsk, Russian Fed.
www.itam.nsc.ru/eng/labs/lab13_eng.html

Institute of Fluid Dynamics and Turbulence
Department of Mechanical Engineering, 4800 Calhoun
Road, Houston, TX, USA.
www.egr.uh.edu/

Laboratory for Computational Fluid Dynamics
University of Michigan, Ann Arbor, MI, USA.
lcd-www.colorado.edu/

Laboratory for Experimental Fluid Dynamics
Department of Mechanical Engineering, The Johns Hopkins University, Baltimore, Maryland, USA.
www.me.jhu.edu/~lefd/

Laboratory for Flow Control
Div. Mechanical Science, Hokkaido University, Sapporo, Japan.
ring-me.eng.hokudai.ac.jp

Laboratory for Turbulence and Complex Flow
Theoretical and Applied Mechanics Department, University of Illinois, Urbana, IL, USA.
ltcf.tam.uiuc.edu

Laboratory for Visiometrics and Modeling (VIZLAB)
Department of Mechanical and Aerospace Engineering, College of Engineering, and CAIP Center, Rutgers University, New Brunswick, NJ, USA.
www.caip.rutgers.edu/vizlab.html

Laboratory of Turbulence and Combustion
University of Michigan, Ann Arbor, MI, USA.
www.engin.umich.edu/dept/aero/tclab/

Laser Flow Diagnostics Laboratory
Department of Mechanical and Aerospace Engineering, State University of New York at Buffalo, Buffalo, NY, USA.
www.eng.buffalo.edu/Departments/mae/LFD/htmls/cover.html

Marine Hydrodynamics Laboratory

Naval Architecture and Marine Engineering Department, Ann Arbor, Michigan, USA.
www.engin.umich.edu/dept/name/facilities/mhl/mhl.html

Mathematical Methods of Continuum Mechanics Laboratory

Institute of Theoretical and Applied Mechanics, Russian Academy of Sciences Siberian Branch, Institutskaya Str., 4/1, Novosibirsk, Russian Fed.
www.itam.nsc.ru/eng/labs/lab12_eng.html

MIT Fluid Dynamics Research Laboratory

Department of Aeronautics and Astronautics, MIT, Cambridge, MA, USA.
raphael.mit.edu/casl.html

Modeling of Turbulent Flows Laboratory

Institute of Theoretical and Applied Mechanics, Russian Academy of Sciences Siberian Branch, Institutskaya Str., 4/1, Novosibirsk, Russian Fed.
www.itam.nsc.ru/eng/labs/lab15_eng.html

Multiphase Flow Laboratory

Mechanical Engineering, Technion - Israel Institute of Technology, Haifa, Israel.
multiphaselab.technion.ac.il

National Aerospace Laboratories

Indian Civil R&D Establishment, P.O. Box 1779, Bangalore, Karnataka, India.
www.cmmacs.ernet.in/nal/

National Aerospace Laboratory - NLR
None, Postbus 90502, 1006 BM Amsterdam, Netherlands.
www.neonet.nl/about/index.html

Non Equilibrium Processes Laboratory
Institute of Theoretical and Applied Mechanics, Russian
Academy of Sciences Siberian Branch, Institutskaya Str., 4/1,
Novosibirsk, Russian Fed.
www.itam.nsc.ru/eng/labs/lab11_eng.html

Non Equilibrium Thermodynamics
Mechanical Engineering, Ohio State University, Columbus,
OH, USA.
rclsgi.eng.ohio-state.edu/~adamovic/netl

Oil and Gas Mechanics Laboratory
Institute of Theoretical and Applied Mechanics, Russian
Academy of Sciences Siberian Branch, Institutskaya Str., 4/1,
Novosibirsk, Russian Fed.
www.itam.nsc.ru/eng/labs/lab18_eng.html

Optical Methods Of Gas Flow Diagnostics Laboratory
Institute of Theoretical and Applied Mechanics, Russian
Academy of Sciences Siberian Branch, Institutskaya Str., 4/1,
Novosibirsk, USA.
www.itam.nsc.ru/eng/labs/lab1_eng.html

Physics of Fast Processes Laboratory
Institute of Theoretical and Applied Mechanics, Russian
Academy of Sciences Siberian Branch, Institutskaya Str., 4/1,
Novosibirsk, Russian Fed.
www.itam.nsc.ru/eng/labs/lab4_eng.html

Plasma Dynamics and Electric Propulsion Laboratory
University of Michigan, Ann Arbor, MI, USA.
www.engin.umich.edu/dept/aero/spacelab/

Plasma Dynamics of Disperse Systems Laboratory
Institute of Theoretical and Applied Mechanics, Russian Academy of Sciences Siberian Branch, Institutskaya Str., 4/1, Novosibirsk, Russian Fed.
www.itam.nsc.ru/eng/labs/lab17_eng.html

Reacting Gas Dynamics Laboratory
MIT, Cambridge, Massachusetts, USA.
centaur.mit.edu/rgd/

Research in Fluid Mechanics
Department of Mathematics, PO Box 1053 Blindern, NO-0316 Oslo, Norway.
www.math.uio.no/avdb/forskning_eng.shtml

Risш National Laboratory
Optics and Fluid Dynamics Department, Post Office Box 49, DK-4000 Roskilde, Denmark.
www.risoe.dk/ofd/

Rotating Fluids & Vortex Dynamics Lab
Department of Aeronautical Engineering, Chung Cheng Institute of Technology, Tahsi, Taoyuan, Taiwan.
www.ccit.edu.tw/~RFVDLab/

Supersonic Combustion Laboratory
Institute of Theoretical and Applied Mechanics, Russian Academy of Sciences Siberian Branch, Institutskaya Str., 4/1, Novosibirsk, Russian. www.itam.nsc.ru/users/lab2/ENG/

Testing
Testing, testing, testing, USA.
www.testing.com

The CRUNCH Group
Division of Applied Mathematics, Brown University, Providence, RI, USA.
www.cfm.brown.edu/crunch/

The OSU-ChE Fluids Group
Chemical Engineering, The Ohio State University, Columbus, Ohio, USA.
www.che.eng.ohio-state.edu/~brodkey/fluids.html

Theoretical & Computational Fluid Dynamics Laboratory
Mechanical Engineering, University of Massachusetts, Amherst, MA, USA.
www.ecs.umass.edu/mie/labs/fluids/

Thermoscience Division
Stanford University, Stanford, CA, USA.
www-tsd.stanford.edu/tsd/

Turbomachinery Laboratory
NA, Texas A and M University, College Station, TX, USA.
turbolab.tamu.edu

Turbulence Research Laboratory
Thermo and Fluid Dynamics, Chalmers University of Technology, Goteborg, Sweden.
www.tfd.chalmers.se/trl

Wave Dynamics in Multiphase Media Laboratory
Institute of Theoretical and Applied Mechanics, Russian
Academy of Sciences Siberian Branch, Institutskaya Str., 4/1,
Novosibirsk, Russian Fed.
www.itam.nsc.ru/eng/labs/lab21_eng.html

Wave Processes in Fine-Dispersed Media Laboratory
Institute of Theoretical and Applied Mechanics, Russian
Academy of Sciences Siberian Branch, Institutskaya Str., 4/1,
Novosibirsk, Russian Fed.
www.itam.nsc.ru/eng/labs/lab20_eng.html

Wave Processes in Supersonic Viscous Flows Laboratory
Institute of Theoretical and Applied Mechanics, Russian
Academy of Sciences Siberian Branch, Institutskaya Str., 4/1,
Novosibirsk, Russian Fed.
www.itam.nsc.ru/eng/labs/lab14_eng.html

Laboratorios de investigación sobre biología celular

Se conocen veinte laboratorios donde se realizan investigaciones sobre biología molecular, entre otros: en la Universidad de Bonn, el Instituto de Biología Celular; Universidad de Escocolmo, Biología Celular; Ruhr Universität, Bochum, Laboratorio de Fisiología Celular.

ANEXO 11-TEMPERATURAS COMUNES EN CELSIUS Y FAHRENHEIT

Medida	Celsius	Fahrenheit
Punto de ebullición	100°C	212°F
Temperatura para sudar, clima caliente	30+°C	85+°F
Clima para usar camisa y shorts	24°C	75°F
Temperatura promedio agradable	21°C	70°F
Clima para usar camisa manga larga y pantalones	15°C	60°F
Clima para usar chaqueta gruesa	10°C	50°F
Temperatura de congelación	0°C	32°F
Temperatura baja	-29°C	-20°F

Fórmulas: C = (F - 32) * 5 / 9, F = (C * 9 / 5) + 32.[60]

---

60   Tomado de www.albireo.ch.

Fahrenheit Celsius	Fahrenheit Celsius	Fahrenheit Celsius	Fahrenheit Celsius
-47.2	-7.6	32	71.6
-44	-22	0	22
-45.4	-5.8	33.8	73.4
-43	-21	1	23
-43.6	-4	35.6	75.2
-42	-20	2	24
-41.8	-2.2	37.4	77
-41	-19	3	25
-40	-0.4	39.2	78.8
-40	-18	4	26
-38.2	1.4	41	80.6
-39	-17	5	27
-36.4	3.2	42.8	82.4
-38	-16	6	28
-34.6	5	44.6	84.2
-37	-15	7	29
-32.8	6.8	46.4	86
-36	-14	8	30
-31	8.6	48.2	87.8
-35	-13	9	31
-29.2	10.4	50	89.6
-34	-12	10	32

Fórmulas: $C = (F - 32) * 5 / 9$, $F = (C * 9 / 5) + 32$.[1]

---

1   Tomado de www.albireo.ch.

TEMPERATURAS EN INCENDIOS, FUENTES DE IGNICIÓN, TEMPERATURAS GENERALES

Fuente	Temperatura (Celsius)
Cigarrillos, con ventilación	400°-780°
Cigarrillos, sin ventilación	288°
Cigarrillos, aislado y apagado	510°-621°
Fósforo	600°-800°
Llama de vela	600°-1400°
Elemento de cocina	>550°
Luz fluorescente	60°-80°
Luz incandescente	100°-300°
Luz halógena tungsteno	600°-900°
Arco eléctrico	to 3750°
Chispa eléctrica	1316°
Rayo	30000°
Oxiacetileno	3300°
Horno industrial	1700°
Mechero Bunsen	1570°

Color identificador de las altas temperaturas

Rojo (llama)	500°-600°
Rojo oscuro	600°-800°
Rojo brillante	800°-1000°
Rojo amarillo	1000°-1200°
Amarillo brillo	1200°-1400°
Blanco	1400°-1600°

TEMPERATURAS DURANTE INCENDIOS EN EDIFICIOS

Capa de gas caliente	600°-1000°
Temperatura del piso	>180°
Combustión sin llama	to 600°
Llamarada	>600°
Carbones resplandecientes	to 1300°

Gonzalo J. Morales M.

Constantes físicas de materiales

Sólidos: para varios materiales

Reacciones a la temperatura de exposición	
Reacción	Temperatura (Celsius)
Madera, en leña, lentamente*	120°-150°
Madera podrida se enciende	150°
Temperatura de ignición de maderas varias	190°-260°
Papel se torna amarillo	150°
Papel se enciende	218°-246°
Revestimiento impregnado con aceite se enciende	190°-220°
Cuero se enciende	212°
Paja se enciende	172°
Carbón se enciende	400°-500°

*Madera, en leña, a una rata aproximada de 30-50 mm/h.

Líquidos

Líquido	Punto de ebullición	Punto de encendido	Temperatura de ignición	Calor de combustión (kilocalorías por gramo)
Kerosén	175°-260°	38°-74°	229°	11
Gasolina	40°-190°	-43°	257°	11.5
Aceite para estufa	190°-290°			
Diésel	190°-340°	69°	399°	
Fuel	200°-350°			
Fluido para frenos		190°		
Aceite para motores		150°-230°	260°-371°	

Acetona	57°	-20°	465°	
Benceno	80°	-11°	560°	10
Octano	126°	13°	220°	11.4
Éter de carbón		-18°	288°	
Trementina de goma		37°		
Espíritu de trementina	135°-175°	35°	253°	
Alcohol	78°	13°	365°	7.1
Glicol etílico		111°	413°	
Estireno		31°-37°	490°	
Espirituosos blancos	150°-200°	35°	232°	
Asfalto		38°-121°	538°	
Ablandador de pintura		39°	245°	
Cera de parafina		199°		

*El punto de fuego es aproximadamente 10°-50° por sobre el punto de encendido.
*El aceite de cocina combustiona espontáneamente entre 310°-360°.
*La temperatura de llama del petróleo ardiente está entre 471°-560°.

Gases[61]

Límites superior e inferior de inflamación y temperatura de ignición

Gas	UFL %	LFL %	Temperatura de ignición
Propano	9.6	2.15	466°
Butano	8.5	1.9	405°
Gas natural	15	4.7	482°-632°
Hidrógeno	75	4	400°
Acetileno	3	65	335°

Con frecuencia se encuentra que los investigadores de incendios estiman temperaturas de llama utilizando únicamente

61   Tomado de Internet, "Physical Constants for Investigators", por Tony Cafe, *Reproduced from "Firepoint" magazine - Journal of Australian Fire Investigators".*

la temperatura adiabática de la llama. Luego se declara que algunos materiales podrían haberse derretido, suavizado, perdido fuerza, etcétera, basado en comparar tal temperatura de llama contra el punto de fusión del material, por ejemplo. El propósito de este breve documento es señalar las falacias de hacerlo y presentar alguna información más apropiada para una evaluación más realista.

En primer lugar, debemos señalar que la medición de temperaturas de llama con un alto grado de precisión es bastante difícil, y muchos científicos investigadores de la combustión han dedicado décadas a estudiar esa tarea. Las dificultades provienen de dos fuentes: (1) intrusismo de instrumentación; y (2) dificultades de interpretación, debido a la naturaleza variable en el tiempo de la medición. Existen métodos no intrusivos —por ejemplo, técnicas de láser óptico—, pero estos son difíciles y costosos de hacer, y generalmente no se aplican al estudio de los incendios en los edificios. En la mayoría de los casos, se utilizan termopares para medición de temperaturas. Estos presentan una gran cantidad de errores posibles, incluyendo reacciones superficiales, radiación, pérdida de tallo, etcétera. Hay libros de texto completo, disponibles en el tema de la instrumentación para el estudio de llamas. A continuación se verá que las llamas de mayor interés para los incendios no deseados son turbulentas. Tal fluctuación de tiempo presenta enormes dificultades para realizar mediciones e interpretarlas de forma significativa. Esas llamas se mueven en pequeños *paquetes*; por lo tanto, una medición en un lugar único presenta un valor promedio complicado de paquetes que fluyen de reacción y no-reacción.

Aun reconstrucciones cuidadosas de los incendios en el laboratorio no pueden reproducir el tipo de las tecnologías de medición minuciosa de temperatura que son utilizadas por los científicos de combustión que hacen estudios de investigación fundamental. Por ende, debe mantenerse en mente que temperaturas de incendio, cuando se aplican al contexto de medición de incendios en edificios, pueden ser bastante imprecisas, y sus errores, no bien caracterizados.[62]

---

62   Tomado de Wikipedia.

BIBLIOGRAFÍA

HISTORIA

1. Abetti, Giorgio. Historia de la astronomía.
Fondo de Cultura Económica, México, 1956.
2. Berry, Arthur. A Short History of Astronomy.
Dover Publications, Inc., Nueva York.
3. Dreyer, J. L. E. A History of Astronomy from Thales to Kepler.
Dover Publications, Inc., 1953.
4. Cajori, Florian. A History of Physics.
The Macmillan Co.
5. Jeans, James. Historia de la física.
Fondo de Cultura Económica, México, 1960.
6. Schurmann, Paul F. Historia de la física.
Editorial Nova S.A., Buenos Aires, 1946.
7. Sarton, George. A History of Science.
Harvard University Press, Cambridge, 1960.
8. Singer, Charles; Holmyard, E. J.; et. al. A History of Technology.
Oxford University Press, 1958.

9. Gillespie, Charles C. Dictionary of Scientific Bibliography.
Princeton University, Charles Scribner's Sons, New York, 1971.
10. Oeuvres de Lavoisier.París, 1861.

TERMODINÁMICA

11. Bosnjakovic, Fr. Technische Thermodynamik.
Verlag von Theodor Steinkopff, Dresden y Leipzig, 1960.
12. Nusselt, Wilhelm. Technische Thermodynamik.
Walter de Gruyter & Co., Berlín, 1956.
13. Schmidt, Ernst. Einführung in die Technisc: The Thermodynamik.
Springer Verlag, 1960.
14. Schüle, W. Leitfaden der Technischen Warmemechanik.
Verlag von Julius Springer, Berlín, 1920.
15. Judge, Arthur W. Modern Petrol Engines.
Chapman & Hall Ltd., Londres, 1946.
16. Ranshaw, G. S. Great Engines and Their Inventors.
Burke Publishing, Co., Ltd., Londres, 1950.
17. Loeb, Leonard V. Kinetic Theory of Gases.
18. Jeans, James, Sir. The Dynamical Theory of Gases.
Dover Publications, Inc., Nueva York.
19. Jeans, James, Sir. An Introduction to the Kinetic Theory of Gases.
Dover Publications, Inc., Nueva York.
20. W. Jost. Explosions-und Verbrennungsvorgange in Gases (Explosions and Combustion Processes in Gases).
1939.

BIOLOGÍA

21. Alberts, Bray, Watson. Molecular Biology of the Cell.
Garland Publishing, Co., Nueva York, 1989.

22. Prescott, David M. Cells.
Jones & Bartlett Publishers, Boston, 1988.

23. Brooks, Daniel R.; y Wiley, E. O. Evolution as Entropy: Toward a Unified Theory of Biology.
The University of Chicago Press, Chicago, 1986.

24. Taradaj, Jakub. Director del Departamento de Biofísica Médica, Universidad de Silesian, Escuela de Medicina, ul. Medyków 18, brote. C2 - 40 - 752, Katowice, Polonia.

ASTROFÍSICA

25. Eddington, Arthur S., Sir. The Internal Constitution of the Stars.
Dover Publications, Inc., Nueva York, 1959.

26. Eddington, Arthur S., Sir. La expansión del universo.
Ediciones Siglo Veinte, Buenos Aires.

27. Born, Max. The Restless Universe.
Dover Publications, Inc., Nueva York, 1951.

28. Chandrasekhar, S. Radiative Transfer.
Dover Publications, Inc., Nueva York, 1960.

29. Gamow, George. The Creation of the Universe.
Macmillan & Co. Ltd., Londres, 1961.

30. Jeans, James, Sir. Astronomy and Cosmogony.
Dover Publications, Inc., Nueva York, 1961.

31. De Grasse Tyson, Neil; y Goldsmith, Donald. Origins: Fourteen Billion Years of Cosmic Evolution.

W. W. Norton and Co., Nueva York, 2004.

32. Fritsch, Harald (Von Urknall zum Zerfall, traducción). The Creation of Matter: The Universe from Beginning to End.

Basic Books, Inc., Nueva York, 1984.

33. Hawking, Stephen. A Brief History of Time.

Bantam Books, Nueva York, 1988.

Física

34. Hawking, Stephen; y Mlodinov, Leonard. *The Grand Design.*

Bantam Books, Nueva York, 2010

35. Kaku, Michio. *Physics of the Impossible.*

Anchor Books, Nueva York, 2009.

36. Kaku, Michio. *Physics of the Future.*

Doubleday, Nueva York, 2011.

37. Prigogine, Ilya. *From Being to Becoming.*

W. H. Freeman and Co., Nueva York, 1980.

38. Jay Gould, Stephen. *Time's Arrow, Time's Cycle.*

Penguin Books, Nueva York, 1987.

39. Kaku, Michio. *Visóes: Como a Ciéncia irá Revolucionar o Século XXI.*

Editorial Bizancio, Lisboa, 1988.

40. Internet: Wikipedia.

Nota: Este libro estuvo concluido para 1986, tal cual consta en el currículum vitae publicado por la Academia Nacional de la Ingeniería y el Hábitat (1999). Debido a innumerables inconvenientes, no me fue posible finiquitarlo sino para fines del año 2010. Es a principios de 2011 cuando tuve acceso a la obra *A History of Thermodynamics*, cuyo autor es el profesor doctor ingeniero Mueller, de la Technische Universitaet Berlin, cuya traducción al inglés fue publicada en 2010 por Springer Verlag. Por tal motivo, no pude estudiarlo debidamente para incluirlo en la bibliografía utilizada.

ÍNDICE

Editorial LibrosEnRed

LibrosEnRed es la Editorial Digital más completa en idioma español. Desde junio de 2000 trabajamos en la edición y venta de libros digitales e impresos bajo demanda.

Nuestra misión es facilitar a todos los autores la **edición** de sus obras y ofrecer a los lectores acceso rápido y económico a libros de todo tipo.

Editamos novelas, cuentos, poesías, tesis, investigaciones, manuales, monografías y toda variedad de contenidos. Brindamos la posibilidad de **comercializar** las obras desde Internet para millones de potenciales lectores. De este modo, intentamos fortalecer la difusión de los autores que escriben en español.

Ingrese a **www.librosenred.com** y conozca nuestro catálogo, compuesto por cientos de títulos clásicos y de autores contemporáneos.

www.ingramcontent.com/pod-product-compliance
Lightning Source LLC
Chambersburg PA
CBHW021025210326
41598CB00016B/910